Vogel

Geotechnik

AF810469

Jürgen Vogel

Geotechnik

Eine Einführung auf Basis von Eurocode 7

HANSER

Über den Autor:
Prof. Dr.-Ing. Jürgen Vogel war Professor für Erd- und Grundbau an der Hochschule in Hildesheim.

MIX
Papier | Fördert gute Waldnutzung
FSC® C016368

Print-ISBN: 978-3-446-48594-5
E-Book-ISBN: 978-3-446-48647-8
E-Pub-ISBN: 978-3-446-48726-0

Die allgemein verwendeten Personenbezeichnungen gelten gleichermaßen für alle Geschlechter.

Bibliografische Information der Deutschen Nationalbibliothek:
Die Deutsche Nationalbibliothek verzeichnet diese Publikation in der Deutschen Nationalbibliografie; detaillierte bibliografische Daten sind im Internet unter http://dnb.d-nb.de abrufbar.

Vilshofener Straße 10 | 81679 München | info@hanser.de
www.hanser-fachbuch.de
Lektorat: Frank Katzenmayer
Herstellung: Frauke Schafft
Coverkonzept: Marc Müller-Bremer, www.rebranding.de, München
Covergestaltung: Max Kostopoulos
Titelmotiv: Max Kostopoulos
Satz: le-tex publishing services GmbH, Leipzig
Druck: Elanders Waiblingen GmbH, Waiblingen
Printed in Germany

Vorwort

Die Intention für dieses Fachbuch „Geotechnik – Eine Einführung auf Basis von Eurocode 7“ begründet sich auf meinem Fachwissen als Bauingenieur, ehemaligen Hochschulprofessor und ehemaligen öffentlich bestellten und vereidigten Sachverständigen für Erd- und Grundbau.

Das Fachbuch ist insbesondere für Studierende des Bau- und Umweltingenieurwesens geeignet, aber auch für Mitarbeiter in Behörden, Verwaltungen, Bauunternehmen und Ingenieurbüros. Am Ende jeden Kapitels befinden sich mehrere Fachfragen zu den Inhalten des Buches, um den unterschiedlichen und hohen Anforderungen der Baupraxis gerecht zu werden.

Als Kompendium enthält das Buch die wesentlichen Grundlagen für Bauingenieurinnen und Bauingenieure, besonders im Fachgebiet Geotechnik. In gleicher Weise ergänzt das Buch auch die mitunter theoretische Ausbildung an den Hochschulen durch vielfältige praxisnahe Inhalte und Fotos. Es stellt damit auch für die auf der Baustelle tätigen Bauleiter ein praxisbezogenes Lehrbuch dar. Die praktischen Grundlagen werden soweit als nötig theoretisch untermauert.

Hannover, 5. November 2025 — Prof. Dr.-Ing. Jürgen Vogel

Inhalt

Vorwort ... V

1 Spannungen im Baugrund und Wechselwirkung Bauwerk – Baugrund ... 1

2 Eurocode 7: Grundbau ... 7

3 Eigenschaften und Verhalten von Böden und Fels ... 15

4 Grenztragfähigkeit, Stoffmodelle und Wechselwirkung Bauwerk – Baugrund ... 23

5 Technische Regeln für Sicherheitsnachweise im Erd- und Grundbau ... 27

6 Setzungen und andere Verformungen im Baugrund ... 31

7 Erddruck und dessen Berechnung ... 35

8 Baugrunderkundungen und Baugrunduntersuchungen ... 41

9 Bodenmechanische Laboruntersuchungen ... 61

10 Baugrundgutachten, geotechnischer Bericht ... 81

11 Baugruben ... 85

12 Flach- und Flächengründungen ... 95

13 Pfähle und Pfahlgründungen ... 99

14 Baugrundverbesserungen und Baugrundinjektionen 133

15 Unterfangungen 141

16 Verankerungen 145

17 Gründung von Windenergieanlagen 149

18 Gründung von Fernsehtürmen 155

19 Erdbau und Straßenbau 159

20 Verlegung von unterirdischen Leitungen 169

21 Stützbauwerke, Böschungssicherungen
und Geländesprünge 175

22 Geokunststoffe und Geogitter 183

23 Tunnelbau 187

24 Baustoffrecycling 195

25 Deponien und Umweltmanagement 199

26 Geologie 205

27 Literatur und Quellen 213

Index 221

1 Spannungen im Baugrund und Wechselwirkung Bauwerk – Baugrund

Die Lasten eines Bauwerks müssen durch den Baugrund aufgenommen werden. Dadurch wird der Spannungszustand des Baugrunds verändert. Der Spannungszustand wird aber nicht nur durch Belastungen aus einem Bauwerk, sondern auch durch die Herstellung des Bauwerks und durch schwere Baumaschinen verändert.

Die **Auswirkungen von Bauwerkslasten** verändern den Spannungszustand im Baugrund. Bauwerkslasten können auch auf benachbarte oder im Baugrund befindliche Bauwerke einwirken. Für Setzungsberechnungen muss die räumliche Verteilung von Spannungen im Baugrund bekannt sein. Dabei sind auch die Spannungen infolge des Bodengewichts von Bedeutung. Diese Spannungen sind, obwohl sie nicht direkt setzungsverursachend sind, wegen der Spannungsabhängigkeit der maßgeblichen Verformungsparameter im Allgemeinen von besonderer Bedeutung. Zentrale Bedeutung haben vertikale Normalspannungen im sogenannten Halbraum, der für eine praktische Spannungsverformungsanalyse als elastisch-isotrop angenommen wird.

Die **Verformungsparameter des Baugrunds** beschreiben, wie sich ein Boden unter Belastungen verhält. Diese Parameter sind entscheidend für die Standsicherheit und die Gebrauchstauglichkeit von Bauwerken und werden bei der Planung von Bauvorhaben berücksichtigt. Zu den wichtigsten Parametern gehören die Bodensteifigkeit, der Elastizitätsmodul (E-Modul), die Konsistenzzahl I_c und das Tragverhalten nach der DIN 1054, Baugrund – Sicherheitsnachweise im Erd- und Grundbau – Ergänzende Regelungen zu DIN EN 1997-12, vom April 2021.

Die **höchsten Spannungen im Baugrund** treten unmittelbar unter Fundamenten auf und nehmen mit zunehmender Tiefe ab. Diese Spannungen werden durch die Lasten des Bauwerks verursacht, die von Fundamenten auf den Boden übertragen werden. An der Kontaktfläche zwischen dem Fundament und dem Boden ist die Spannung am größten und verteilt sich dann in den Untergrund. Werden die maximal möglichen Spannungen im Boden überschritten, bedeutet dies, dass die im Boden wirkenden

Spannungen (zum Beispiel durch ein Bauwerk oder durch andere Lasten) einen bestimmten Grenzwert überschreiten, der als Festigkeit des Bodens bezeichnet wird. Dies kann zu Verformungen oder sogar zum Versagen des Bodens, zum Beispiel zu einem Grundbruch führen.

Die **Spannungsermittlung im Boden** ist ein wichtiges Thema in der Geotechnik und im Bauingenieurwesen. Sie befasst sich mit der Berechnung und der Analyse der Spannungen, die durch Lasten (zum Beispiel Gebäude, Brücken oder Verkehrsanlagen) auf den Boden übertragen werden. Diese Spannungen beeinflussen das Setzungsverhalten des Bodens, also wie stark er sich unter der Last absenkt beziehungsweise zusammendrückt.

Theoretische Grundlagen:

- Spannungsbegriffe:

  Es ist wichtig, zwischen verschiedenen Spannungsarten zu unterscheiden:

  - Totale Spannung (σ): Das ist die gesamte Spannung, die durch das Eigengewicht des Bodens und durch äußere Lasten verursacht wird.
  - Porenwasserdruck (u): Das ist der Druck, der durch Wasser im Boden erzeugt wird.
- Effektive Spannung (σ'): Das ist die Spannung, die tatsächlich auf die Bodenskelettstruktur wirkt und die für die Berechnung des Setzungsverhaltens des Bodens relevant ist. Sie ergibt sich als Differenz zwischen der totalen Spannung und dem Porenwasserdruck.

Bei **Fels** bezieht sich eine Wechselwirkung auf die Interaktion zwischen dem Gestein Fels und anderen Systemen, Objekten oder Kräften. Beispiele hierfür sind die Beanspruchung einer Stützmauer durch den Felsuntergrund und umgekehrt wie bei Bogenmauern, oder die komplexen Wechselwirkungen zwischen Fels, Tunnelvortriebsmaschinen und Tübbingen im Tunnelbau.

Die grundlegenden Theorien zur Spannungsermittlung im Boden wurden von mehreren Wissenschaftlern entwickelt. Wichtige Beiträge stammen von Charles Augustin de Coulomb, der im achtzehnten Jahrhundert erste mathematische Modelle zu Bodenbewegungen und -kräften vorgelegt hat. Der Begründer der modernen **Bodenmechanik**, Karl von Terzaghi, entwickelte umfassende Lehrbücher und trug damit maßgeblich zur Entwicklung der Bodenmechanik als eigenständige Wissenschaft bei. Weiterhin haben Joseph Valentin Boussinesq und Manfred Kany, langjähriger Leiter des Grundbauinstituts der Landesgewerbeanstalt (LGA) in Nürnberg wichtige Beiträge zur Berechnung von Spannungen im Boden unter Fundamenten geleistet, insbesondere durch die Entwicklung von Einflusswerten.

Die Begriffe Kany-Einflusswerte oder Kany-Einflusszahlen beziehen sich auf ein Verfahren zur näherungsweisen Berechnung der Setzungen von Fundamenten, das auf der Bettungsmodulmethode (auch bekannt als Federungsmodell) basiert. Diese Berechnungsmethode wird in der Baustatik verwendet, um die Nachgiebigkeit des Baugrunds zu berücksichtigen, wenn Fundamente oder Gründungsplatten statisch berechnet werden.

Die resultierenden Setzungen werden bei dem Verfahren dann durch eine Integration oder eine Summation der Verformungen in einzelnen Schichten oder Elementen berechnet. Dies kann entweder durch eine kontinuierliche Integration über das gesamte Tragwerk oder durch eine diskrete Summation der Verformungen einzelner Elemente erfolgen, abhängig von der verwendeten Berechnungsmethode. Die Grenztiefe gilt als erreicht, wenn die wirksamen Spannungen im kennzeichnenden Punkt aus lotrechter Fundamentbelastung weniger als 20 % der Bodeneigenspannungen betragen. Baugrundsetzungen werden bis zur Grenztiefe ermittelt. Der kennzeichnende Punkt bei einer Setzungsberechnung ist ein spezifischer Punkt innerhalb einer Bauwerksgründung, der zur Berechnung der Setzungen verwendet wird. Der kennzeichnende Punkt liegt in der Regel bei 0,87 a beziehungsweise 0,87 b, wobei a und b die Seitenlängen der rechteckförmigen Gründungsfläche des Fundaments sind. Bei einer Setzungsberechnung wird die Setzung an diesem Punkt ermittelt, um das Setzungsverhalten des Bodens unter dem Bauwerk zu beurteilen.

Wechselwirkung Bauwerk – Baugrund

Die Wechselwirkung zwischen einem Bauwerk und dem Baugrund beschreibt die gegenseitige Beeinflussung von einem Bauwerk und dem Boden, wobei jedes Element auf das andere wirkt. Bauwerke übertragen Lasten auf den Baugrund, der wiederum Verformungen und Spannungen verursacht, die Bauwerke beeinflussen können. Diese Wechselwirkung ist wesentlich für die Standsicherheit, die Gebrauchstauglichkeit und für das Verhalten von Bauwerken.

Eine Wechselwirkung zwischen dem Baugrund und einem Bauwerk, eine sogenannte Interaktion, ergibt sich, wenn in der Kontaktzone, zum Beispiel der Fundamentsohle, eine Übertragung von Lasten durch kinematische Übergangsbedingungen beeinflusst wird. Bauwerke sind mit dem Baugrund verbunden und treten mit dem Baugrund in eine Wechselwirkung. Spannungen und Verformungen im Baugrund werden durch die durch ein Bauwerk wirkenden Belastungen beeinflusst. Der Baugrund beeinflusst aber auch Spannungen im Boden und Verformungen des Bauwerks. Beispiele, bei denen diese Wechselwirkung stark ausgeprägt ist, sind die Sohlnormalspannung unter Flächengründungen, der Erddruck auf Verbauwände und auf Stützkonstruktionen, dessen Verteilung sowie die daraus resultierende Erdauflagerkraft sowie die Wechselwirkung zwischen den Verpresskörpern von Ankern und dem Baugrund.

Zur Durchführung von Verformungs- und Standsicherheitsberechnungen für Bauwerke des Verkehrswasserbaus und in der allgemeinen Baustatik wird verstärkt die Finite-Elemente-Methode (FEM) und in den letzten Jahren auch die Distinkte-Elemente-Methode (DEM) angewendet. Die Finite-Elemente-Methode hat den Vorteil, dass komplexe Geometrien und Baugrundverhältnisse abgebildet werden können und außerdem die Interaktion zwischen dem Bauwerk und dem Baugrund rechnerisch erfasst werden kann.

Baumaßnahmen werden zunehmend komplexer. Bei einer Nachberechnung des Trag- und Verformungsverhaltens bestehender Bauwerke und des Bodens werden die vorgenannten Verfahren in der Baupraxis häufig eingesetzt. Bei einer numerischen Simulation werden zwei- oder dreidimensionale Modelle zur Lösung der geotechnischen Fragestellungen erstellt. Verschiedene Stoffmodelle stehen zur Beschreibung des mechanischen Verhaltens des Bodens dabei zur Verfügung. Die für die Berechnungen erforderlichen Bodenkennwerte können aus den Ergebnissen von Felduntersuchungen, aus geotechnischen Messungen oder aus bodenmechanischen Laborversuchen gewonnen werden.

Ein **Stoffmodell für Boden** ist ein mathematisches Modell, das das Verhalten von Böden unter verschiedenen Belastungen beschreibt. Ein Stoffmodell für Boden dient dazu, die komplexen physikalischen Eigenschaften und die Reaktionen von Böden, wie zum Beispiel das Verformungsverhalten und die Stabilität, bei der Planung von Bauvorhaben oder anderen ingenieurtechnischen Anwendungen zu simulieren und vorherzusagen. Die Verwendung von Stoffmodellen ist entscheidend für die Sicherheit und die Zuverlässigkeit von Bauwerken, weil sie eine realistische Simulation des Bodenverhaltens ermöglichen. Stoffmodelle werden in der Geotechnik verwendet, um zum Beispiel die Standsicherheit von Bauwerken rechnerisch nachzuweisen, Setzungen vorherzusagen, oder die Auswirkungen von Erdbeben auf den Boden zu untersuchen.

Es gibt verschiedene Arten von Stoffmodellen, die je nach dem Anwendungsfall und den Genauigkeitsanforderungen eingesetzt werden. Einige Modelle, wie zum Beispiel hypoplastische Modelle, sind sehr detailliert und berücksichtigen viele physikalische Parameter, während andere Modelle einfacher und nur für bestimmte Anwendungen optimiert sind. Ein **Stoffmodell** kann beispielsweise die Verformung von Böden unter der Belastung aus einem Gebäude oder die Stabilität einer Böschung beschreiben. Die Verwendung von Stoffmodellen ist entscheidend für die Sicherheit und die Zuverlässigkeit von Bauwerken, weil sie eine realistische Simulation des Bodenverhaltens ermöglichen.

Um bei numerischen Berechnungen realistische Berechnungsergebnisse zu erhalten, muss das gesamte System aus Bauwerk und Baugrund abgebildet werden. Die einzelnen Bauzustände, die zur Umsetzung der Baumaßnahme geplant sind, müssen bei den Berechnungen berücksichtigt werden. Es wird bei den Berechnungen auch versucht, aus dem Herstellvorgang geotechnischer Bauteile, wie zum Beispiel Pfählen oder Schlitzwänden, resultierende Effekte bei der Modellbildung zu erzielen.

Das Mohr-Coulomb-Modell ist ein grundlegendes Stoffmodell, während fortgeschrittene Modelle, wie zum Beispiel hypoplastische Modelle komplexere Bodenverhaltensweisen berücksichtigen. Die hypoplastischen Stoffmodelle gehören zu den fortgeschrittenen mathematischen Modellen zur Beschreibung des Bodenverhaltens bei Beanspruchungen. Im Vergleich zu vielen verwendeten Stoffmodellen verzichtet die Hypoplastizität auf die Verwendung von Fließflächen und plastischen Potenzialen, um reversible und irreversible Dehnungen abzubilden. Stattdessen wird eine Betragsfunktion verwendet. Weil sich das beobachtbare Bodenverhalten feinkörniger und grobkörniger Böden bei einer Beanspruchung unterscheidet, existieren daher auch unterschiedliche Stoffmodelle, die diese Eigenheiten abbilden können.

Beispiele hierfür sind Modelle für teilgesättigte oder für gefrorenen Boden. Andere Aspekte des mechanischen Verhaltens von Böden, wie der aktuell häufig untersuchte Einfluss der Bodenstruktur beziehungsweise die Evolution der Mikrostruktur in einer (zyklischen) Belastungsgeschichte, können jedoch nicht einfach in elastoplastische Basismodelle eingepflegt werden. In diesem Zusammenhang entstehen tatsächlich neue Modellformulierungen beziehungsweise werden höherwertige Materialmodelle weiterentwickelt. Im Bereich der elastoplastischen Materialmodellierungen sind es derzeit vorwiegend Bounding-Surface-Modelle, die vorgeschlagen werden. Andere Modellformulierungen, wie zum Beispiel die Hypoplastizität oder Generalized Plasticity, werden ebenso weiterentwickelt.

Fragen

- Zwischen welchen Spannungsarten wird unterschieden?
- Wozu werden Einflusswerte benötigt?
- Was muss für Setzungsberechnungen bekannt sein?
- Wozu wird der Elastizitätsmodul (E-Modul) benötigt?
- Was ist die Grenztiefe?
- Was ist der kennzeichnende Punkt?
- Was beschreibt die Wechselwirkung zwischen dem Boden und dem Baugrund?

2
Eurocode 7: Grundbau

In den Normen des Eurocode 7: Grundbau (EC 7) sind die geotechnischen Aspekte und die Anforderungen an die Festigkeit, die Standsicherheit und die Dauerhaftigkeit von Bauwerken festgelegt. Aus der ehemals zweiteiligen Norm werden in der zweiten Generation nun drei Teile: EC 7 wurde zur Geotechnik um Angaben zur Bestimmung von Grundwasserständen und von Grundwasserdrücken, zur Robustheit, zur Dauerhaftigkeit und zur Nachhaltigkeit erweitert. Außerdem wurde er um ein neues Verfahren für den Nachweis von Grenzzuständen der Tragfähigkeit mittels numerischer Modelle ergänzt. Die Veröffentlichung des EC 7 ist für den Herbst 2027 geplant.

EC 7 wurde von einem gemeinsamen Ausschuss der Arbeitsgruppen Einheitliche Technische Baubestimmungen (ETB) und Baugrund im Fachnormenausschuss Bauwesen ausgearbeitet. Die Vorschrift ist den obersten Bauaufsichtsbehörden vom Institut für Bautechnik, Berlin, zur bauaufsichtlichen Einführung empfohlen worden.

Wenn auf ein System von außen Kräfte einwirken, wird im Eurocode 7 die Bezeichnung Last verwendet, das gilt auch für zusammengesetzte Wörter mit der Silbe ...Last (siehe DIN 1080, Begriffe, Formelzeichen und Einheiten im Bauingenieurwesen; Grundlagen, Teil 1, vom Juni 1976).

Zweck und Geltungsbereich

Im **EC 7** ist angegeben, wie weit ein Baugrund durch Flächen- oder durch Pfahlgründungen beansprucht werden darf, damit Bauwerke unter der Einwirkung von Kräften aus überwiegend ruhenden Lasten keine schädlichen Bewegungen erleiden. Die hierfür erforderlichen Baugrunduntersuchungen werden ebenso genannt. Der Eurocode 7 gilt nicht für Bauwerke, die im Untertagebau hergestellt werden, sowie für Erdbauten und für Gründungen von Starkstrom-Freileitungsmasten nach VDE 0210.

Baugrunddefinition

Arten des Baugrunds. Ein Baugrund wird wegen seines unterschiedlichen Verhaltens bei der Belastung durch Bauwerke für die Zwecke der Norm eingeteilt in: gewachsener Boden (Lockergestein), Fels (Festgestein) und geschüttete Böden.

Gewachsener Boden. Als gewachsen wird ein Boden bezeichnet, wenn er durch einen abgeklungenen, erdgeschichtlichen Vorgang entstanden ist. Es wird zwischen den folgenden Hauptgruppen unterschieden:

- **Nichtbindige Böden** wie Sand, Kies, Steine oder Gemische daraus liegen vor, wenn der Gewichtsanteil der Bestandteile mit Korngrößen unter 0,06 mm 15 % nicht übersteigt. Dem entsprechen die grobkörnigen Böden (GE, GW, GI, SE, SW, SI) und die gemischtkörnigen Böden (GU, GT, SU) nach der DIN 18196, Erd- und Grundbau – Bodenklassifikation für bautechnische Zwecke, Ausgabe Februar 2023, Tabelle 1.
- **Bindige Böden** wie Tone, tonige Schluffe und Schluffe und ihre Mischungen mit nichtbindigen Böden und gemischtkörnige Böden mit größerem Feinkornanteil liegen vor, wenn der Gewichtsanteil der bindigen Bestandteile mit Korngrößen unter 0,06 mm größer als 15 % ist (zum Beispiel sandiger Ton, sandiger Schluff, Lehm, Mergel). Dem entsprechen die feinkörnigen Böden (UL, UM, TL, TM, TA) und die gemischtkörnigen Böden $\mathrm{S}\overline{\overline{\mathrm{U}}}$, ST, $\mathrm{S}\overline{\overline{\mathrm{T}}}$, $\mathrm{G}\overline{\overline{\mathrm{U}}}$ und $\mathrm{G}\overline{\overline{\mathrm{T}}}$ nach der DIN 18196, Erd- und Grundbau – Bodenklassifikation für bautechnische Zwecke, Ausgabe Februar 2023, Tabelle 1.
- **Organische Böden** wie Torf oder Faulschlamm und **anorganische Böden** der in den Abschnitten 2.1.1 und 2.1.2 des EC 7 genannten Gruppen mit organischen Beimengungen tierischer oder pflanzlicher Herkunft liegen vor, wenn deren Gewichtsanteil bei nichtbindigen Böden mehr als drei Prozent, bei bindigen Böden mehr als fünf Prozent beträgt (zum Beispiel humoser Sand, Faulschlamm oder torfhaltiger Sand, organischer Schluff oder Ton, Klei). Dem entsprechen die organogenen beziehungsweise die organischen Böden nach der DIN 18196, Erd- und Grundbau – Bodenklassifikation für bautechnische Zwecke, Ausgabe Februar 2023, Tabelle 1.

Fels. Im Rahmen der Norm werden alle Festgesteine mit dem Sammelbegriff Fels benannt.

Geschütteter Boden. Ein Boden wird als geschüttet bezeichnet, wenn er durch Aufschütten oder durch Aufspülen entstanden ist. Es gibt verdichtete Schüttungen beliebiger Zusammensetzung. Verdichtete Schüttungen aus nichtbindigen oder bindigen Bodenarten oder aus anorganischen Schüttgütern (zum Beispiel Bauschutt, Schlacke, Erzrückstände), wenn die Schüttungen ausreichend verdichtet worden sind.

Lasten

Der Baugrund wird durch ständige Lasten und durch Verkehrslasten beansprucht. Zu den ständigen Lasten zählen unter anderem die Eigenlast des Bauwerks, ständig wirkende Erddrücke, Erdlasten und Wasserdrücke (zum Beispiel auch Strömungsdruck aus Grundwassergefälle). Zu den Verkehrslasten zählen unter anderem Lasten nach der zurückgezogenen DIN 1055, Einwirkungen auf Tragwerke – Teil 3: Eigen- und Nutzlasten für Hochbauten, vom März 2006, und nach der zurückgezogenen DIN 1072, Straßen- und Wegbrücken; Lastannahmen, vom Dezember 1985, und wechselnde Erd- und Wasserdrücke sowie Eisdruck.

Lasten, die durch Veränderungen der Umgebung des Bauwerks, zum Beispiel durch Baumaßnahmen, durch Belastungsänderungen oder durch Grundwasserabsenkungen entstehen, zählen je nach ihrer Dauer zu den ständigen Lasten oder zu den Verkehrslasten.

Die nachfolgend aufgeführten Lastfälle können unterschieden werden, wobei die Wahrscheinlichkeit ihres Auftretens in voller rechnerischer Größe und die Dauer und Häufigkeit ihrer Ursachen maßgebend sind:

- **Lastfall 1.** Ständige Lasten und regelmäßig auftretende Verkehrslasten (auch Wind).
- **Lastfall 2.** Außer den Lasten des Lastfalls 1 gleichzeitig, aber nicht regelmäßig auftretende große Verkehrslasten und Belastungen, die nur während der Bauzeit auftreten.

Außerdem in Sonderfällen:

- **Lastfall 3.** Außer den Lasten des Lastfalls 2 gleichzeitig mögliche außerplanmäßige Lasten (zum Beispiel durch einen Ausfall von Betriebs- und Sicherungsvorrichtungen oder bei Belastung infolge von Unfällen).

Baugrundverhalten

Ein Baugrund verformt sich durch die von der Last des Bauwerks hervorgerufenen Kräfte entsprechend seiner Zusammendrückbarkeit und seiner Scherfestigkeit lotrechte Fundamentlasten verursachen zunächst vor allem lotrechte Setzungen.

Mit zunehmender Belastung wird der Boden auch seitlich verdrängt, bis das Fundament schließlich beim Erreichen der Bruchlast im Boden versinkt, wobei es auch seitlich ausweichen kann (sogenannter Grundbruch).

Wenn der Punkt, in dem die Resultierende der äußeren Kräfte die Sohle trifft, über den Rand des Kerns hinauswandert, entstehen eine klaffende Fuge und eine anwachsende Sohlspannung im Druckbereich, die zu einem Grundbruch führen kann.

Im theoretischen Grenzfall eines unnachgiebigen Untergrunds dreht sich das Fundament ohne eine vorausgehende Bodenverformung und ohne einen Grundbruch um seine Kante, sobald die Resultierende diese überschreitet (Kippen). Bei zu starker Neigung der Resultierenden gegen die Lotrechte tritt durch Überwinden des Widerstands zwischen der Sohle und dem Boden ein Gleiten ein.

Setzungen

Wenn ungleichmäßige Lasten wirken, entstehen bei ausreichender Grundbruchsicherheit Setzungen überwiegend durch das Zusammendrücken der Bodenschichten. Auch waagerechte Lasten können Setzungen verursachen.

Die Standsicherheit und die Nutzung eines Bauwerks werden durch gleichmäßige Setzungen im Allgemeinen nicht gefährdet. Gleichmäßige Setzungen führen auch zu keinen Setzungsschäden. Schäden können jedoch bei ungleichmäßigen Setzungen von Bauwerksteilen auftreten, die bei Spannungsüberlagerungen, bei einer ungleichmäßigen Bodenzusammensetzung, bei unterschiedlicher Dichte und bei ungleichmäßiger Schichtenausbildung sowie bei unregelmäßigen Fundamentformen, unterschiedlichen Gründungstiefen oder bei unterschiedlichen und ausmittigen Belastungen im Untergrund zu erwarten sind.

Setzungen bei nichtbindigen Böden nach Abschnitt 2.1.1.1 des EC 7. Das Korngerüst nichtbindiger Böden wird je nach der vorhandenen Lagerungsdichte durch eine Umlagerung der Bodenteilchen zusammengedrückt. Setzungen treten deshalb nahezu voll beim Aufbringen der Last, das heißt während der Bauzeit, auf. Sie sind meistens kleiner als bei bindigen Böden. Durch dynamische Einflüsse oder durch aufsteigendes Grundwasser kann der durch eine innere Reibung bedingte Widerstand des Bodens gegen eine Kornumlagerung beträchtlich vermindert werden.

Setzungen bei bindigen Böden nach Abschnitt 2.1.1.2 des EC 7. Das Maß der Setzung hängt von der Verformbarkeit des Korngerüsts ab. Der Verlauf der Setzung wird je nach der Zeit, die für das Verdrängen des Porenwassers erforderlich ist, verzögert (Konsolidierung) und kann je nach der Durchlässigkeit des Bodens lange über die Bauzeit hinausreichen. Dabei tritt ein Porenwasserüberdruck auf, dessen Abklingen bei gleichzeitiger Porenwasserabgabe ein Maß für die Konsolidierung des Bodens ist.

Dynamische Kräfte verursachen in bindigen Böden umso geringere Setzungen, je größer die Konsistenzzahl und die Plastizitätszahl des Bodens sowie die Belastungsgeschwindigkeit sind. Ihr Einfluss auf die Setzungen kann deshalb im Allgemeinen außer Betracht bleiben, jedoch nicht der Einfluss der Baugrundelastizität auf die Schwingungen bei Schornsteinen und Türmen.

Grundbruch

Die Grundbruchgefahr wächst mit abnehmender Breite und Einbindetiefe der Fundamente, mit abnehmender Scherfestigkeit des Bodens sowie mit zunehmender Exzentrizität und Neigung der Last. Sie nimmt bei steigendem Grundwasserspiegel und abnehmender Wichte des Bodens zu.

Die Grundbruchgefahr wird bei bindigen Böden mit hohem Wassersättigungsgrad außerdem dadurch erhöht, dass die Scherfestigkeit bei schneller Belastung der Fundamente infolge des Porenwasserüberdrucks nicht entsprechend der Zunahme der Druckspannungen anwächst.

Bei Bauwerken an einem Geländesprung beziehungsweise in oder auf einer Böschung kann ein Grundbruch als Gelände- beziehungsweise Böschungsbruch eintreten (siehe zurückgezogene DIN V 4084-100, Baugrund – Böschungs- und Geländebruchberechnungen – Teil 100, Berechnung nach dem Konzept mit Teilsicherheitsbeiwerten, Vornorm), vom April 1996.

Kippen

Das Kippen von Fundamenten wird durch die Festlegungen über die Ausmittigkeit der Last nach dem Abschnitt 4.1.3.1 des EC 7 und die geforderte Grundbruchsicherheit vermieden, wenn alle Einflüsse zutreffend berücksichtigt sind. Unter diesen Voraussetzungen ist zum Beispiel bei Fundamenten mit geschlossener Sohlfläche, die einen doppeltsymmetrischen Querschnitt haben, kein zusätzlicher Nachweis erforderlich. Die Kippsicherheit des Gesamtbauwerks oder der oberhalb des Fundaments befindlichen Bauteile bleibt davon unberührt.

Bei Baukörpern, bei denen eine relativ kleine Veränderung der Belastung die Exzentrizität der Resultierenden erheblich vergrößern kann, sind besondere Untersuchungen erforderlich.

Bei Baukörpern großer Schlankheit oder mit weit über die Sohlfläche auskragenden Bauteilen kann die ursprünglich vorhandene Kippsicherheit durch eine Schwerpunktverschiebung des Bauwerks infolge ungleichmäßiger Setzung vermindert werden.

Gleiten

Ein Bauwerk gleitet, wenn die waagerechte Komponente der in der Sohlschnittfläche oder in einer darunter befindlichen Schnittfläche angreifenden resultierenden Kraft größer ist als die entgegenwirkende Scherkraft. Die Gleitgefahr wird durch den Endwiderstand vor dem Bauwerk vermindert (siehe Abschnitt 4.1.2 des EC 7, letzter Absatz).

Feststellen des Baugrundaufbaus und Zeitpunkt der Untersuchungen

Möglichst vor dem Aufstellen der Baupläne, jedenfalls aber ehe die Gründungstiefe die Gründungsart und die Abmessungen der Gründungskörper sowie die Art der aufgehenden Konstruktionen endgültig festgelegt werden, muss der Aufbau des Bodens unterhalb der in Aussicht genommenen Gründungssohle, bei Pfahlgründungen auch unterhalb der Pfahlspitzen, ausreichend bekannt sein.

Art und Umfang der Untersuchungen

Die Art, die Beschaffenheit, die Ausdehnung, die Lagerung, die Tiefenlage und die Dicke der Bodenschichten sind durch Schürfe, Bohrungen und Sondierungen festzustellen, sofern die örtlichen Erfahrungen keinen ausreichenden Aufschluss geben. Die zurückgezogene DIN 4021, Baugrund; Aufschluss durch Schürfe und Bohrungen sowie Entnahme von Proben, vom Oktober 1990, und die zurückgezogene DIN 4022, Baugrund und

Grundwasser; Benennen und Beschreiben von Boden und Fels; Schichtenverzeichnis für Bohrungen ohne durchgehende Gewinnung von gekernten Proben im Boden und im Fels, vom September 1987, die DIN 4023, Geotechnische Erkundung und Untersuchung – Zeichnerische Darstellung der Ergebnisse von Bohrungen und sonstigen direkten Aufschlüssen, vom Februar 2023, und die zurückgezogene DIN 4094, Baugrund – Felduntersuchungen – Teil 1: Drucksondierungen, vom Juni 2002, sowie die zurückgezogene DIN 4094, Baugrund – Felduntersuchungen – Teil 2: Bohrlochrammsondierung, vom Mai 2005, und die DIN 18196, Erd- und Grundbau – Bodenklassifikation für bautechnische Zwecke, vom Februar 2023, sowie die DIN 4023, Geotechnische Erkundung und Untersuchung – Zeichnerische Darstellung der Ergebnisse von Bohrungen und sonstigen direkten Aufschlüssen, vom Februar 2023, sind hierbei zu beachten.

Bohrungen und Sondierungen geben eine Übersicht über die Baugrund- und die Grundwasserverhältnisse des Baugeländes. Bohrungen und Sondierungen werden zunächst in großen Abständen als Hauptbohrungen ausgeführt. Nach den gewonnenen Ergebnissen werden dann Zusatzbohrungen oder Sondierungen zwischengeschaltet. Das Netz der Bohrungen und der Sondierungen soll so eng sein, dass es über die Lage, die Tiefenlage, die Neigung und die Dicke der Schichten des Baugrunds, über ihre Zusammensetzung und über ihre Beschaffenheit und Gleichmäßigkeit einen Aufschluss gibt. Die Hauptbohrungen sind so tief zu führen, dass eine tragfähige Schicht in ausreichender Dicke (siehe Abschnitt 3.2.2b des EC 7) nachgewiesen wird. Die Zusatzbohrungen oder die Sondierungen können abgebrochen werden, wenn sie diese Baugrundschicht erreicht haben.

Bohrungen für einzelne Bauwerke sind innerhalb und in nächster Umgebung der Grundfläche des geplanten Bauwerks niederzubringen. Wurden vorher Erkundungsbohrungen durchgeführt, so richten sich die Lage, die Tiefe und die Anzahl nach ihrem Ergebnis, sonst nach der Form und der Abmessung des Bauwerksgrundrisses, der Last des Bauwerks, seiner Lage zu benachbarten Bauwerken und der Regelmäßigkeit der Bodenschichten. Der Abstand der Bohrungen sollte nicht größer als 25 m sein. Die Bohrungen sind so tief zu führen, dass alle Schichten erfasst werden, von denen die Setzungen des Bauwerks oder seiner Teile wesentlich beeinflusst werden können. Sie sind umso tiefer zu führen, je größer die Bauwerkslast und die Empfindlichkeit des Bauwerks gegen Setzungen sind.

In gewachsenem, nicht felsigem Untergrund genügt im Allgemeinen eine Tiefe, die – von der Fundamentsohle ab gerechnet – bei Einzelgründungskörpern (auch Streifenfundamenten, Fundamenten unter Kranbahnen, Kaimauern, Brückenwiderlagern und dergleichen) das Dreifache, bei Plattengründungen das Eineinhalbfache der Sohlbreite, in beiden Fällen aber mindestens sechs Meter beträgt.

Bei Bauwerken mit mehreren Gründungskörpern, deren Einfluss sich in tieferen Schichten überlagert, soll die Bohrtiefe – von der Gründungssohle ab gerechnet – gleich der dreifachen größten Breite der Gründungskörper oder gleich der eineinhalbfachen

Bauwerksbreite gewählt werden, wobei der ungünstigere Wert maßgebend ist. Außerdem muss die Bohrtiefe bis mindestens sechs Meter unter die Gründungssohle reichen.

Die Bohrungen sind tiefer zu führen und gegebenenfalls auch dichter zu setzen, als in den Abschnitten 3.2.1 und 3.2.2 des EC 7 angegeben ist, wenn die geologischen und die hydrologischen Verhältnisse, die Oberflächengestalt (zum Beispiel Böschungen) oder die Beeinflussung der Nachbarbebauung es verlangen.

Bei einem nachweislich regelmäßigen Schichtenverlauf genügt es, von den notwendigen Bohrungen nur einen Teil bis zu der in Abschnitt 3.2.2 des EC 7 angegebenen Tiefe zu führen. Die übrigen Bohrungen müssen aber mindestens sechs Meter unter die Gründungssohle geführt werden. Sie können durch Sondierungen ersetzt werden, wenn die vorhandenen Bohrungen eine sichere Deutung der Sondierergebnisse ermöglichen.

Bei Pfahlgründungen sind die Bohrtiefen von der Pfahlfußebene an zu rechnen, wobei die im Abschnitt 3.2.2 des EC 7 genannte Bohrtiefe um etwa ein Drittel verringert werden darf.

Liegen vor der Durchführung der Bohr- und Schürfarbeiten eindeutige Angaben über den geologischen Aufbau (Verlauf, Gleichmäßigkeit und Eigenschaften der einzelnen Schichten) vor, dann kann die Anzahl der Bohrungen oder der Schürfe, in Einzelfällen auch in ihrer Tiefe, verringert werden. Die Verringerung muss nachprüfbar begründet werden.

Flach- und Flächengründungen

Als Flächengründungen werden Gründungen bezeichnet, die in der Sohlfläche senkrechte, geneigte, mittige oder ausmittige Kräfte abtragen, und zwar sowohl bei Flach- als auch bei Tiefgründungen.

Die zulässige Belastung des Baugrunds durch Flächengründungen ist bei lotrechter Belastung begrenzt durch die für das Bauwerk erträglichen Setzungen beziehungsweise Setzungsunterschiede und durch die Grundbruchsicherheit unter Beachtung der Ausmittigkeit und der Neigung der Resultierenden sowie der Belastungsgeschwindigkeit. Bei einer Schrägbelastung muss außerdem eine ausreichende Sicherheit gegen Gleiten vorhanden sein.

Im Regelfall kann die zulässige Belastung des Baugrunds bei Flächengründungen mithilfe von Tabellenwerten ermittelt werden, wobei eine Grundbruchberechnung entfallen kann. Der Abschnitt 2.3.2, letzter Absatz, des EC 7, ist jedoch zu beachten. Eine Setzungsberechnung wird nur dann erforderlich, wenn der Einfluss benachbarter Fundamente zu berücksichtigen ist.

Lage und Ausbildung der Gründungssohle

Für Flächengründungen und für Einzel- und Streifenfundamente gilt: Die Gründungssohle muss frostfrei liegen, mindestens aber 0,8 m unter Gelände.

Hiervon darf abgewichen werden:

- bei Bauwerken von untergeordneter Bedeutung (zum Beispiel Einzelgaragen, einstöckige Schuppen, Bauwerke für vorübergehende Zwecke und ähnliche) und bei einer geringen Flächenbelastung.
- Bei Gründungen auf nicht angewittertem Fels in gleichmäßig fest gelagertem Verband.

Der Baugrund muss gegen Auswaschen oder eine Verringerung seiner Lagerungsdichte durch strömendes Wasser gesichert sein.

Bindiger Boden muss während der Bauzeit gegen Aufweichen und Auffrieren gesichert sein.

In der zurückgezogenen DIN 1054, Baugrund – Sicherheitsnachweise im Erd- und Grundbau, vom Januar 2005, umfasste der Abschnitt sieben zu den Flach- und Flächengründungen zwölf Seiten.

3 Eigenschaften und Verhalten von Böden und Fels

Böden und **Fels** können aufgrund ihrer geografischen Lage und des herrschenden Klimas besondere Eigenschaften aufweisen. Wichtige Eigenschaften von Böden und Fels sind:

- die Korngrößen- und die Porengrößenverteilung,
- der Gehalt an organischen Substanzen,
- das Verhalten gegenüber Wasser und Frost,
- die Dichte,
- die Wasseraufnahmefähigkeit,
- die Feldkapazität.

Es gibt fünf Hauptbodenarten: Kiesboden, Sandboden, Schluffboden, Lehmboden und Tonboden. Es können aber auch Gemische aus verschiedenen Bodenarten vorliegen.

In Abhängigkeit von der Korngröße und der Bodenart (von Kies über Sand und Schluff zu Ton), nehmen Eigenschaften wie die Wasserdurchlässigkeit, die Durchlüftung, die Durchwurzelbarkeit oder die Bodenbearbeitbarkeit ab. Das Porenvolumen des Bodens, der Kationenaustausch, der Nährstoffgehalt, das Wasserhaltevermögen und das Wasseraufnahmevermögen nehmen für die genannten Bodenarten dabei zu.

Böden bestehen aus den Grundbestandteilen Mineralien, eventuell aus organischen Stoffen, Wasser und Luft. Typische Böden bestehen zu etwa 45 % aus Mineralien, zu 5 % aus organischen Stoffen, zu 20 bis 30 % aus Wasser und zu 20 bis 30 % aus Luft.

Es stehen in der Baupraxis mehrere Verfahren zur Verbesserung des Baugrunds, zum Beispiel zur Tragfähigkeitserhöhung oder zur Minimierung von Setzungen, zur Verfügung: Bodenaustausch, Verfahren zur oberflächennahen Verdichtung und Tiefenverdichtung, Rüttel-Stopfverfahren, Bodenmischverfahren, Hochdruckinjektionsverfahren, punktuelle Bodenverbesserungen durch Stütz- und Entwässerungselemente und andere.

Bei weniger tragfähigen Böden können starke Setzungen auftreten, wenn Bauwerke auf diesen Böden errichtet werden. Es können zum Beispiel Risse oder Brüche in einer Sohlplatte beziehungsweise im Unterbau auftreten, wenn keine zusätzlichen Maßnahmen durchgeführt werden. Wenn sich die Schäden sogar soweit fortsetzen, dass es zu Rissen in Wänden und Mauern kommt, kann sogar die Standsicherheit des Gebäudes beeinflusst werden. Der Schiefe Turm von Pisa ist ein weltweit bekanntes Beispiel für eine erforderliche, aber nicht durchgeführte Baugrundverbesserung. Für die Konstruktion und das Gewicht des schiefen Turms war der Untergrund aus lehmigem Morast und organischem Boden nicht tragfähig genug. Das Bauwerk neigte sich noch vor seiner Vollendung gefährlich zur Seite. Es waren umfangreiche Sanierungsarbeiten erforderlich, um das Wahrzeichen der Stadt Pisa zu retten. Die Maßnahmen festigten nachträglich den Untergrund unter dem Turm.

Aufschwemmungen von Böden können durch Grundwasser entstehen. Dadurch können ebenfalls Setzungen oder auch Einbrüche im Boden erzeugt werden. Außerdem greift eine zu hohe Feuchtigkeit im Boden in oberen Bodenschichten die Bausubstanz an, wenn diese nicht ausreichend gegen aufsteigende Bodenfeuchtigkeit abgedichtet ist. Niederschläge können zum Beispiel nicht gut versickern, wenn der Baugrund nicht ausreichend wasserdurchlässig ist. Es kann dann zur Bildung von Schichtenwasser kommen, was eine Bauausführung erschweren kann.

Eine umfangreiche Baugrunduntersuchung ist daher vor jedem Bauprojekt erforderlich. Damit wird die genaue Beschaffenheit des Baugrunds festgestellt. Sofern Mängel oder mögliche Komplikationen hinsichtlich der Tragfähigkeit des Baugrunds und hinsichtlich des Grundwassers festgestellt werden, sind verschiedene bautechnische Maßnahmen zur Baugrundverbesserung vorzusehen. Eine ausreichende Standsicherheit des Bauwerks kann durch derartige Maßnahmen gewährleistet werden und das Ausmaß eventueller Setzungen kann verringert werden.

Sofern der Baugrund nicht ausreichend tragfähig für die aus dem zu errichtenden Gebäude wirkenden Lasten ist, können verschiedene Maßnahmen durchgeführt werden. Dies sind:

- **Bodenaustausch.** Bei einem Bodenaustausch wird die nicht geeignete Bodenschicht ausgetauscht und durch tragfähigen Boden ersetzt. Nach dem Einbau des Austauschbodens, in der Regel werden Sand, Kies oder Schotter verwendet, muss das eingebrachte Material ausreichend verdichtet werden.
- **Bodenmischverfahren.** Die Beimischung von verschiedenen Suspensionen ist eine weitere Möglichkeit, die oberflächliche Beschaffenheit des Baugrunds zu verbessern. Hierbei kommen in der Regel Bindemittel wie Zement oder Kalk, jeweils gemischt mit Wasser, zum Einsatz. Nach der Aushärtung der Zusatzstoffe wird die Stabilität des Bodens erhöht. Bodenmischverfahren können sowohl punktuell als auch flächendeckend erfolgen.

- **Bodenverdichtung.** Ist der Baugrund für die Aufnahme der Bauwerkslasten nicht geeignet, können relativ einfache Maßnahmen zur Baugrundverbesserung oder auch eine zusätzliche Verdichtung ausreichend sein. Es können Rüttelplatten oder Walzen für das Verdichten des Bodens verwendet werden. Schwere Fallplatten an Hebemaschinen können für die Erzeugung einer noch dichteren Lagerung des Bodens ebenfalls genutzt werden. Sollten tiefere Verdichtungsarbeiten erforderlich werden, können Tiefenverdichtungen ausgeführt werden.
- **Baugrundinjektionen.** Mit Baugrundinjektionen werden Hohl- oder Porenräume im Boden mit verschiedenen Suspensionen oder Emulsionen wie Bindemitteln, Schäumen, Gelen oder Harzen verfüllt. Durch Nieder- und Hochdruckinjektionen, durch Fels- und Hebungsinjektionen oder durch eine Bodenvermörtelung können die Substanzen in den Boden eingebracht werden. Felsinjektionen dichten Felsspalten und Hohlräume mit Zementsuspensionen ab und erhöhen so die Festigkeit und reduzieren die Wasserdurchlässigkeit des Felses, was für den Tunnel- oder Dammbau wichtig ist. Hebungsinjektionen verwenden Manschettenrohre, um unter Gebäuden gezielt Boden aufzufüllen und anzuheben, wodurch Setzungen korrigiert und Bauwerke stabilisiert werden.

  Solche Verfahren sind jedoch relativ aufwendig und kostenintensiv und werden daher nur selten verwendet. Hauptsächlich werden die Verfahren zur temporären Sicherung und zur Abdichtung von Baugruben oder zur nachträglichen Lagesicherung von Gebäuden eingesetzt.
- **Stützelemente/Tiefgründungen.** Gesonderte Stützelemente können in den Boden eingebracht werden, wenn die Tragfähigkeit des Baugrunds nicht durch oberflächliche Verfahren gewährleistet werden kann. Hierbei kann es sich um Pfähle, um verfüllte Brunnenringe oder um Senkkästen handeln. Die Last des Bauwerks wird dann von den zusätzlichen Stützelementen aufgenommen. Die Stützelemente beziehungsweise die Pfähle leiten die Lasten in tiefere, tragfähigere Bodenschichten ab, sodass instabile, oberflächennahe Böden weniger belastet werden.
- **Baugrundentwässerung.** Es kann in Abhängigkeit von der Feuchtigkeit beziehungsweise dem Wassergehalt im Boden notwendig sein, den Baugrund zu entwässern oder das Grundwasser abzusenken. Eine Wasserhaltung kann bei Baugruben in einer offenen oder in einer geschlossenen Wasserhaltung mittels Brunnen und Pumpen oder durch verschiedene Dränagesysteme vorgenommen werden.

Böden stehen seit ihrer geologischen Entstehung in einem Eigenspannungszustand, dem sogenannten Primärspannungszustand. Wegen der geologischen Vorgänge und der durch Bauwerke hervorgerufenen Belastungsänderungen des Baugrunds oder durch Verkehrslasten verändern sich auch die Spannungen im Boden. Durch die Spannungen treten Verformungen auf. Die Bodenmechanik beschreibt diese Zustände. Mit bodenmechanischen Laborversuchen werden die bodenmechanischen Eigenschaften von Böden ermittelt und Kennwerte für erdstatische Berechnungen gewonnen.

Böden können plastische Formänderungen oder elastische Formänderungen aufweisen. Plastische Verformungen sind dauerhaft und bleibend, elastische Formänderungen sind nur vorübergehend und reversibel. Fels ist nicht vollkommen inkompressibel. In der Physik und der Ingenieurwissenschaft ist die Eigenschaft der Inkompressibilität eine Idealisierung, die besagt, dass das Volumen eines Körpers sich unter Druck nicht ändert. Obwohl Gestein beziehungsweise Fels eine sehr hohe Druckfestigkeit aufweist, ist Gestein und Fels bei sehr hohen Drücken und Temperaturen doch in gewissen Grenzen kompressibel, also komprimierbar.

Im bodenmechanischen Labor kann durch Kompressionsversuche der Zusammendrückungsmodul oder **Kompressionsmodul** ermittelt werden. Der Kompressionsmodul (Formelzeichen K) ist eine intensive und stoffeigene physikalische Größe, basierend auf der Elastizitätstheorie der Mechanik. Der Kompressionsmodul beschreibt, welche allseitige Druckänderung nötig ist, um eine bestimmte Volumenveränderung im Boden hervorzurufen.

In der Festigkeitslehre der Mechanik wird jeder Festkörper als verformbar angenommen. Nach einem Verdichtungsvorgang ist ein Körper verdichtet (komprimiert). In der Regel erfolgt nur eine elastische Verformung, das heißt, beim Nachlassen des Drucks kehrt sich die Verdichtung wieder um, die Verformung ist also reversibel. Abhängig vom Material kann aber auch eine bleibende Änderung der Struktur eines Körpers eintreten (zum Beispiel eine plastische Verformung, Zerbröseln von Beton, Kornumlagerungen im Boden).

Die Zusammendrückbarkeit von Böden ist bei nichtbindigen und bei bindigen Böden unterschiedlich. Die Bereiche der Zusammendrückbarkeit werden in einen elastischen und in einen plastischen Bereich unterteilt. Elastische Anteile sind dabei in Böden nur gering ausgeprägt, und wenn, dann nur in bindigen Böden. Den größten Anteil nehmen bleibende Verformungen, die plastischen Verformungen, ein. In nichtbindigen Böden erfolgt dann eine Umlagerung der Bodenkörner in eine neue, dichtere Lagerung. Das Verformungsverhalten bindiger Böden ist vorwiegend vom Wassergehalt abhängig. Mit einer zunehmenden Belastung nimmt die Zusammendrückung des Bodens ab, und eine Proportionalität zwischen der Spannung und der Verformung ist nicht mehr gegeben.

Die Bestimmung der Zusammendrückbarkeit von Böden wird im bodenmechanischen Labor mit dem Kompressionsversuch durchgeführt. Die ältere Bezeichnung für diesen Versuch ist Ödometer-Versuch. Für die Durchführung dieses Versuchs ist derzeit die Norm DIN EN ISO 17892-5, Geotechnische Erkundung und Untersuchung – Laborversuche an Bodenproben – Ödometerversuch mit stufenweiser Belastung, Stand August 2017, maßgebend.

In einem Kompressionsversuch wird eine Bodenprobe einem ebenen Spannungszustand unter der vertikalen Spannung σ_1 ausgesetzt. Es erfolgt durch die vertikale Spannung eine spezifische Zusammendrückung s der Bodenprobe. Aus den Messwerten lässt sich der **Steifemodul** E_s (Verformungsmodul, Zusammendrückungsmodul) berechnen. Dies ist ein Bodenkennwert zur Berechnung der Setzungen eines Bodens in der Bodenmechanik und zur Berechnung von Baugrundverformungen. Der Steifemodul E_s hat für Böden etwa die gleiche Bedeutung wie der **Elastizitätsmodul** (E-Modul) für Festkörper-Materialien.

Bauwerke mit ihren Lasten erzeugen im Boden eine Spannungsveränderung. Um Setzungen im Boden aufgrund dieser Spannungsveränderung berechnen zu können, müssen die Ausbreitung und die Verteilung der Spannungen im Baugrund bekannt sein. Die Spannungen im Baugrund infolge der Lasten eines Bauwerks breiten sich mit wachsender Tiefe aus. Unter der Mitte des Bauwerks sind sie größer als an den Seiten beziehungsweise den Rändern des Bauwerks.

Analytische Lösungen für unterschiedliche Lasten für den sogenannten elastischen, isotropen Halbraum stehen zur Verfügung. Die Spannung im Baugrund nimmt mit zunehmender Tiefe zu, weil die darüber liegenden Erdschichten eine Belastung auf die tieferen Baugrundschichten ausüben. Diese Last führt zu vertikalen Spannungen im Boden, die mit zunehmender Tiefe ansteigen. Allerdings nehmen die Spannungen im Baugrund, die durch Lasten von Bauwerken entstehen, mit zunehmender Tiefe im Allgemeinen ab. Dies liegt daran, dass sich die Lasten im Boden ausbreiten und die Spannung auf eine größere Fläche verteilt wird, je tiefer die Spannung im Boden wirkt.

Für Spannungsberechnungen wird der dreidimensionale Raum durch eine waagerechte, unendlich ausgedehnte Ebene in zwei Hälften unterteilt. Der obere Teil ist leer, der untere Teil ist mit einem homogenen Stoff gefüllt, der sich elastisch verhält. Durch einen doppelten senkrechten Schnitt wird aus diesem Halbraum eine Halbscheibe herausgeschnitten, die dann zur Lösung sämtlicher ebener Probleme herangezogen werden kann.

Eine Spannungsüberschreitung im Boden, oft im Kontext von Bauwerken und Fundamenten, bezeichnet eine Situation, bei der die im Boden wirkenden Spannungen die zulässigen Grenzwerte überschreiten. Dies kann zu großen Setzungen, großen Verformungen und im schlimmsten Fall zu Schäden am Bauwerk oder zu Schäden in der Umgebung führen.

Ein konkretes Beispiel für eine Spannungsüberschreitung im Boden ist ein Fundament, das zu tief in den Boden eindringt und dadurch Spannungen verursacht, die die Tragfähigkeit des Bodens übersteigen. Dies könnte dazu führen, dass das Fundament weiter einsinkt und das darüberliegende Gebäude Schäden davonträgt.

Weitere Beispiele für Spannungsüberschreitungen im Boden können sein:

- **Belastungen durch Bauwerke.** Lasten, die durch Gebäude, Brücken oder durch andere Bauwerke auf den Boden übertragen werden, können zu Spannungen führen, die den Boden überlasten.
- **Belastungen durch Verkehr.** Straßen und Bahntrassen erzeugen ebenfalls Spannungen im Boden, die bei einer unzureichenden Dimensionierung oder bei einem schwachen Untergrund zu Setzungen führen können.

- **Belastungen durch Wasserdruck.** Grundwasser oder Stauwasser können ebenfalls Spannungen im Boden erzeugen, die bei einer unzureichenden Entwässerung oder bei undurchlässigen Bodenschichten zu Setzungen des Baugrunds führen können.
- **Belastung durch Erosion.** Eine Bodenerosion durch Wasser oder durch Wind kann ebenfalls zu Spannungsänderungen im Boden führen, die das Tragverhalten des Bodens beeinträchtigen können.

Die Beurteilung einer Spannungsüberschreitung im Boden ist ein wichtiger Bestandteil der Bodenmechanik und der Geotechnik und erfordert eine gründliche Untersuchung des Bodens im bodenmechanischen Labor, die Bestimmung der Bodenparameter und die Berechnung der Spannungen, die durch eine jeweilige Belastung entstehen können.

Zusammenfassend kann ausgesagt werden, dass eine Spannungsüberschreitung im Boden dann auftritt, wenn die wirkenden Spannungen den zulässigen Spannungswert des Bodens überschreiten, was zu Verformungen oder zu einem Versagen führen kann. Dies kann durch verschiedene Belastungen wie durch Bauwerke, durch Verkehrsbelastungen oder durch Wasserdruck verursacht werden. Der zulässige Spannungswert des Bodens bezieht sich auf verschiedene Grenzwerte, die für die Beschaffenheit und für die Verwendung von Bodenmaterial relevant sind. Diese Werte hängen von verschiedenen Faktoren ab, wie zum Beispiel der beabsichtigten Nutzung des Bodens, einer eventuellen Schadstoffbelastung des Bodens oder den jeweiligen gesetzlichen Bestimmungen.

Das Marriott-Hochhaus Senckenberganlage in Frankfurt am Main ist 162 m hoch. Im Marriott-Hochhaus Senckenberganlage befinden sich Büros und ein Hotel. Nach der Fertigstellung und dem Bezug des Gebäudes sind im Jahr 1995 Setzungen im Zentralkern des flach gegründeten Gebäudes von ca. 33 cm gemessen worden. Die neueren Hochhäuser in Frankfurt sind auf Pfahlgründungen oder auf Kombinierten Pfahl-Plattengründungen gegründet worden, wodurch nach der Fertigstellung und dem Bezug der Gebäude wesentlich geringere Gebäudesetzungen aufgetreten sind.

Bauwerke bilden zusammen mit dem umgebenden Boden ein statisches System. Mit erdstatischen Berechnungen werden Interaktionen zwischen Einwirkungen und Widerständen auf Konstruktionen und Spannungs- Verformungsbeziehungen zahlenmäßig erfasst. Mit ingenieurmäßigen Berechnungen werden die Standsicherheit und die Gebrauchstauglichkeit von Bauwerken sichergestellt und mit erdstatischen Berechnungen rechnerisch nachgewiesen. In den numerischen Verfahren der Geotechnik werden wie in der allgemeinen Baustatik mit Theorien und mit Berechnungsmodellen die realitätsnahen Verhältnisse idealisiert und vereinfacht dargestellt.

Wichtig ist eine Analyse von Grenzzuständen. Diese Analyse betrachtet den Nachweis der Grenztragfähigkeit (Standsicherheit) gemäß den Vorgaben geotechnischer Normen. Dabei wird in den Berechnungen der Erddruck sowohl als Einwirkung, also als treibende, als auch als Widerstand, also als haltende Kraft, berücksichtigt.

Die Berechnungen basieren auf der Plastizitätstheorie. Das in der Bodenmechanik verwendete Kriterium von Mohr/Coulomb ist dabei als Fließbedingung anzusehen. Weiterhin werden für den Boden elastisch-plastische Stoffmodelle verwendet. Diese Stoffmodelle werden in den Berechnungen, die nach der Finite-Elemente-Methode (FEM) und in den letzten Jahren auch nach der Distinkte-Elemente-Methode (DEM) durchgeführt werden, angesetzt. In den numerischen Berechnungen werden dann allgemeine Spannungsverformungsbeziehungen für den Boden verwendet.

Das **Mohr-Coulombsche Bruchkriterium** besagt, dass ein Bruch eines Festkörpers (Boden, Fels und so weiter) dann eintritt, wenn die Schubspannungen aus der äußeren Belastung größer als die Festigkeitsgrenze des inneren Scherwiderstands werden. In der Geologie und in der Bodenmechanik ist das Mohr-Coulombsche Bruchkriterium bei der Entstehung und der Aktivierung von Scherbrüchen besonders wichtig. Eine Kohäsion des Bodens wird in den Berechnungen oft vernachlässigt. Die Geradengleichung der sogenannten Bruchgeraden oder Coulombschen Schergeraden wird im sogenannten Mohrschen Diagramm dargestellt. In diesem Diagramm bedeutet das Bruchkriterium, dass der Mohrsche Spannungskreis jedes Bodenteilchens unter der Bruchgeraden liegen muss, damit kein Bruch im Boden eintritt. Berührt der Spannungskreis die Bruchgerade, ist der Grenzzustand der Tragfähigkeit erreicht.

Grenztragfähigkeitsmodelle, auch Stoffmodelle genannt, beschreiben das Verhalten von Materialien unter hohen Belastungen, insbesondere auch im Hinblick auf ein Versagen oder im Hinblick auf plastisches Fließen. Wichtig ist eine Analyse von Grenzzuständen. Diese Analyse betrachtet den Nachweis der Grenztragfähigkeit (Standsicherheit) gemäß den Vorgaben geotechnischer Normen. Dabei wird in den Berechnungen der Erddruck sowohl als Einwirkung, also als treibende, als auch als Widerstand, also als haltende Kraft, berücksichtigt.

An Bauwerken können Schäden entstehen, wenn sie auf oder in einem bindigen Boden gegründet sind und die Gebäudegründung nicht in einer frostfreien Tiefe liegt. Durch Frosteinwirkungen können sowohl Hochbauten als auch Verkehrsbauwerke und Ver- und Entsorgungsleitungen in Mitleidenschaft gezogen oder beschädigt werden. Typische Folgen an nicht frostsicher gegründeten Konstruktionen sind Hebungen, Risse oder Kippungen. An elastischen Konstruktionen können Verformungen infolge einer ungleichmäßigen Anhebung der Gründungssohle entstehen.

Bei einem Anstieg der Lufttemperaturen (Tauprozess) wird dem Baugrund Wärme zugeführt. Der in fester Phase befindliche erhöhte Wasseranteil im Boden kann beim Tauprozess wieder in die flüssige Phase übergehen und sich allmählich in tiefere Bodenschichten verteilen. Während dieses Tauprozesses tritt bei bindigen Böden eine ungünstige Konsistenzänderung ein, wobei die Tragfähigkeit des Baugrunds von ihrem Höchstwert während der Gefrierperiode stark abfällt und sich erst mit zunehmender Austrocknung bei wärmeren Temperaturen wieder auf den normalen Zustand erhöhen kann. Im Allgemeinen kommt es jedoch zu einer negativen Strukturveränderung des Bodens und somit zu einer Tragfähigkeitsabnahme, die nur durch eine Verdichtung beziehungsweise durch eine Belastung wieder rückgängig gemacht werden kann.

Nach den ZTV E-StB (Zusätzliche Technische Vertragsbedingungen und Richtlinien für Erdarbeiten im Straßenbau) erfolgt eine Klassifizierung der Frostempfindlichkeit von Böden nach ihrer Korngrößenverteilung. Dabei werden drei Frostempfindlichkeitsklassen unterschieden: F1 (frostunempfindlich), F2 (gering bis mittel frostempfindlich) und F3 (sehr frostempfindlich).

Die Frosttiefe, also die Eindringtiefe des Frosts in den Boden, variiert in Deutschland je nach der Region und ist von verschiedenen Faktoren abhängig. Im Durchschnitt liegt die Frostgrenze in Deutschland bei etwa achtzig Zentimetern unter der Erdoberfläche. Um sicherzustellen, dass Rohrleitungen nicht durch Frost beschädigt werden, sollten sie mindestens bis zu dieser Tiefe verlegt werden.

Bild 3.1 zeigt einen Frostschaden im Belag einer Straße. Deutlich ist erkennbar, dass der Asphalt frostbedingte Fehlstellen beziehungsweise Löcher und Risse hat.

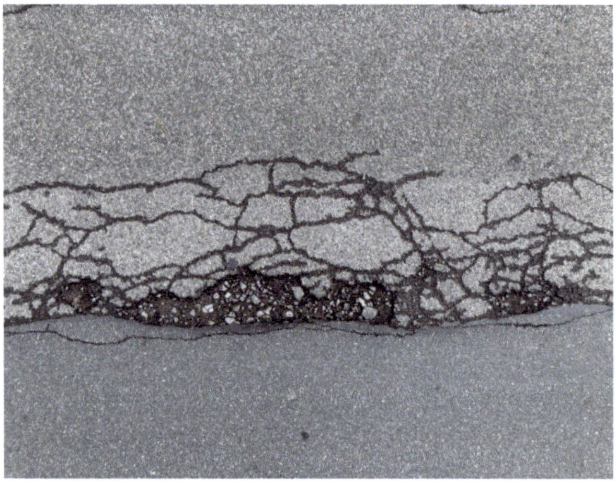

Bild 3.1 Frostschaden im Belag einer Straße (Bild: Autor)

Fragen

- Was ist die Ursache für die Schiefstellung des Schiefen Turms von Pisa?
- Was besagt das Mohr-Coulombsche Bruchkriterium?
- Wann tritt eine Spannungsüberschreitung im Boden auf?
- Was wird mit Kompressionsversuchen ermittelt?

4 Grenztragfähigkeit, Stoffmodelle und Wechselwirkung Bauwerk – Baugrund

Bauwerke bilden zusammen mit dem umgebenden Boden ein statisches System. Mit erdstatischen Berechnungen werden Interaktionen zwischen Einwirkungen und Widerständen auf Konstruktionen und Spannungsverformungsbeziehungen zahlenmäßig erfasst. Mit ingenieurmäßigen Berechnungen werden die Standsicherheit und die Gebrauchstauglichkeit von Bauwerken sichergestellt und mit erdstatischen Berechnungen rechnerisch nachgewiesen. In den numerischen Verfahren der Geotechnik werden, wie in der allgemeinen Baustatik, mit Theorien und mit Berechnungsmodellen die realitätsnahen Verhältnisse idealisiert und vereinfacht dargestellt.

Wichtig ist eine Analyse von Grenzzuständen. Diese Analyse betrachtet den Nachweis der **Grenztragfähigkeit** (Standsicherheit) gemäß den Vorgaben geotechnischer Normen. Dabei wird in den Berechnungen der Erddruck sowohl als Einwirkung, also als treibende, als auch als Widerstand, also als haltende Kraft, berücksichtigt.

Die Berechnungen basieren auf der Plastizitätstheorie. Das in der Bodenmechanik verwendete Kriterium von Mohr/Coulomb ist dabei als Fließbedingung anzusehen. Weiterhin werden für den Boden elastisch-plastische Stoffmodelle verwendet. Diese Stoffmodelle werden in den Berechnungen, die nach der Finite-Elemente-Methode (FEM) und in den letzten Jahren auch nach der Distinkte-Elemente-Methode (DEM) durchgeführt werden, angesetzt. In den Berechnungen werden dann allgemeine Spannungsverformungsbeziehungen für den Boden verwendet.

Das Mohr-Coulombsche Bruchkriterium besagt, dass ein Bruch eines Festkörpers (Boden, Fels und so weiter) dann eintritt, wenn die Schubspannungen aus der äußeren Belastung größer als die Festigkeitsgrenze des inneren Scherwiderstands werden. In der Geologie und in der Bodenmechanik ist das Mohr-Coulombsche Bruchkriterium bei der Entstehung und der Aktivierung von Scherbrüchen besonders wichtig. Eine Kohäsion des Bodens wird in den Berechnungen oft vernachlässigt. Das Mohr-Coulombsche-Modell ist allgemein und kann bei verschiedenen Bodenarten angewendet werden.

Grenztragfähigkeitsmodelle, auch Stoffmodelle genannt, beschreiben das Verhalten von Materialien unter hohen Belastungen, insbesondere auch im Hinblick auf ein Versagen oder im Hinblick auf plastisches Fließen. Ein bekanntes Beispiel ist das Cam-Clay-Modell, das speziell für Ton und tonige Böden entwickelt wurde und eine Verbindung zur Scherfestigkeit mit der sogenannten Critical State Line (CSL) herstellt. Die kritische Zustandslinie (CSL) ist ein wichtiges Konzept in der Bodenmechanik, speziell im Rahmen des kritischen Zustandsmodells. Die kritische Zustandslinie beschreibt den Zustand, den ein Boden nach anhaltender Scherung erreicht, bei dem sich die effektiven Spannungen und das Volumen nicht mehr ändern, während die Verformungen (Scherung) weitergehen. Im Wesentlichen ist es die Linie, die sämtliche dieser kritischen Zustände (Schnittpunkt von Spannung und Volumen) für einen bestimmten Boden darstellt.

Eine Wechselwirkung zwischen dem Baugrund und einem Bauwerk, eine sogenannte Interaktion, ergibt sich, wenn in der Kontaktzone, zum Beispiel der Fundamentsohle, eine Übertragung von Lasten durch kinematische Übergangsbedingungen beeinflusst wird. Bauwerke sind mit dem Baugrund verbunden und treten mit dem Baugrund in eine Wechselwirkung. Spannungen und Verformungen im Baugrund werden durch die durch ein Bauwerk wirkenden Belastungen beeinflusst. Der Baugrund beeinflusst aber auch Spannungen im Boden und Verformungen des Bauwerks.

Beispiele, bei denen diese Wechselwirkung stark ausgeprägt ist, sind die Sohlnormalspannung unter Flächengründungen, der Erddruck auf Verbauwände und Stützkonstruktionen, die Verteilung des Erddrucks sowie die daraus resultierende Erdauflagerkraft sowie die Wechselwirkung zwischen den Verpresskörpern von Ankern und dem Baugrund. Ein weiteres Beispiel für die Wechselwirkung Boden-Bauwerk ist die dynamische Wechselwirkung bei Windenergieanlagen, bei der der Boden die Schwingungen des Bauwerks beeinflusst und die Steifigkeit des Bodens wiederum die Frequenzen des Gesamtsystems beeinflusst, was für die Standsicherheit entscheidend ist. Weitere Beispiele sind Fundamente von Hochhäusern, die durch Setzungen den Boden beeinflussen, oder Brückenbauwerke, die ihrerseits den Boden beeinflussen und vom Boden beeinflusst werden.

Die Wechselwirkung zwischen Boden und Bauwerk (Boden-Bauwerk-Interaktion) ist bei Fernsehtürmen von großer Bedeutung, weil die Nachgiebigkeit des Bodens das dynamische Verhalten des Turms unter Lasten wie Wind oder Erdbeben beeinflusst. Die Wechselwirkung wird modelliert, indem der Boden als elastisches oder viskoelastisches Medium betrachtet wird, das die Bewegung des Turmfundaments beeinflusst und umgekehrt. Diese Vorgehensweise ist entscheidend für eine sichere und stabile Auslegung des Turms, um Resonanzen zu vermeiden und die strukturelle Integrität zu gewährleisten.

Zur Durchführung von Verformungs- und Standsicherheitsberechnungen für Bauwerke des Verkehrswasserbaus wird verstärkt die **Finite-Elemente-Methode (FEM)** und in den letzten Jahren auch die Distinkte-Elemente-Methode (DEM) angewendet.

Die Finite-Elemente-Methode hat den Vorteil, dass komplexe Geometrien und Baugrundverhältnisse abgebildet werden können und außerdem die Interaktion zwischen dem Bauwerk und dem Baugrund rechnerisch erfasst werden kann. Baumaßnahmen werden zunehmend komplexer. Bei einer Nachberechnung des Trag- und Verformungsverhaltens bestehender Bauwerke und des Bodens werden die vorgenannten Verfahren in der Baupraxis häufig eingesetzt.

Bei einer numerischen Simulation werden zwei- oder dreidimensionale Modelle zur Lösung geotechnischer Fragestellungen erstellt. Verschiedene Stoffmodelle stehen zur Beschreibung des mechanischen Verhaltens des Bodens dabei zur Verfügung. Die für die Berechnungen erforderlichen Bodenkennwerte können aus den Ergebnissen von Felduntersuchungen, aus geotechnischen Messungen oder aus bodenmechanischen Laborversuchen gewonnen werden. Ein Stoffmodell für Boden ist ein mathematisches Modell, das das Verhalten von Böden unter verschiedenen Belastungen beschreibt. Ein Stoffmodell für Boden dient dazu, die komplexen physikalischen Eigenschaften und die Reaktionen von Böden, wie zum Beispiel das Verformungsverhalten und die Stabilität, bei der Planung von Bauvorhaben oder anderen ingenieurtechnischen Anwendungen zu simulieren und vorherzusagen. Stoffmodelle werden in der Geotechnik verwendet, um zum Beispiel die Standsicherheit von Bauwerken rechnerisch nachzuweisen, Setzungen vorherzusagen, oder die Auswirkungen von Erdbeben auf den Boden zu untersuchen.

Es gibt verschiedene Arten von **Stoffmodellen**, die je nach dem Anwendungsfall und den Genauigkeitsanforderungen eingesetzt werden. Einige Modelle, wie zum Beispiel hypoplastische Modelle, sind sehr detailliert und berücksichtigen viele physikalische Parameter, während andere Modelle einfacher und nur für bestimmte Anwendungen optimiert sind. Ein Stoffmodell kann beispielsweise die Verformung von Böden unter der Belastung aus einem Gebäude oder die Stabilität einer Böschung beschreiben. Die Verwendung von Stoffmodellen ist entscheidend für die Sicherheit und die Zuverlässigkeit von Bauwerken, weil sie eine realistische Simulation des Bodenverhaltens ermöglichen.

Ein Stoffmodell für den Boden kann zwei Bedeutungen haben: Erstens beschreibt es die Zusammensetzung des Bodens, also seine feste, flüssige (Wasser) und gasförmige (Luft) Phase sowie organische Bestandteile wie Humus, die in Porenräumen sitzen und für Leben wichtig sind. Zweitens bezeichnet das Stoffmodell boden-mathematische Modelle, die das physikalische Verhalten von Böden unter Belastungen beschreiben, um beispielsweise die Interaktion zwischen Bauwerken und dem Baugrund zu simulieren.

Ein Stoffmodell für den Baugrund ist ein dreidimensionales, virtuelles Modell, das die komplexen Materialeigenschaften und physikalischen Prozesse im Baugrund darstellt, um das Verhalten unter Lasten vorherzusagen und für die Gründung von Bauwerken oder andere Baumaßnahmen nutzbar zu machen. Stoffmodelle für den Baugrund basieren auf detaillierten Bodenanalysen und verwenden spezielle mathematische Formulierungen, um die Wechselwirkungen zwischen Baugrund und Bauwerk zu simulieren und so fundierte ingenieurtechnische Entscheidungen zu ermöglichen.

Um bei Berechnungen realistische Berechnungsergebnisse zu erhalten, muss das gesamte System aus Bauwerk und Baugrund abgebildet werden. Die einzelnen Bauzustände, die zur Umsetzung der Baumaßnahme geplant sind, müssen bei den Berechnungen berücksichtigt werden. Es wird bei den Berechnungen auch versucht, aus dem Herstellvorgang geotechnischer Bauteile, wie zum Beispiel Pfählen oder Schlitzwänden, resultierende Effekte bei der Modellbildung zu erzielen.

Das Mohr-Coulomb-Modell ist ein grundlegendes Stoffmodel, während fortgeschrittene Modelle, wie zum Beispiel hypoplastische Modelle komplexere Bodenverhaltensweisen berücksichtigen. **Hypoplastische Stoffmodelle** gehören zu den fortgeschrittenen mathematischen Modellen zur Beschreibung des Bodenverhaltens bei Beanspruchungen. Im Vergleich zu vielen verwendeten Stoffmodellen verzichtet die Hypoplastizität auf die Verwendung von Fließflächen und plastischen Potenzialen, um reversible und irreversible Dehnungen abzubilden. Stattdessen wird eine Betragsfunktion verwendet. Weil sich das beobachtbare Bodenverhalten feinkörniger und grobkörniger Böden bei einer Beanspruchung unterscheidet, existieren daher auch unterschiedliche Stoffmodelle, die diese Eigenheiten abbilden können.

Beispiele hierfür sind Modelle für teilgesättigten oder für gefrorenen Boden. Andere Aspekte des mechanischen Verhaltens von Böden wie der aktuell häufig untersuchte Einfluss der Bodenstruktur beziehungsweise die Evolution der Mikrostruktur in einer (zyklischen) Belastungsgeschichte können jedoch nicht einfach in elastoplastische Basismodelle eingepflegt werden. In diesem Zusammenhang entstehen tatsächlich neue Modellformulierungen, beziehungsweise werden höherwertige Materialmodelle weiterentwickelt.

Fragen

- Was besagt das Mohr-Coulombsche Bruchkriterium?
- Was beschreiben Stoffmodelle?
- Wozu dient ein Stoffmodell für Boden?
- Welche zwei Bedeutungen kann ein Stoffmodell für den Boden haben?

5
Technische Regeln für Sicherheitsnachweise im Erd- und Grundbau

Technische Regeln für Sicherheitsnachweise im Erd- und Grundbau legen fest, mit welchen Kenngrößen und mit welchen Parametern Sicherheitsnachweise durchgeführt werden. Mit Sicherheit wird in der Bautechnik die Standsicherheit einer baulichen Anlage bezeichnet, die eine vorgesehene Belastung und Beanspruchung gewährleistet, ohne dass starke physikalische Veränderungen an der Anlage oder Schäden entstehen können, die zu einer Gefährdung führen könnten.

Die Größe der Sicherheit in der Statik im Bauwesen wird durch Sicherheitsfaktoren bestimmt, die je nach Material beziehungsweise Baustoff und je nach der Sicherheitsrelevanz variieren. Diese Sicherheitsfaktoren stellen sicher, dass Tragwerke auch unter ungünstigen Bedingungen stabil und standsicher bleiben. Sicherheitsfaktoren im Bauwesen sind Faktoren, die bei der Berechnung und der Konstruktion von Bauwerken verwendet werden, um sicherzustellen, dass die Konstruktionen den vorgesehenen Belastungen und den Beanspruchungen, denen die Bauwerke während ihrer Lebensdauer ausgesetzt sind, standhalten können, ohne zu versagen. Die Sicherheitsfaktoren berücksichtigen Unsicherheiten in den Materialeigenschaften, den Belastungen und den Herstellungsverfahren.

Die Sicherheitsfaktoren auf der Materialseite liegen typischerweise zwischen 1,1 und 2,1 für Materialien mit stabilen Eigenschaften. Bei Materialien mit großen Schwankungen, wie zum Beispiel feuchtem Holz, kann ein Faktor von 3,0 oder höher verwendet werden. Für extrem sicherheitsrelevante Bauteile, wie zum Beispiel Aufzugsseile oder Ketten, können Sicherheitsfaktoren über zehn verwendet werden. Beispiele, wo Sicherheitsfaktoren im Bauwesen verwendet werden, umfassen technische Maßnahmen wie Geländer und Absturzsicherungen, persönliche Schutzausrüstung (PSA; z. B. Helm, Sicherheitsschuhe), die Verwendung sicherer Materialien, die Implementierung von Notfallplänen, die Beachtung von Vorschriften und die Anwendung rechnerischer Sicherheitsbeiwerte in statischen Berechnungen, die eine höhere Belastbarkeit von Konstruktionen als die erwartete Last gewährleisten.

Beispiele für Sicherheitsfaktoren bei Fundamenten sind der Faktor der Kippsicherheit (das Verhältnis von stabilisierenden zu destabilisierenden Momenten), der Faktor der Tragfähigkeit (das Verhältnis der tatsächlichen zur maximal zulässigen Bodenpressung) und die Faktoren der Gebrauchstauglichkeit (die die Einhaltung von Setzungsgrenzen gewährleisten). Diese Faktoren werden durch die Berücksichtigung von Teilsicherheitsbeiwerten für unterschiedliche Lastarten und Bemessungssituationen (zum Beispiel ständige oder veränderliche Lasten) angewendet, um eine langfristige Standsicherheit und Funktionalität von Konstruktionen und Bauwerken zu gewährleisten.

Die Technische Regel für Sicherheitsnachweise im Erd- und Grundbau, die DIN 1054, Baugrund – Sicherheitsnachweise im Erd- und Grundbau – Ergänzende Regelungen zu DIN EN 1997-1, vom Dezember 2010, ist die maßgebliche Norm in Deutschland, die Regelungen für geotechnische Nachweisführungen gemäß der europäischen Norm Eurocode 7 (EC 7) festlegt. Die DIN 1054 beschreibt, wie die Standsicherheit und die Gebrauchstauglichkeit von Bauwerken im Erd- und Grundbau nachzuweisen sind, wobei verschiedene Sicherheitskonzepte und Nachweisverfahren zum Einsatz kommen. Die Norm DIN 1054 liefert die nationalen Ergänzungen zu der DIN EN 1997-1 (Eurocode 7) und behandelt detailliert die Grundlagen der geotechnischen Bemessung, einschließlich der speziellen Anforderungen für Stützbauwerke. Sie definiert, wie Schnittgrößen, Beanspruchungen (wie Erddruck) und Bodenreaktionen für die Bemessung von Stützbauwerken zu ermitteln sind, wobei die relevanten Einwirkungen und deren Teilsicherheitsbeiwerte zu berücksichtigen sind. Die Norm ist unverzichtbar für die sichere Auslegung und die Bemessung geotechnischer Konstruktionen.

Nachweisverfahren

Die in der DIN 1054 enthaltenen Regelungen stellen sicher, dass Bauwerke für die geplante Nutzungsdauer eine ausreichende Standsicherheit, Gebrauchstauglichkeit und Umweltverträglichkeit aufweisen.

Beispiel hydraulischer Grundbruch. Ein Beispiel für einen Nachweis ist der hydraulische Grundbruch (zum Beispiel bei einer Durchströmung des Bodens von unten nach oben), bei dem die Standsicherheit geprüft wird, um ein Aufschwimmen der Konstruktion zu verhindern.

Einwirkungen und Teilsicherheitsbeiwerte. Die Norm berücksichtigt verschiedene Einwirkungen wie Erddruck, Grundwasser oder andere Lasten und weist diese mit entsprechenden Teilsicherheitsbeiwerten zu.

Die DIN 1054 enthält Regelungen für Sicherheitsnachweise im Erd- und Grundbau, insbesondere durch die Festlegung von Bemessungswerten der Sohlwiderstände und die Verwendung von Teilsicherheitsbeiwerten für Einwirkungen, wie die Anwendung eines Faktors von 1,35 auf den Erddruck. Zusammenfassend ist die DIN 1054 die zentrale technische Regel für alle geotechnischen Sicherheitsnachweise in Deutschland.

Ein konkretes Beispiel für die Anwendung der DIN 1054 ist die Berechnung des Nachweises der Tragfähigkeit eines Einfamilienhausfundaments, bei dem der vereinfachte Nachweis nach dem Anhang A.6 der Norm genutzt wird. Der Anhang A.6 der DIN 1054 beschreibt die Voraussetzungen und Regeln für den vereinfachten Nachweis der Tragfähigkeit des Baugrunds, der es ermöglicht, bestimmte Bauwerke ohne einen komplexen geotechnischen Nachweis zu bemessen. Er legt fest, dass dieser vereinfachte Nachweis für Bauwerke der Geotechnischen Kategorie 1 (GK 1) zulässig ist, wenn die zugehörigen Bedingungen erfüllt sind. Die Geotechnische Kategorie 1 (GK 1) umfasst Baumaßnahmen mit geringem Schwierigkeitsgrad mit Bezug auf den Baugrund und das Bauwerk. Geotechnische Kategorien dienen der Festlegung von Mindestanforderungen an Umfang und Qualität von Baugrundaufschlüssen, Feldversuchen und geotechnischen Laboruntersuchungen in Abhängigkeit von der Bauaufgabe und dem Baugrund.

Der Anhang A.6 der DIN 1054 befasst sich mit dem vereinfachten Nachweis in Regelfällen, der für die Bemessung von Flächengründungen für die Grundbruch-, Gleit- und Setzungsnachweise im Grenzzustand der Gebrauchstauglichkeit verwendet wird. Der Anhang A.6 enthält Methoden zur Berechnung der zulässigen Bodenpressung, die für Fundamentbreiten größer beziehungsweise breiter als 0,5 m und Einbindetiefen der Fundamente in den Baugrund von mehr als 0,5 m zulässige Erhöhungen und Einschränkungen der Tabellenwerte der Norm vorsehen.

Fragen

- Wozu werden Sicherheitsfaktoren im Bauwesen verwendet?
- Welches ist die Technische Regel für Sicherheitsnachweise im Erd- und Grundbau?
- Welche Regelungen enthält die DIN 1054?
- Welche Baumaßnahmen umfasst die Geotechnische Kategorie 1 (GK 1)?

6 Setzungen und andere Verformungen im Baugrund

Belastungen führen zu erhöhten Spannungen im Baugrund und damit zu Setzungen. Die zurückgezogene DIN 4107, Geotechnische Messungen – Teil 1, Grundlagen, vom Januar 2011, unterscheidet zwischen Setzungen und Senkungen. Die DIN 4107 wurde ersetzt durch die DIN EN ISO 18674-1, Geotechnische Erkundung und Untersuchung – Geotechnische Messungen, Teil 1, Allgemeine Regeln (ISO 18674-1, 2015), Deutsche Fassung EN 18674-1, vom September 2015.

Der Begriff **Setzung** bezeichnet die senkrechte Bewegungskomponente eines Bauwerks oder eines Geländepunktes, die durch eine Verformung des Baugrunds infolge einer Belastungsänderung oder durch Erschütterungen hervorgerufen wird.

Der Begriff **Senkung** bezeichnet die lotrechte Komponente einer Verformung des Baugrunds, eines Bauwerks- oder eines Geländepunktes, die auf einen Bodenentzug im Untergrund zurückzuführen ist.

Eine Senkung des Baugrunds kann durch verschiedene Ursachen entstehen, darunter natürliche Prozesse wie Austrocknung, Auswaschung von Böden, die aus wasserlöslichen Gesteinen bestehen, oder die Bildung von Hohlräumen durch Bergbau. Auch menschliche Einflüsse wie eine unzureichende Verdichtung von Böden, Bauaktivitäten, Erschütterungen oder ein ungünstiger Grundwasserhaushalt können zu einer Absenkung des Bodens führen. Die Auswirkungen von Baugrundsenkungen können von Rissen und Setzungen an Gebäuden bis hin zu plötzlichen Tagesbrüchen reichen.

Der Bergbau im Ruhrgebiet verursachte große Bergsenkungen, bei denen sich die Erdoberfläche um bis zu 25 m abgesenkt hat und somit eine Seenplatte hätte entstehen können. Um dies zu verhindern, mussten Flüsse angehoben und eingedeicht sowie riesige Mengen Grundwasser aus den Senkungsgebieten abgepumpt werden – eine Aufgabe, die bis heute andauert und als Ewigkeitslast des Bergbaus gilt.

Setzungen des Baugrunds unter Bauwerken sind generell nicht zu vermeiden. Der Boden reagiert auf Gebäudelasten und verändert dadurch seine Struktur. Bei nichtbindigen Böden erfolgt eine Zusammendrückung. Dabei verlagern Sand und Kies durch eine Lasteinwirkung ihre Lage und bewirken somit eine Setzung. Die Setzung tritt bereits während der Bauzeit (Sofortsetzung) auf. Auch dynamische Kräfte wie Rüttlereinwirkungen tragen zu dieser Bewegung des Bodens bei. Dagegen ist nicht weicher bindiger Boden relativ fest und verändert sich durch einen Lasteinfluss kaum. Ist der Boden nahezu wasserundurchlässig, verläuft die Zusammendrückung relativ langsam.

Primärsetzungen oder Konsolidationssetzungen (Verdichtungssetzungen), machen in der Regel den größten Setzungsanteil bei bindigen Böden aus. Die Setzungen erfolgen bei bindigen Böden durch das Auspressen von Porenwasser und einer damit verbundenen Kompression des Korn- und Mineralgerüsts des Bodens. Dieser Prozess kann in Abhängigkeit von der Durchlässigkeit und den Dränagebedingungen des Bodens mehrere Jahre oder sogar Jahrzehnte andauern. Ist ein bindiger Boden relativ fest, verändert er sich durch einen Lasteinfluss kaum.

Sekundärsetzungen (Kriechsetzungen) sind vorrangig langfristige Kriecherscheinungen in feinkörnigen Böden. Sekundärsetzungen sind auf Umlagerungen im Mineralgerüst zurückzuführen.

Mit Setzungsberechnungen werden im Allgemeinen Konsolidationssetzungen erfasst. Bei weichen organischen Böden (zum Beispiel Torf oder Mudde) stellen sich noch erhebliche Sekundärsetzungen nach dem Abschluss der Konsolidation ein. Setzungen in organischen Böden werden durch die Zersetzung organischen Materials, insbesondere nach einer Entwässerung, verursacht, wodurch Hohlräume entstehen und der Boden an Tragfähigkeit verliert. Auch die lastabhängige Verformbarkeit des organischen Materials sowie die Verdichtung durch Belastungen tragen zu Setzungen bei. Neben der wirkenden Belastung verursachen eine Frost-/Tau-Wirkung und vor allem eine Änderung der Wasser- und Grundwasserverhältnisse eine Verringerung des Porenanteils im Boden und damit eine Setzung.

Die meisten Setzungsberechnungen beziehen sich auf die Zusammendrückung des Bodens unter statischen Lasten oder durch Grundwasserabsenkungen und ermitteln Setzungen nur in ihrer Größenordnung.

Für Setzungsberechnungen sind erforderlich:

- Angaben über das Bauwerk, Gründungstiefe, Fundamentart, Größe der Belastung,
- Bohrprofile und Schichtenverzeichnisse,
- Bodenkennwerte wie zum Beispiel Kornsummenlinien, Lagerungsdichte, Porosität und Konsistenzgrenzen, Steifezahl etc.

Prinzipiell werden Setzungen mittels Einheitssetzungen, den Steifemoduli der einzelnen Bodenschichten oder unter Annahme eines konstanten Steifemoduls mit einfachen Formeln berechnet. Zu unterscheiden ist bei den Berechnungen zwischen schlaffen und starren Baukörpern und Fundamenten. Der einfachste Fall einer lotrechten und mittigen Belastung ist in der DIN 4019, Baugrund – Setzungsberechnungen, vom Mai 2015, Teil 1, geregelt. Danach berechnet sich die Setzung s zu:

$$s = \frac{\sigma_0 \times b \times f}{E_m}$$

σ_0 = mittlere Bodenpressung in der Gründungssohle in kN/qm, verringert um den Betrag $\gamma \times d$ infolge der Aushubentlastung, mit γ = Wichte des Bodens, d = Schichtdicke der ausgehobenen Bodenschicht

b = Bezugslänge der Gründungsfläche in m

f = Setzungsbeiwert aus Tafeln beziehungsweise aus Diagrammen, enthalten in der DIN 4019

E_m = mittlerer Zusammendrückungsmodul in kN/qm der setzungsempfindlichen Schicht

Setzungsberechnungen werden im Allgemeinen in Tabellenform durchgeführt, wobei der Baugrund in setzungsrelevante Teilschichten in Anlehnung an die geologische Schichtenfolge unterteilt wird.

Verfahren zur Setzungsberechnung basieren auf der Elastizitätstheorie, indem der Baugrund in Teilschichten (Lamellen) unterteilt und die Spannungen sowie Setzungen für jede Schicht berechnet werden. Die Gesamtsetzung ergibt sich aus der Summe der Teilsetzungen. Wichtige Methoden umfassen das Steifemodulverfahren für eine detailliertere Analyse der Boden-Bauwerk-Interaktion und das Bettungsmodulverfahren, das auf der Winklerschen Hypothese beruht, die eine lineare Beziehung zwischen dem Baugrund und der Sohlpressung zugrunde legt und für einfachere Systeme geeignet ist. Die Winklersche Hypothese beschreibt eine lineare Beziehung zwischen der Belastung und der Verformung eines Baugrunds. Ihre Bedeutung für Setzungsberechnungen liegt darin, dass sie eine vereinfachte Modellierung ermöglicht, bei der der Baugrund durch ein Bettungssystem aus Federn repräsentiert wird, was die Berechnung von Setzungen durch die Lasten auf den Federn vereinfacht und den Einsatz von Bettungsmodulen erlaubt. Numerische Methoden wie die Finite-Elemente-Methode (FEM) werden für komplexe Probleme eingesetzt.

Um die Interaktion zwischen dem Baugrund und einem Gebäude korrekt abzubilden, kann das **Steifemodulverfahren** verwendet werden. Mit den Berechnungen nach dem Steifemodulverfahren werden iterativ die Sohlspannungen ermittelt, bei denen die Biegelinie des biegesteifen Fundaments mit der Setzungsmulde des anstehenden Bodens gleich sind. Das Bettungsmodulverfahren beschreibt ein linear-elastisches Spannungsverformungsverhalten des Bodens. Das auf dem Boden liegende biegesteife Fundament wird mit Federn gebettet, die den nachgiebigen Boden repräsentieren. Der Baugrund wird durch einzelne, voneinander entkoppelte Federn ersetzt.

Die Setzung an einem betrachteten Ort hängt nicht nur von dem direkt dort wirkenden Sohldruck ab, sondern auch von den Sohlspannungen an benachbarten Orten und somit von der gesamten flächigen Belastung.

Die größten Setzungen bei Hochhäusern treten üblicherweise bei sehr hohen Gebäuden in Gebieten mit weichen Böden auf. Ein bekanntes Beispiel ist der Burj Khalifa in Dubai, der sehr hoch ist (828 m) und auf einem Pfahlgründungssystem gebaut wurde, um Setzungen zu minimieren. Die Setzungen des Burj Khalifa, also das Absinken des Gebäudes im Boden, betragen nur etwa fünf Zentimeter. Dies ist ein sehr geringer Wert für ein derart hohes und schweres Gebäude und zeigt die Qualität der Fundamentkonstruktion dieses Hochhauses. In Frankfurt am Main, wo einige der höchsten Hochhäuser Deutschlands stehen, sind Setzungen einzelner Hochhäuser von bis zu 30 cm gemessen worden.

Fragen

- Was sind die Ursachen von Setzungen und Senkungen des Baugrunds?
- Was ist der Unterschied zwischen Setzungen und Senkungen des Baugrunds?
- Was ist die Ursache für Setzungen weicher organischer Böden?
- Was wird mit Berechnungen nach dem Steifemodulverfahren ermittelt?
- Auf welcher Theorie basieren Verfahren zur Setzungsberechnung?

7 Erddruck und dessen Berechnung

Mit der Berechnung des Erddrucks werden die Kräfte ermittelt, die auf Bauwerke, wie zum Beispiel Stützbauwerke oder Baugrubenumschließungen, einwirken. Es wird dabei zwischen aktivem, passivem und Erdruhedruck unterschieden. Der Erddruck wird von der Baugrundbeschaffenheit und den Grundwasserverhältnissen beeinflusst.

Der Erddruck ist die Kraft, die vom Erdreich auf ein Bauwerksteil, eine Baugrubenumschließung oder auf ein Stützbauwerk ausgeübt wird. Die maximale Größe des Erddrucks hängt von verschiedenen Faktoren ab, wie zum Beispiel der Art des Bodens, der Geländeneigung oder der Geometrie des Bauwerks. Es gibt zwei Extremfälle: den aktiven Erddruck (kleinster Erddruck) und den passiven Erddruck (größter Erddruck).

Der Erddruck bei Sandböden hängt von verschiedenen Faktoren ab, wie der Kornform, der Lagerungsdichte und dem Reibungswinkel. Der Erddruck kann als aktiver, als passiver oder auch als Erdruhedruck auftreten. Zur Berechnung des Erddrucks werden häufig Erddruckbeiwerte, wie der aktive oder der passive Erddruckbeiwert, verwendet. Der Erddruck auf eine Stützwand oder auf einen Baugruben- oder Grabenverbau bei Sandböden wird mithilfe des **aktiven Erddrucks** (bei einer Bewegung der Wand) oder mit dem **Erdruhedruck** (bei keiner Bewegung der Wand) berechnet. Die Berechnung beinhaltet die Bodendichte, den Reibungswinkel des Sandes, die Höhe der Erdmasse und eventuell die Geländeneigung sowie den Wandreibungswinkel (δ).

Für Erddruckberechnungen können tabellarische Beiwerte für den Erddruckbeiwert (K) verwendet werden, die sich aus dem Reibungswinkel (φ) des Bodens, der Wandneigung (α), der Geländeneigung (β) und dem Wandreibungswinkel (δ) ergeben. Es gibt verschiedene Theorien, wie zum Beispiel die Rankine- oder die Coulomb-Theorie, die zur Berechnung dieser Beiwerte dienen und in Tabellen für unterschiedliche Bodeneigenschaften und geometrische Randbedingungen aufgelistet sind. Nach der Rankineschen Erddrucktheorie (Rankinescher Sonderfall) wird der Verlauf des Erddrucks auf Wände mithilfe des aktiven und des passiven Erddrucks ermittelt, wobei die Wandreibungswinkel Null sind, was eine rechnerische Vereinfachung darstellt.

Die **Coulombsche Erddrucktheorie** beschreibt den Erddruck auf eine Stützmauer, wenn sich ein starrer, kohäsionsloser Erdkeil mit einer ebenen Gleitfläche nach unten bewegt. Ein sich drehender und verschiebender Erdkeil übt dann einen Druck auf die Wand aus, wobei die Kraft durch Reibungskräfte in der Gleitfläche gehemmt wird und die maximale Kraft als aktiver Erddruck bezeichnet wird. Diese Theorie wurde im 18. Jahrhundert von Charles Augustin Coulomb entwickelt und ist eine der grundlegenden Ansätze im Bauingenieurwesen, um die Kräfte zu ermitteln, die ein Boden auf eine Mauer oder auf eine Wand ausübt.

Für die Berechnung des Erddrucks gilt die DIN 4085, Baugrund – Berechnung des Erddrucks, vom August 2017. Erddruckberechnungen werden auch nach dem Eurocode 7 (DIN EN 1997) und nach der DIN 1054 geführt.

Der **Wandreibungswinkel** δ_a ist der Winkel zwischen der Normalen einer durch Erddruck belasteten Bauwerksfläche und der resultierenden Erddruckkraft, die auf diese Fläche wirkt. Der Wandreibungswinkel ist der Erddruckneigungswinkel. Relevant ist der Wandreibungswinkel δ_a vor allem für die Bemessung von konstruktiv gesicherten Geländesprüngen wie zum Beispiel mit Spundwänden, Bohrpfahlwänden, Schlitzwänden, Winkelstützwänden, Trägerbohlwänden oder mit Schwergewichtswänden gesicherten Geländesprüngen und für die Bemessung von Baugrubenwänden.

Bei Ton ist die **Kohäsion** ein wichtiger Parameter, der den aktiven Erddruck beeinflusst. Der innere Zusammenhalt von Tonböden (Kohäsion) führt dazu, dass der Erddruck bei Ton nicht nur von der Reibung, sondern auch von der Kohäsion abhängt. Ton kann sich unter einer Lasteinwirkung verformen. Dies beeinflusst die Erddruckverteilung und muss bei der Berechnung des Erddrucks berücksichtigt werden. Kohäsion bei bindigen Böden ist die innere Zusammenhaltekraft zwischen den Bodenteilchen, die durch anziehende Kräfte zwischen den Bodenpartikeln entsteht. Diese Kräfte sind besonders bei Böden mit kleinen Korngrößen, wie Ton und Schluff, ausgeprägt und verleihen dem bindigen Boden seine Festigkeit und seine Formstabilität.

Der Wassergehalt im Ton beeinflusst dessen bodenmechanische Eigenschaften und damit auch den Erddruck. Eine erhöhte Wassersättigung im Ton kann zu einer Verringerung der Scherfestigkeit und damit zu einem veränderten Erddruck führen. Der Erddruck auf Stützmauern, auf Kelleraußenwände, auf Baugrubenumschließungen oder auf andere Körper wird durch die Eigenschaften des Bodens bestimmt, insbesondere durch seine innere Reibung und die Kohäsion. Bei Ton ist die Kohäsion ein wichtiger Faktor. Beim Erddruck wird in der Regel zwischen aktivem, passivem und Erddruck im Ruhezustand (Erdruhedruck) unterschieden, wobei Tonboden unterschiedliche Werte für diese Erddruckarten aufweisen kann.

Der Verdichtungserddruck ist der Erddruck, der hinter einer Wand entsteht, wenn der Hinterfüllboden angeschüttet und stark verdichtet wird. Die Verdichtung des Hinterfüllbodens wird meistens mit Vibrationsplatten oder mit Vibrationsrüttlern vorgenommen. Der Verdichtungserddruck wirkt oft hinter dem oberen Wandteil, weiter unten ist meistens der aktive Erddruck, der erhöhte aktive Erddruck oder der Erdruhedruck vorhanden.

Die Berechnung des Erddrucks bei Tonboden erfolgt in der Regel nach ingenieurwissenschaftlichen Methoden, die die spezifischen Eigenschaften des Bodens berücksichtigen. Dabei werden sowohl die Kohäsion als auch die innere Reibung und der Wassergehalt bei den Berechnungen mit einbezogen.

Zusammenfassend: Der Erddruck bei Ton ist von seiner Kohäsion, seiner Verformbarkeit und seinem Wassergehalt abhängig. Bei der Berechnung müssen diese Faktoren berücksichtigt werden, um eine sichere Bemessung von Bauwerken im Kontakt mit Ton zu gewährleisten.

Der **aktive Erddruck** ist der kleinste Druck, den ein Baugrund auf ein Bauwerk oder auf eine Stützkonstruktion ausüben kann, wenn sich die Stützkonstruktion minimal bewegt. Der aktive Erddruckfall tritt ein, wenn das Bauwerk oder die Stützkonstruktion dem Druck des Bodens in gewissen Grenzen nachgibt und sich verformt. Sind die Belastungen höher, liegt erhöhter aktiver Erddruck vor, der aber noch unter dem Erdruhedruck liegt.

Der passive Erddruck oder Erdwiderstand ist der größte Erddruck, mit dem ein Boden eine Bauwerkswand stützen kann. Er tritt zum Beispiel auf als Erdwiderstand im Boden vor dem Fuß einer im Boden eingespannten Spundwand. Im Gegensatz zum aktiven Erddruck, wirkt der passive Erddruck der Bewegungsrichtung einer Wand entgegen. Dieses Maximum tritt im Allgemeinen erst bei einer Bewegung des Bauwerks oder einer Wand im Zentimeterbereich auf.

Der Erddruhedruck gilt für starre und unverschiebliche Bauwerke. Ein erhöhter aktiver Erddruck setzt sich anteilig aus dem aktiven Erddruck und dem Erdruhedruck zusammen.

Die Berechnung des **Erddrucks nach Kany** ist eine Methode zur Berechnung der Spannungen unter Fundamenten, die im Grundbau verwendet wird. Die Methode berücksichtigt die Verteilung der Spannungen unter dem Fundament, indem das Fundament in Teilflächen unterteilt wird, um eine genauere Spannungsberechnung zu ermöglichen. Der Begriff Erddruck nach Kany bezieht sich auf den Kany-Erddruck oder die Kany-Methode, die im Jahr 1984 von Manfred Kany in Deutschland entwickelt wurde, um den Erddruck in der Baupraxis zu berechnen, insbesondere bei Baugruben. Manfred Kany berücksichtigte die realen Bedingungen, bei denen sich eine Stützmauer bewegt und das Erdreich der Bewegung folgt. Die Berechnung des Erddrucks erfolgt nach der DIN 4085 und beinhaltet die Berücksichtigung der Eigenlast des Bodens. Der Kany-Erddruck ist ein wichtiger Faktor für die Bemessung von Stützkonstruktionen und Bauwerken, weil er eine genauere Abschätzung des tatsächlichen Erddrucks im Gebrauchszustand ermöglicht.

Die Berechnung des **Erddrucks nach Jenne** bezieht sich auf einen Ansatz zur Berechnung des Erddrucks auf Stützbauwerke, insbesondere bei der Bemessung von Baugruben und Stützmauern. Es handelt sich um eine spezifische Methode, die sich auf die Umlagerung des Erddrucks zu den Stützungen hin konzentriert, wenn das Bauwerk sich bewegt und der Erddruck nicht mehr dreiecksförmig verteilt ist.

Mit dem **Setzungsverfahren nach Steinbrenner** kann die Setzung eines elastischen, isotropen Halbraums unter Rechtecklasten unter Verwendung von dimensionslosen Setzungsbeiwerten (i-Werte), die aus Tabellen gewonnen werden, berechnet werden. Der Baugrund wird in Teilschichten aufgeteilt, der Setzungsanteil für jede Schicht wird mithilfe der Spannungserhöhung unter dem Fundament und dem jeweiligen Steifemodul ermittelt, und die Teilsetzungen werden zur Gesamtsetzung summiert. Für kompliziertere Lastflächen wird eine Flächenaufteilung in geeignete Rechtecke vorgenommen, und die Setzungen werden durch Aufsummieren und Subtrahieren ermittelt.

Das Verfahren zur **Setzungsberechnung nach Boussinesq** basiert auf der Elastizitätstheorie für einen homogenen, isotropen und elastischen Halbraum, wobei der Boden in Teilschichten unterteilt wird. Zuerst wird die durch Bauwerkslasten verursachte Spannungserhöhung in verschiedenen Tiefen berechnet. Anschließend wird für jede Schicht die Setzung ermittelt, was in der Praxis durch die Summation der einzelnen Schichtsetzungen geschieht. Die Methode nach Boussinesq ist ein etabliertes Verfahren in der Geotechnik für die Berechnung von Sofortsetzungen.

Wenn ein Sohlfundament starr ist, treten bei der Verwendung der Berechnungsmodelle des Bettungsmodulverfahrens und des Steifemodulverfahrens numerische Probleme bei der Lösung der Gleichungssysteme für die Berechnung des Erddrucks auf. Deshalb wurden spezielle Lösungen für die Berechnung starrer Fundamentsysteme nach dem Steifemodulverfahren von Kany entwickelt. Die Lösungen können auch dazu verwendet werden, um Setzungen und Verkantungen von Fundamentplatten mit unregelmäßigen Grundrissen zu berechnen. Es ist auch möglich, mit dem entwickelten dreidimensionalen Kontinuumsmodell unregelmäßige Schichtenverläufe im Baugrund zu berücksichtigen.

Bild 7.1
Erddruckgeber (Bild: GLÖTZL Gesellschaft für Baumesstechnik mbH, Rheinstetten)

Eine Messung des Erddrucks kann mithilfe von Erddruckmessdosen oder -gebern (Bild 7.1) erfolgen, die in den Boden oder über dem Boden oder unter Bauwerken oder neben Bauwerken eingebaut werden. Die Messgeräte wandeln den Erddruck in ein elektrisches Signal um, das dann zur weiteren Analyse und Auswertung aufgezeichnet wird. Die Ergebnisse von Erddruckmessungen dienen der Überprüfung von Standsicherheitsberechnungen und der Optimierung der Berechnung und der Konstruktion von Bauwerken. Vor der Verwendung müssen Erddruckmessdosen, wie jede Messtechnik, zunächst kalibriert werden.

Fragen

- Wann tritt aktiver Erddruck auf?
- Wann tritt passiver Erddruck auf?
- Was ist erhöhter aktiver Erddruck?
- Was ist ein Verdichtungserddruck?
- Was berücksichtigt die Methode von Kany zur Berechnung der Spannungen unter Fundamenten?

8 Baugrunderkundungen und Baugrunduntersuchungen

Baugrunderkundungen werden durchgeführt, um technisch sichere und wirtschaftlich vertretbare Gründungen zu ermöglichen. Die Planung und die Ausführung einer Baumaßnahme stützen sich auf die Ergebnisse einer **Baugrunderkundung**. In jedem Fall muss die zulässige Beanspruchung des Baugrunds ermittelt werden, das bedeutet, dass Setzungen und Setzungsunterschiede vorausberechnet und Angaben zur Grundbruchsicherheit von Gründungskörpern gegeben werden können.

Eine Baugrunderkundung muss Angaben und Parameter liefern, die sich auf den gesamten von der Belastung, d. h. der Untergrundpressung, betroffenen Bodenraum beziehen. Eine Festlegung der Erkundungstiefe über die Druckabstrahlung und über die Druckausbreitungsflächen, die sogenannte Druckzwiebel, ist erforderlich. (elastisch-isotroper Halbraum). Weil Böden nur näherungsweise dem Hookeschen Gesetz folgen, das heißt, dass der Baugrund nicht vollelastisch isotrop anzunehmen ist, erhalten die Isobaren eine mehr oder weniger gestreckte Form.

Der **Baugrund** ist aus Gesteinen (Locker- oder Festgesteinen) aufgebaut. Jedes Gestein besteht aus Mineralien, zwischen denen sich Hohlräume (Poren) in unterschiedlichster Form und Größe befinden. Ein Felsverband (Festgestein) weist darüber hinaus Schichtungen, Verwerfungen und Klüfte, also ein Trennflächengefüge auf.

Böden (Lockergesteine) entstehen oder sind entstanden durch physikalische und durch chemische, in geringem Maße auch durch eine biologische Verwitterung von Festgestein, durch Transport und anschließender Sedimentation. Die Hohlräume der Fest- und der Lockergesteine können mit Luft, mit Luft und Wasser oder nur mit Wasser allein gefüllt sein. Gesteine werden als sogenanntes Dreiphasensystem bezeichnet.

Die Aufgabe der **Bodenmechanik** ist es, die Zusammensetzung von Lockergesteinen zu quantifizieren und deren Wirkung in bautechnischer Hinsicht zu beschreiben sowie die bodenmechanischen Eigenschaften von Bodenmaterialien in einem bodenmechanischen Labor zu untersuchen.

Das **Gesetz von Hooke** beschreibt die Wirkung einer Kraft auf elastische Körper. Dies sind zum Beispiel einfache Federn oder Gummibänder. Elastische Körper gehen nach einer Belastung durch Zug in ihre ursprüngliche Lage zurück. Die Federkraft-Formel von Hooke ist eine Formel zur Berechnung der Krafteinwirkung bei elastischen Körpern. Für die Berechnung wird das **Hookesche Gesetz** $F = D \times s$ verwendet. F ist dabei die Kraft, D die Härte der Feder und s die Auslenkung der Feder. Während das Hookesche Gesetz hauptsächlich zur Beschreibung von Federn und elastischen Körpern verwendet wird, ist die Anwendung auf den Baugrund komplexer, weil Böden nicht immer linear-elastisch reagieren. Für den Baugrund muss das Hookesche Gesetz in der Bodenmechanik in der Regel über den Elastizitätsmodul angewendet werden, der die Steifigkeit des Bodens angibt und dessen Verhalten bei einer Belastung beschreibt.

Die Abstände und die Tiefen direkter Aufschlüsse bei einer Baugrunderkundung sind von Fall zu Fall nach den örtlichen geologischen Gegebenheiten, den Bauwerksabmessungen und den bautechnischen Fragestellungen zu wählen. Nähere Angaben hierzu sind in der DIN 4020, Geotechnische Untersuchungen für bautechnische Zwecke – Ergänzende Regelungen zu DIN EN 1997-2, vom Dezember 2010, enthalten.

Das **Ziel einer Baugrunderkundung** ist es, einen Aufschluss über die Schichtenfolge, die Neigung und die Mächtigkeit (Schichtdicke) der einzelnen Bodenschichten und über die Eigenschaften der einzelnen Schichten zu erlangen. Sämtliche Baugrundschichten, die Setzungen und einen eventuellen Grundbruch beeinflussen, müssen mit den Baugrunderkundungen erfasst werden. Gründungen und Arbeiten im Grundwasserbereich, auf veränderlich festen Gesteinen und auf Böden oder auf expandierenden Tonen oder Gips/Anhydrit-Gesteinen erfordern einen erhöhten Erkundungsaufwand. Außerdem können durch Baugrunderkundungen die Grundwasserverhältnisse festgestellt werden.

Nichtbindige Böden werden auch als Lockergestein bezeichnet. Fels wird auch als Festgestein bezeichnet.

Baugrund ist der Bereich, in dem Bauwerke gegründet werden oder der Bereich, der durch Baumaßnahmen, zum Beispiel durch Straßen- oder durch Kanal- oder Tunnelbaumaßnahmen, beeinflusst wird.

Baustoff ist Boden oder Fels, der zur Errichtung von Bauwerken oder von Bauteilen verwendet wird.

Grundwasser ist das im Untergrund frei bewegliche, der Schwerkraft unterliegende, den Poren- oder den Hohlraum (zum Beispiel Klüfte) füllende Wasser. Grundwasser wird durch in den Boden versickernde Niederschläge gespeist und fließt aufgrund natürlich vorhandener Gradienten Vorflutern (Bächen, Flüssen, Talsperren oder Seen) zu.

Eine Erkundung von **Böden und Fels** und der **Grundwasserverhältnisse** ist eine Untersuchung des Untergrundbereichs, für den Auswirkungen durch Baumaßnahmen geplant oder zu erwarten sind oder durch den Bauwerke und der Baugrund beeinflusst werden.

Wichtige Begrifflichkeiten

Die Anzahl der **Bohrungen** bei einer Baugrunderkundung wird nach den Ergebnissen einer Erkundungsbohrung angepasst. Die Ergebnisse von Bohrungen werden in Schichtenverzeichnissen und in Bohrprofilen gemäß der DIN 4023, Geotechnische Erkundung und Untersuchung – Zeichnerische Darstellung der Ergebnisse von Bohrungen und sonstigen direkten Aufschlüssen, vom Februar 2023, dargestellt.

Schürfgruben oder Schürfschlitze sind künstliche Aufschlüsse, die die Baugrundverhältnisse bis in Tiefen von zwei bis drei Metern wiedergeben und gezielte Probenahmen für zum Beispiel Scherversuche an ungestörten Bodenproben ermöglichen.

Sondierungen werden mit Sondiergeräten durchgeführt, die Sonden (Stäbe) mithilfe einer Eintriebsvorrichtung in den Boden rammen oder drücken. Der Widerstand gegenüber dem Einrammen oder dem Eindrücken der Sonde beziehungsweise die dafür notwendige Energie wird beim Versuch aufgezeichnet. Eine Eichung anhand eines Bohrprofils in der Umgebung und im geologischen Umfeld eines Sondiernetzes ist fast immer unabdingbar.

Außer einer **Rammsonde** ist eine **Drucksonde** die gebräuchlichste Vorrichtung für Baugrundsondierungen. Die DIN EN ISO 22476-1, geotechnische Erkundung und Untersuchung – Felduntersuchungen – Teil 1: Drucksondierungen mit elektrischen Messwertaufnehmern und Messeinrichtungen für den Porenwasserdruck (ISO 22476-1, 2022, Deutsche Fassung EN ISO 22476-1, 2023), vom April 2023, enthält konkrete Vorgaben für die Durchführung von Drucksondierungen.

Die inzwischen zurückgezogene DIN 4096, Baugrund – Flügelsondierung – Maße des Gerätes, Arbeitsweise, Auswertung, vom Mai 2018, enthält spezielle Angaben für Sondiergeräte. Bis vor einigen Jahren war die DIN 4096, Flügelsondierung, Sondierung zur Ermittlung der Scherfestigkeit von nicht-rissigen, bindigen Böden, gültig, die Vorgaben für Flügelsondierungen, die auch dem Erkennen von Schwächezonen in Böden mit geringer Scherfestigkeit mithilfe einer Flügelsonde dienen, enthält.

Der **effektive Reibungswinkel** φ_e ist ein Materialkennwert des Bodens, der die innere Reibung des Bodenmaterials, insbesondere bei Schüttgütern, beschreibt. Der effektive Reibungswinkel φ_e ist ein wichtiger Parameter bei der Analyse und der Untersuchung von Hangstabilitäten, Bodenpressungen und der Standsicherheit von Bauwerken und Baugruben.

Es gibt überkonsolidierte Böden, normalkonsolidierte Böden und unterkonsolidierte Böden. Eine **Konsolidation** (consolidated soils) kann bei bindigen Böden auftreten, die durch äußere Einflüsse, wie Lasten, Zeit oder andere Faktoren ihre Struktur und ihre Festigkeit verändert haben, oft durch das Auspressen von Porenwasser und die damit verbundene Verringerung des Porenvolumens. Dieser Prozess im Boden wird als Konsolidation bezeichnet und ist besonders relevant bei bindigen Böden wie Ton oder Schluff.

Ein **überkonsolidierter Boden** hat in der Vergangenheit größere Spannungen, als sie aktuell vorhanden sind, erfahren, zum Beispiel eine Auflast aus abgeschmolzenem Inlandeis. Bei einem **normal konsolidierten Boden** ist die maximale effektive Vertikalspannung gleich der aktuellen effektiven Vertikalspannung. In der Bodenmechanik bezeichnet ein normal konsolidierter Boden (NC-Boden) einen Boden, der in seiner geologischen Vergangenheit noch nie einer größeren Spannung ausgesetzt war als der aktuellen Spannung, die der Boden gerade erfährt. Dies bedeutet, dass der Boden noch nicht stärker verdichtet wurde, als er es aktuell ist. Bei überkonsolidierten Böden treten sowohl das Verfestigungs- als auch das Erweichungsverhalten oberhalb der kritischen Zustandslinie (p′-q-Spannungsraum) unter einer plastischen Volumenausdehnung auf. Der Bereich unter einer Böschung oder unter einem Hang erreicht bei überkonsolidierten Böden bei einer Belastung zuerst den normalverfestigten Zustand.

Ein **unterkonsolidierter Boden** ist ein Boden, der sich noch nicht vollständig verdichtet hat und daher in Zukunft noch weiter absinken beziehungsweise sich setzen kann. Dies ist besonders bei bindigen Böden wie Ton und Schluff der Fall, wo die Wasserverdrängung und damit die Konsolidierung (zeitverzögerte Zusammendrückung des bindigen Bodens) länger dauert.

Bestimmung der Dichte: Die **Dichte ρ** (Rho) eines Bodens kann mit Feldversuchen oder mit Laborversuchen bestimmt werden (siehe zu den Laborversuchen ausführlich Kapitel 9).

Feldversuche

Feldversuche werden häufig mit dem Ausstechzylinderverfahren oder mit einem Bodendensitometer (Ballonverfahren) durchgeführt. Im bodenmechanischen Labor kommen Methoden wie die Bestimmung der Dichte anhand von Proben (DIN EN ISO 17892-2), Geotechnische Erkundung und Untersuchung – Laborversuche an Bodenproben – Teil 2, Bestimmung der Dichte des Bodens, (ISO 17892-2, 2014), Deutsche Fassung EN ISO 17892-2, vom März 2014, oder die Bestimmung der Korndichte (Pyknometerversuch) zum Einsatz.

Ausstechzylinderverfahren. Beim Ausstechzylinderverfahren wird ein glatter Stahlzylinder (Ausstechzylinder) in den Boden eingedrückt, um eine Probe zu entnehmen. Die Dichte der entnommenen Bodenprobe wird dann aus dem Volumen und der Masse der Probe berechnet.

Bodendensitometerverfahren (Ballonverfahren), (DIN 18125-2). Bei dem Versuch wird ein wassergefüllter Ballon in ein ausgehobenes Loch im Boden gedrückt. Die Verdrängung des Wassers wird gemessen und dient zur Bestimmung des Volumens des Bodens.

Korndichte (Pyknometerversuch), (DIN EN ISO 17892-3): Beim Pyknometerversuch wird die Dichte der festen Bodenbestandteile (Korndichte) ohne Berücksichtigung der Poren bestimmt.

Die Wahl der Methode hängt von der Art des Bodens und der gewünschten Genauigkeit ab.

Baugrunderkundungen im Fels:

Bei Fels als Baugrund sind vor allem die Festigkeit, die Wasserführung in den Klüften und das die beiden erstgenannten Parameter bedingende Trennflächengefüge sowie die Trennflächenausbildung zu bestimmen.

Ein Gebirge ist immer ein Vielkörper-System, das von verschiedenartigen Trennflächen durchzogen wird. Schichtflächen, Schieferungsflächen, Klüfte und Störungsflächen sind die häufigsten Arten von Trennflächen. Durch eine Verschneidung der Trennflächen miteinander, das Trennflächengefüge, entstehen Kluftkörper, die eine richtungsabhängige Teilbeweglichkeit des Gebirges schaffen können. Die Wasserwegigkeit und damit die Durchlässigkeits- und die Durchströmungseigenschaften im Fels werden durch das Trennflächengefüge bestimmt. Zu bestimmen sind bei Fels jeweils der Kluftabstand, die Kluftdichte und der Durchtrennungsgrad. Der Kluftabstand d ist der Abstand zwischen den Klüften einer Schar in Richtung der Flächennormalen. Die Kluftdichte (Klüftigkeitsziffer, Klüftigkeitszahl k_z) ist definiert als die durchschnittliche Anzahl der Kluftschnitte pro Meter Messlänge [in eins pro Meter].

Baugrunderkundungen im Lockergestein:

Verfahren zur Baugrunderkundung sind Rammkernsondierungen zur Entnahme von gestörten Bodenproben, verrohrte Bohrungen zur Entnahme von ungestörten Bodenproben, Rammsondierungen, Drucksondierungen und Feldflügelsondierungen.

Die folgenden **Abstände von Baugrunderkundungen** sollten eingehalten werden:

- bei Hoch- und Industriebauten: 20–40 m,
- bei großflächigen Bauwerken: < 60 m,
- bei Linienbauwerken (Verkehrswege, Leitungen, Tunnel und Deiche): 50–200 m,
- bei Sonderbauwerken (Brücken, Schornsteine): 2–4 m je Fundament,
- bei Staumauern Staudämmen und Wehren: 25–75 m,
- bei langgestreckten Schlitzwänden und Dichtwänden: 25–50 m.

Im Regelfall sind für Hoch- und Industriebauten Aufschlusstiefen unter den Bauteilunterkanten von z_a größer gleich dreimal b_f mit b_f gleich der Bauwerks- oder der Bauteilbreite vorzusehen. Auf jeden Fall ist jedoch eine Erkundungstiefe von mindestens sechs Metern einzuhalten. Bei Plattengründungen und bei Bauwerken mit mehreren Gründungskörpern, deren Einfluss sich in tieferen Bodenschichtern überlagert, sollte die Erkundungstiefe mindestens das 1,5-fache der Bauwerksbreite sein, wobei das kleinere Maß des Bauwerksgrundrisses maßgebend ist. Bei Pfahlgründungen ist eine Erkundungstiefe z_a größer gleich dreimal b_f zu wählen, wobei b_f der Pfahlfußdurchmesser ist. Bei Pfahlgruppen ist eine Erkundungstiefe z_a von einmal b_g zu wählen, wobei b_g die kürze Seite des Plattengrundrisses ist. Außerdem ist die Erkundungstiefe bei Pfahlgruppen zehn Meter größer gleich z_a größer gleich vier Meter.

Die Festlegung der Erkundungstiefe von Baugrunderkundungen ist über die Druckabstrahlung und über die Druckausbreitungsflächen beziehungsweise über die sogenannte Druckzwiebel erforderlich. Über die Druckabstrahlung und über die Druckausbreitungsflächen, die sogenannte Druckzwiebel, können Verformungen im Baugrund berechnet werden (elastisch-isotroper Halbraum).

Rammkernsondierungen

Rammkernsondierungen (RKS) sind eine einfache Methode zur Erkundung des Baugrundaufbaus und zur Entnahme von Bodenproben aus Lockergesteinen, die in der Geologie, im Bauwesen und bei der Erkundung von Altlasten angewendet werden. Bei dem allgemeinsprachlich als Rammkernsondierung bezeichneten Verfahren handelt es sich um eine Kleinrammbohrung (Richtwerte: Bohraußendurchmesser 30–80 mm gemäß der zurückgezogenen DIN 4021, Baugrund, Aufschluss durch Schürfe und Bohrungen sowie Entnahme von Proben, vom Oktober 1990). Rammkernsondierungen werden häufig mit einem motorbetriebenen Bohrhammer (Bild 8.1) oder Rammhammer ausgeführt.

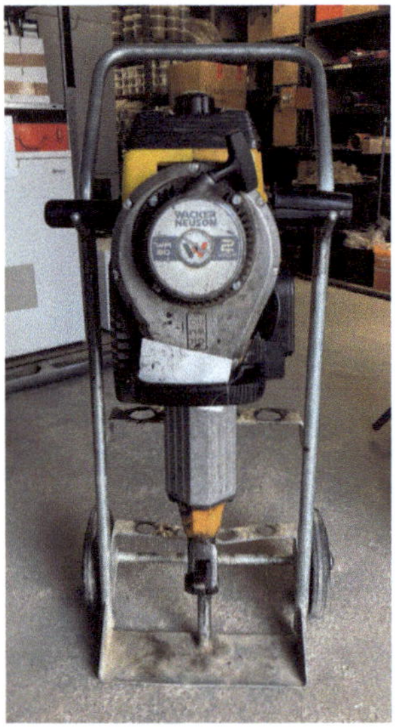

Bild 8.1
Bohrhammer der Firma Wacker Neuson SE aus München (Bild: Autor)

Rammsondierungen

Eine Rammsondierung ist ein Baugrundaufschlussverfahren im Bauwesen und in der Geotechnik, bei dem eine Rammsonde mit festgelegter Energie in den Boden gerammt wird. Beim Versuch aufgenommen wird die Schlagzahl, die für eine festgelegte Eindringtiefe notwendig ist. Aus der Schlagzahl können bei rolligen (nichtbindigen) Böden Rückschlüsse auf die Lagerungsdichte gezogen werden. Die **Schlagzahl**, die Anzahl der Schläge, die benötigt werden, um die Sonde eine bestimmte Eindringtiefe in den Boden zu rammen, wird gemessen und dient als Maß für den Widerstand des Bodens. Es wird in der Regel die Anzahl der Schläge pro zehn Zentimeter Eindringung der Rammsonde in den Baugrund (N_{10}) festgehalten. Für die Durchführung von Rammsondierungen gilt die DIN EN ISO 22476-2.

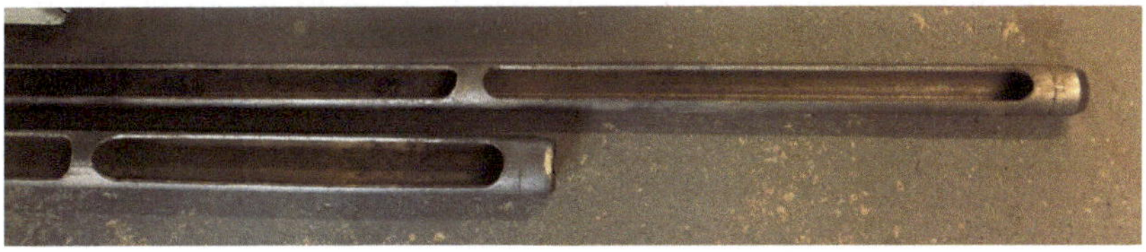

Bild 8.2 Zwei Rammkernsonden mit dem Durchmesser sechzig Millimeter (Bild: Autor)

Der **Rammbär** einer Rammsonde hat je nach Typ, unterschiedliche Gewichte. Bei der leichten Rammsonde (DPL) (Bild 8.3) beträgt das Gewicht zehn Kilogramm, bei der mittelschweren Rammsonde (DPM) dreißig Kilogramm und bei der schweren Rammsonde (DPH) fünfzig Kilogramm. Der Durchmesser der Spitze einer Rammsonde variiert je nach Art der Sonde. Leichte Rammsonden (DPL) haben eine Spitze mit 35,7 mm Durchmesser, während mittelschwere Rammsonden (DPM) und schwere Rammsonden (DPH) eine Spitze mit 43,7 mm Durchmesser haben. Die superschwere Rammsonde (DPSH-A) hat einen Spitzendurchmesser von 45 mm.

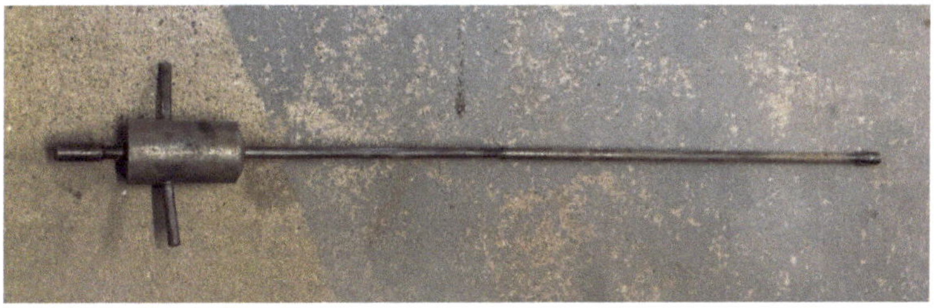

Bild 8.3 Leichte Rammsonde mit dem Rammbär und der kegelförmigen Spitze (Bild: Autor)

Die Durchführung von Rammsondierungen ist in der DIN EN ISO 22476-2, Geotechnische Erkundung und Untersuchung – Felduntersuchungen – Teil 2: Rammsondierungen (ISO 22476-2, 2005 + Amd 1, 2011), Deutsche Fassung EN ISO 22476-2, 2005 + A1, 2011, vom März 2012, erläutert und geregelt.

Zu den leichten Sondierungsgeräten (DPL Dynamic Probing Light) zählte früher die leichte Rammsonde DPL-5 mit einem Spitzenquerschnitt von fünf Quadratzentimetern und die in der neuen Norm DIN EN ISO 22476-2 verbliebene leichte Rammsonde DPL mit einem Spitzenquerschnitt von zehn Quadratzentimetern. Die nicht mehr normgerechte Rammsonde DPL-5 wurde auch als Künzelstab bezeichnet, die Sondierungen wurden Künzelung genannt.

Eine Bohrlochrammsondierung (BDP) ist ein gebräuchliches Sondierverfahren in der Geotechnik. Dabei wird bei einer bestehenden Bohrung eine Sondenspitze mit kegelartiger Form in die Bohrlochsohle getrieben. Die Anzahl der Schläge, die für das Eindringen der Spitze in den Boden erforderlich sind, wird gemessen und dient als Kennwert für die Bodenbeschaffenheit.

Drucksondierungen

Eine (Cone Penetration Test, CPT) ist ein Sondierverfahren zur Baugrunderkundung, bei dem ein Messkopf mit kegelförmiger Spitze mit konstanter Geschwindigkeit über ein Gestänge in den Boden gedrückt wird. Gemessen werden im Allgemeinen der Spitzendruck und die Mantelreibung. Manchmal werden auch weitere Messgrößen wie der Porenwasserdruck gemessen. In diesem Fall wird der Versuch mit CPTU abgekürzt.

Bei einer Drucksondierung (CPT) wird eine Sonde lotrecht mit 2 ± 0,5 cm pro Sekunde in den Boden gedrückt. Dabei sollen alle zwei Zentimeter Messwerte elektronisch aufgezeichnet werden. Die Ergebnisse werden gewöhnlich in Megapascal angegeben. Ausgeführt werden Drucksondierungen an Land meistens mit speziell umgerüsteten Lastwagen, die auch das Gegengewicht für die hydraulische Einpressung der Drucksonde aufbringen. 100 kN (das sind ungefähr 10 t) Auflast sind dabei erforderlich, um bis zu einem Spitzendruck von ca. 50 Megapascal messen zu können. Zunehmend werden doppelt so schwere Fahrzeuge für die Versuche als Gegengewicht verwendet. Aufgrund der erforderlichen Ausrüstung und der erforderlichen Spezialkenntnisse für die Versuchsdurchführung werden Drucksondierungen meistens durch geotechnische Spezialfirmen durchgeführt.

Für die Durchführung von Drucksondierungen gilt die DIN EN ISO 22476-1, Geotechnische Erkundung und Untersuchung – Felduntersuchungen – Teil 1: Drucksondierungen mit elektrischen Messwertaufnehmern und Messeinrichtungen für den Porenwasserdruck (ISO 22476-1, 2022), Deutsche Fassung EN ISO 22476-1, vom April 2023.

Bild 8.4 zeigt beispielhaft das Ergebnis einer bis zur Tiefe von 25 m auf einer Baustelle eines großen Einkaufsmarktes in Norddeutschland im Mai 2011 ausgeführten Drucksondierung.

Im Diagramm ist deutlich erkennbar, dass ab der Tiefe von 17 m (die Sondierung wurde ab dem Baunull von plus zwei Metern durchgeführt) eine dünne tragfähige Baugrundschicht ansteht. Ab der Tiefe von 23 m unter Baunull steht ausreichend tragfähiger Baugrund an.

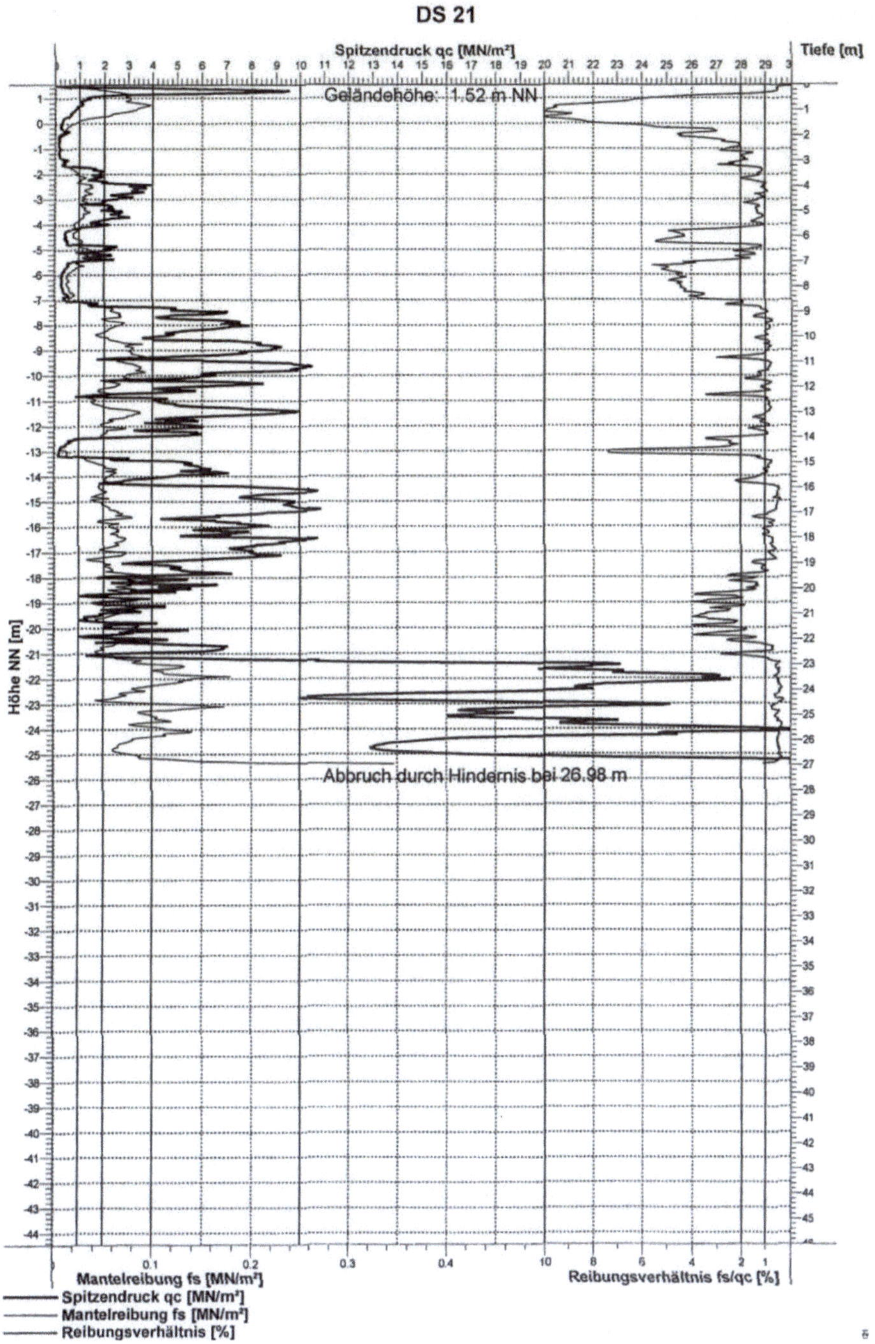

Bild 8.4 Diagramm einer ausgeführten Drucksondierung (Bild: Autor)

Feldflügelsondierungen

Feldflügelsondierungen werden in der Geotechnik eingesetzt, um die undränierte Scherfestigkeit (c_u) eines Bodens zu ermitteln, insbesondere bei wassergesättigten, bindigen und organischen Böden. Diese Untersuchungsmethode wird angewendet, um das Verhalten von Böden unter Belastung zu analysieren und um ihre Stabilität zu bewerten, insbesondere bei wassergesättigten, feinkörnigen Böden. Das Verfahren wird relativ häufig im Straßenbau und im Erdbau angewendet. Der Versuch gibt an, wieviel Widerstand ein Boden der Drehbewegung eines mit Flügeln versehenen Stabes (Flügelsonde) entgegensetzt. Je höher die Scherfestigkeit des Bodens ist, desto höher ist auch der gemessene Scherwiderstand.

Eine Feldflügelsonde wird durch einen Elektromotor gedreht. Damit kann die Scherfestigkeit bindiger Böden ermittelt werden. Ein genormter Scherflügel wird beim Versuch in den Boden eingedrückt und mit gleichmäßiger Winkelgeschwindigkeit (dreißig Grad pro Minute) bis zum Bruch des Bodens gedreht. Das maximale Drehmoment M wird beim Versuch gemessen. Der Maximalwert τFL entspricht bei wassergesättigten bindigen Böden der Scherfestigkeit c_u des undränierten Bodens (mit d gleich Flügeldurchmesser der Flügelsonde).

Mit einem **Laborflügelversuch** können auch die Einflüsse der Sondenhöhe und der Rotationsgeschwindigkeit auf die undränierte Scherfestigkeit des Bodens untersucht werden. Bei überkonsolidierten Böden werden auch der totale Reibungswinkel φ und der effektive Reibungswinkel φ_e mit einem Laborflügelversuch untersucht.

Erste Vorformen der Flügelsonde wurden im Jahr 1929 bei der Degebo entwickelt und patentiert, die eigentliche Entwicklung der Feldflügelsonde erfolgte aber erst nach dem Zweiten Weltkrieg. Die Deutsche Gesellschaft für Bodenmechanik (Degebo) wurde am 7. Dezember 1928 in Berlin zur Koordinierung der deutschen Forschung in der Geotechnik gegründet. Die Degebo ist aber heute de facto im Fachgebiet Grundbau und Bodenmechanik des Instituts für Bauingenieurwesen der Technischen Universität Berlin aufgegangen.

Für die Durchführung von Feldflügelsondierungen galt die inzwischen zurückgezogene DIN 4094-4, Baugrund – Felduntersuchungen – Teil 4, Flügelscherversuche, vom Januar 2002.

Im Laborversuch wird die Laborflügelsonde (Bild 8.5) in eine Bodenprobe eingeführt und beim Drehen des Flügels der Widerstand des Bodens gemessen. Bei einem Versuch vor Ort (In-situ-Versuch) wird die Sonde direkt in den Boden eingedrückt. Die Überdeckung der Sonde sollte ≥ 30 cm sein. Die Flügelsonde wird beim Versuch mit einer gleichmäßigen Winkelgeschwindigkeit (30° pro Minute) gedreht, bis es zum Bruch des Bodens kommt. Das dabei ermittelte maximale Drehmoment ermöglicht die Berechnung des Scherwiderstands des Bodens.

Bild 8.5 Links: Laborflügelsonde, rechts: Zusammenstellung der Flügel für die Laborflügelsonde (Bild: Geotechnology & Automation GmbH, Wilsdruff)

Lastplattendruckversuch

Der Lastplattendruckversuch dient zur Bestimmung der Druckfestigkeit und der Tragfähigkeit von Böden und Materialien. Der Versuch ist Nachweis für die Eignung von Böden und Untergründen (Schüttlagen) als Baugrund nach der zurückgezogenen DIN 1054, Baugrund – Sicherheitsnachweise im Erd- und Grundbau – Ergänzende Regelungen zu DIN EN 1997-1 vom Dezember 2010, sowie im gesamten Erd-, Grund- und Straßenbau für den Nachweis einer ausreichenden Tragfähigkeit von zum Beispiel Tragschichten. Die Durchführung eines Plattendruckversuchs ist in der DIN 18134, Baugrund, Versuche und Versuchsgeräte – Plattendruckversuch, vom April 2012 geregelt. Der Plattendruckversuch ist ein Feldversuch und wird mit einem Plattendruckgerät durchgeführt. Beim Versuch wird eine kreisförmige, genormte Lastplatte aus Stahl, deren Durchmesser meistens 300 mm und deren Dicke 25 mm beträgt, verwendet. Beim Versuch wird die Lastplatte wiederholt durch eine hydraulische Ölpresse mit einem bestimmten Druck und Intervall be- und entlastet. Als Gegengewicht können Lastkraftwagen, Bagger oder ähnlich schwere Baumaschinen eingesetzt werden.

Aufgezeichnet werden bei einem Plattendruckversuch nicht nur der auf die Lastplatte aufgebrachte Druck und die Einsinktiefe der Lastplatte, sondern auch die nach der Druckbelastung einsetzende Entspannung des Bodens oder Schotters. Das ermittelte Verhältnis von Druck und Setzung des Bodens der aufeinander folgenden Belastungsdurchgänge wird als Drucksetzungslinie in einem Diagramm aufgetragen. Aus diesem Diagramm kann der Verformungsmodul Ev ermittelt werden. Die Versuchswerte werden in Meganewton pro Quadratmeter für die Belastung und in Millimeter für die Setzung angegeben. Entscheidend für die Einstufung der Eignung und für die ausreichende Tragfähigkeit eines Materials ist neben dem absoluten Wert des für eine bestimmte Verformung notwendigen Drucks auch das Verhältnis der bei aufeinanderfolgenden Durchgängen bestimmten Druckwerte.

Plattendruckversuche finden vorwiegend eine Anwendung im Erd- und Grundbau sowie beim Bau von Verkehrswegen.

CBR-Versuch

Der California-Bearing-Ratio-Versuch (Bearing Ratio, aus dem englischen etwa Tragfähigkeitsverhältnis) ist eine Prüfmethode, mit deren Hilfe die Tragfähigkeit von Böden und von hydraulisch gebundenen Schichten (eher selten), untersucht werden kann. Das Verfahren wurde ursprünglich von der California Division of Highways in Amerika für Befestigungen von Flugplatzflächen entwickelt und kommt mittlerweile auch im Straßenbau zur Anwendung. Im Grunde gibt der Versuch an, mit wie viel Kraft ein Stempel in eine Bodenprobe gedrückt werden muss, um bei einer definierten Eindringgeschwindigkeit eine bestimmte Tiefe zu erreichen. Je größer der notwendige Stempeldruck ist, desto höher ist die Tragfähigkeit des untersuchten Bodens.

Neben der Beurteilung der Festigkeit können anhand des Prüfergebnisses auch Aussagen hinsichtlich der Frostempfindlichkeit eines Bodens und der Wirkung einer Bodenverfestigung mit Kalk getroffen werden. Der Versuch wird an einer gestörten Bodenprobe im bodenmechanischen Labor durchgeführt. Die Probe wird normalerweise mit einem idealen Wassergehalt mittels Proctorverfahren, beziehungsweise dem modifizierten Verfahren, in einem Behälter verdichtet eingeschlagen und kann danach unter Beachtung etwaiger Lagerungsbedingungen geprüft werden. Der Prüfstempel, mit einer kreisförmigen Querschnittsfläche von 1963 mm^2, wird beim Versuch mit einer konstanten Geschwindigkeit von $1{,}27 \pm 0{,}2$ mm pro Minute in die Bodenprobe gedrückt. Die maximale Eindringtiefe beträgt in der Regel zehn Millimeter. Das Prüfergebnis wird mit einem Standardboden, einem Gemisch aus kalifornischem Kalkstein, verglichen, und ein prozentuales Verhältnis gebildet. Dieses Verhältnis gibt den CBR-Wert an.

Allgemeines zu Baugrunderkundungen

Der Aufbau und die Eigenschaften des Baugrunds und der Grundwasserverhältnisse können in einem wirtschaftlich vertretbaren Rahmen nur stichprobenartig erkundet werden. Das Ziel einer Baugrunderkundung ist es, ein plausibles und überprüfbares, räumliches Baugrundmodell zu erarbeiten und der Planung und der Ausführung von Baumaßnahmen zugrunde zu legen.

Aus den Baugrunderkundungen müssen sich sämtliche geotechnisch bedingten Einwirkungen sowie die Baugrund- und Grundwasserverhältnisse ableiten lassen, die für eine Baumaßnahme und die davon betroffene Umgebung maßgebend sind. Es ist dabei der Grundsatz zu beachten, dass jeder Baugrund nur bis zu seiner Grenzlast beziehungsweise bis zu seiner Grundbruchlast belastet werden darf. Die Grenzlast ist die Last, bis zu der keine für den Bestand des Bauwerks schädlichen Setzungen oder Setzungsunterschiede mehr entstehen. Die Grundbruchlast definiert den Grenzwert der Tragfähigkeit des Baugrunds, also die maximale Belastung, die ein Boden ohne Versagen (Bruch) aushalten kann. Die Grundbruchlast ist die Last, bei der der Boden unter dem Fundament zu brechen oder zu fließen beginnt. Damit sind die beiden Kriterien gefunden, die die nach der DIN 1054, Baugrund – Sicherheitsnachweise im Erd- und Grundbau – Ergänzende Regelungen zu DIN EN 1997-1, vom Dezember 2010, einzuhalten sind. Richtlinien für die Erkundung der Baugrundverhältnisse sind in EN 1997-1, (Eurocode 7, Teil 1), EN 1997-2, (Eurocode 7, Teil 2) sowie in der DIN 1054 und der DIN 4020 angegeben.

Laborparameter, die zur Baugrunderkundung als Ergänzung zu den Geländeerkundungsdaten gehören, umfassen generell die wichtigsten Bodenkenngrößen und die Festigkeits- und Formänderungseigenschaften von Böden. Zu den wichtigsten Bodenkennwerten zählen die Korngröße und die Korngrößenverteilung, die Korndichte und die Kornwichte, der Porenanteil und die Porenzahl, die Lagerungsdichte, die Zustandsformen (Atterbergsche Grenze) und die Konsistenzgrenzen, die Wasserdurchlässigkeit, die kapillare Steighöhe und das Wasseraufnahmevermögen. Das Festigkeits- und die Formänderungseigenschaften von Böden drücken sich in erster Linie in der Scherfestigkeit und in der Zusammendrückbarkeit aus. Für die Beurteilung des Setzungs- und des Grundbruchverhaltens sind Kenntnisse über die Kohäsion, den Reibungswinkel, die Bruchfestigkeit und eine eventuelle Restscherfestigkeit von besonderer Bedeutung.

Schmale und breite Fundamente bewirken unterschiedliche Isobarenformen. Wenn die erforderliche Tiefe der Erkundungsmaßnahmen festgelegt ist, müssen die Methoden der Baugrunderkundung festgelegt werden. In der Baupraxis werden immer zunächst direkte Aufschlüsse und örtliche Erfahrungen herangezogen. Bohrungen, Sondierungen und Schürfe folgen in einer zweiten Erkundungsstufe und schließlich werden unter Umständen flächenhafte Erkundungen mittels geophysikalischer Methoden notwendig.

Selbst bei sorgfältig ausgeführten Baugrunderkundungen verbleibt ein gewisses Restrisiko. Der Begriff **Baugrundrisiko** oder Risiko für die Boden- und die Wasserverhältnisse hat sich in der deutschen Rechtsprechung und in der Lehre herausgebildet. Der Begriff Baugrundrisiko beinhaltet sowohl das Wagnis, dass beim Eingriff in das Gefüge der Erdoberfläche die angetroffenen Wasser- und Baugrundverhältnisse nicht mit den beschriebenen Verhältnissen übereinstimmen als auch die Gefahr, dass sich Mängel am Bauwerk zeigen, Preisänderungen und Bauzeitverlängerungen eintreten oder das Bauvorhaben nicht aus- oder weitergeführt werden kann.

Die deutsche Rechtsprechung weist dem Bauherrn das Baugrundrisiko zu. Diese Zuweisung ergibt sich aus verschiedenen Abschnitten der VOB (VOB ist die Abkürzung für Vergabe- und Vertragsordnung für Bauleistungen). Es handelt sich bei der VOB um ein dreiteiliges Regelwerk, das die Grundlagen für die Vergabe und für die Vertragsgestaltung bei Bauaufträgen bildet, insbesondere für öffentliche Auftraggeber.

Neben juristischen Argumenten gibt es mehrere technische Gründe, die eine Umwälzung des Baugrundrisikos auf den Auftragnehmer verbieten: Ein Bauherr benötigt Daten über den Baugrund bereits in der Planungsphase, also schon weit vor der Planung und der Ausschreibung einer Baumaßnahme.

Wenn ein Bauwerk ausgeschrieben wird und der Auftragnehmer das Baugrundrisiko übernehmen soll, muss jeder Anbieter eine Baugrunduntersuchung vornehmen und ein Baugrundgutachten erstellen lassen. Dies führt häufig zu unnötigen Mehrfachuntersuchungen.

Grundwassererkundungen

Bei Grundwassererkundungen können aus Bohrlöchern Grundwasserproben entnommen werden und für Untersuchungen hinsichtlich einer Betonaggressivität (DIN 4030, Beurteilung betonangreifender Wässer, Böden und Gase – Teil 1: Grundlagen und Grenzwerte, vom Juli 2024, Expositionsklassen und Anwendungsregeln für Beton, DIN 1045-1, Tragwerke aus Beton, Stahlbeton und Spannbeton – Teil 1: Planung, Bemessung und Konstruktion, vom August 2023, und DIN 1045-2, Tragwerke aus Beton, Stahlbeton und Spannbeton – Teil 2: Beton, ebenfalls vom August 2023), verwendet werden.

Im Rahmen einer Baugrunderkundung ist es notwendig, die Grundwasserverhältnisse zu erkunden. Grundwasser ist Wasser, das sich im Untergrund befindet und die Zwischenräume des Bodens vollständig ausfüllt. Grundwasser ist ein wichtiger Bestandteil des natürlichen Wasserkreislaufs und dient unter anderem als Trinkwasserquelle.

Für die Entnahme und die Analyse von Grundwasser- und Bodenproben gilt die DIN 4030-2, Beurteilung betonangreifender Wässer, Böden und Gase – Teil 2: Entnahme und Analyse von Wasser- und Bodenproben, vom Juli 2024. Weiterhin zu beachten sind die zurückgezogene DIN EN 206-1, Beton – Teil 1: Festlegung, Eigenschaften, Herstellung und Konformität, Deutsche Fassung EN 206-1, 2000, vom Juli 2001, die DIN 50929-1, Korrosion der Metalle – Korrosionswahrscheinlichkeit metallener Werkstoffe bei äußerer Korrosionsbelastung – Teil 1: Allgemeines, vom März 2017, sowie die DIN 50929-3, Korrosion der Metalle – Korrosionswahrscheinlichkeit metallener Werkstoffe bei äußerer Korrosionsbelastung – Teil 3: Rohrleitungen und Bauteile in Böden und Wässern, vom Mai 2024.

Grundwasserproben können einer chemischen Untersuchung auf Schadstoffe unterzogen werden oder auf Veränderungen infolge einer Bautätigkeit (zum Beispiel Änderung des pH-Werts bei Betonarbeiten im Grundwasser) in einem chemischen Labor untersucht werden.

Für eine zutreffende Angabe über die freie Grundwasseroberfläche (Grundwasserspiegel beziehungsweise der Grundwasserdruckfläche) bei gespanntem Grundwasser ist es in der Regel erforderlich, Baugrundaufschlussbohrungen als Grundwassermessstellen

(Bild 8.6) auszubauen und regelmäßig zu beobachten. Grundwassermessstellen sind Einrichtungen zur Überwachung des Grundwasserspiegels und der Beschaffenheit des Grundwassers. Die Messstellen können auch für die Entnahme von Wasserproben und für eine Analyse der Wasserqualität verwendet werden. Die Messstellen sind wichtige Instrumente für die Grundwasserbewirtschaftung und für den Schutz der Grundwasserressourcen. Grundwassermessstellen werden eingerichtet, um den Grundwasserstand und die Grundwasserbeschaffenheit überwachen zu können. Eine Grundwassermessstelle besteht aus einem Rohr, das in den Boden eingelassen wird, und einem Filter, der den Zustrom von Grundwasser ermöglicht. Die Messstelle ist derart zu konzipieren, dass sie die hydrogeologischen Verhältnisse am Standort berücksichtigt.

Bild 8.6
Grundwassermessstelle mit zwei Filterrohren (Bild: Autor)

Die Grundwassermessstelle kann auch zum Abpumpen von Löschwasser verwendet werden.

Sind verschiedene Grundwasserstockwerke vorhanden, müssen sie dabei im Bereich von Grundwasserhemmern im Bohrloch durch Abdichtungen voneinander getrennt werden. Grundwasserhemmer verhindern, dass das Grundwasser bei seiner unterirdischen Reise weiter in die Tiefe fließt. Das Grundwasser kann sich oberhalb einer undurchlässigen Gesteins- oder Bodenschicht (Grundwasserhemmer) ansammeln und bildet dann den sogenannten Grundwasserkörper.

Wenn bei einer Baugrundaufschlussbohrung Grundwasser im Bohrloch angetroffen wird, ist der Bohrvorgang zu unterbrechen und der Grundwasserstand nach einer Bohrpause einzumessen und zu dokumentieren. Gemessen werden kann der Grundwasserstand in Bohrlöchern oder in Pegelrohren mit einem Kabellichtlot, auch Lichtlot genannt. Ein Kabellichtlot dient zur manuellen Messung der Tiefenlage des Grundwasserspiegels in Brunnen, in Pegelrohren und in engen Bohrungen.

Grundwasserabsenkung

Es gibt verschiedene Methoden zur Grundwasserabsenkung, die je nach den spezifischen Bedingungen der Baustelle und der Wassermenge ausgewählt werden können:

- **Offene Wasserhaltung.** Bei einer offenen Wasserhaltung wird das Grundwasser aus der Baugrube abgepumpt und abgeleitet. Dies ist oft bei kleineren Baugruben und bei geringen Wassermengen ausreichend. Bei dem Verfahren der offenen Wasserhaltung zur Entwässerung von Baugruben, wird das anfallende Wasser wie Grundwasser oder Oberflächenwasser, über offene Gräben sichtbar abgeleitet. Das Wasser wird dann in einem Pumpensumpf gesammelt und abgepumpt. Dieses Verfahren wird häufig bei standfesten Böden angewendet, die nicht zum Fließen neigen, wie zum Beispiel Lehm- oder Tonböden.
- **Geschlossene Wasserhaltung.** Bei größeren Baugruben und bei stärkeren Grundwasserzuflüssen werden Brunnen rund um die Baugrube angelegt, aus denen das Grundwasser dann abgepumpt wird. Dabei entsteht ein Absenktrichter. Die Reichweite eines Absenktrichters beim Grundwasser hängt von vielen Faktoren ab, darunter der Bodenart, der Saugkraft der Brunnen oder der Wasserhaltung und der Dauer der Absenkung. Formeln wie die von Sichardt oder Kussakin können zur Abschätzung der Reichweite genutzt werden, doch oft ist eine genaue Berechnung durch einen Fachbetrieb notwendig, um die Ausdehnung des Absenkungsbereichs zu bestimmen. Die Reichweite einer Grundwasserabsenkung wird als Entfernung definiert, bei der der ursprüngliche Grundwasserstand nach der Absenkung wieder erreicht ist.

Die Reichweite lässt sich mit empirisch hergeleiteten Gleichungen abschätzen. Gängig sind die beiden nachfolgend aufgeführten Methoden:

- Reichweitenabschätzung nach Sichardt

  Nach Sichardt (1928) gilt die Reichweite l_R eines Brunnens:

  $$l_R = 3000 \times h_S \times \sqrt{k_f}$$

- Reichweitenabschätzung nach Kussakin

  Nach Kussakin (1935), auch in der Schreibweise Kusakin zu finden, gilt für die Reichweite l_R eines Brunnens:

  $$l_R = 575 \times h_S \times k_f \times h_M$$

  l_R = Reichweite des Brunnens in Meter

  h_S = Absenkung des Wasserspiegels im Brunnen, also die Differenz des Wasserstandes ohne Entnahme und des Wasserstandes bei quasistationären Strömungsverhältnissen in Meter

  k_f = Wasserdurchlässigkeitsbeiwert des Grundwasserleiters in Meter pro Sekunde

  h_M = Grundwassermächtigkeit

Wellpoint-Verfahren. Bei diesem Verfahren werden Saugfilter (Wellpoints) in den Boden eingebracht, um das Grundwasser abzusaugen. Das Verfahren wird als Vakuumentwässerungsverfahren zur Entwässerung von Baugruben eingesetzt und wird bevorzugt bei feinkörnigen Böden angewendet, wobei Kleinbrunnen im Abstand weniger Meter abgeteuft werden. Das untere Ende der Rohre ist auf einer Länge von ein bis zwei Metern als Filterstrecke ausgebildet. Für die Brunnenherstellung ist kein Bohrloch erforderlich, weil die Rohre mit einem entsprechend langen Aufsatzrohr unmittelbar in den Boden eingespült werden.

Stahlspundwände oder Schlitzwände. In manchen Fällen können auch wasserundurchlässige Wände wie Stahlspundwände oder Schlitzwände in den Boden eingebracht werden, um das Eindringen von Grundwasser in die Baugrube zu verhindern.

Horizontaldränagen. Mit Horizontaldränagen kann ebenfalls eine Absenkung des Grundwasserspiegels erreicht werden. Hierzu wird ein gelochtes PVC-Rohr mit Gefälle in Richtung einer Entwässerungsanlage auf der Baugrubensohle verlegt, das das überschüssige Wasser des Bodens aufnimmt und ableitet. Die Einbautiefen der PVC-Rohre variieren zwischen 0,6 bis 1,2 m unter der Geländeoberkante, abhängig von der Art des Bodens. In Sonderfällen sind auch Verlegetiefen der PVC-Rohre von bis zu drei Metern unter der Baugrubensohle möglich, um den Boden zu entwässern. Es kann, je nach der Art des Bodens, notwendig sein, das Dränrohr mit einem Filter zu versehen. Am häufigsten verwendet werden Filter aus Kokosfasern oder Kunststofffilter (genannt PP-Filter).

Bild 8.7 Dränageohre, links geschlitzt (PVC), rechts mit Fasern ummantelt (Bild: Autor)

Dränrohre gibt es in den Nennweiten DN 50 bis DN 200, also 50 bis 200 mm. Die Standardschlitzbreite von Dränrohren beträgt 1,2 mm.

Die Tiefe, in der Grundwasser in Deutschland vorkommt, variiert stark je nach Region und der Untergrundbeschaffenheit, liegt meistens zwischen wenigen Metern und mehreren Hundert Metern. In norddeutschen Regionen wird das Grundwasser oft in einer

Tiefe zwischen 20 und 100 m gefördert, während es an manchen Orten, wie zum Beispiel der Rotenburger Rinne, sogar mehrere Hundert Meter tief liegen kann.

Grundwasser kann eventuell betonaggressiv sein. **Betonaggressivität** beschreibt die Fähigkeit von Grundwasser, Beton und die darin enthaltene Bewehrung zu schädigen. Aggressive Grundwässer können Zersetzungen im Beton verursachen, was zu Schäden an Bauwerken führen kann. Die Beurteilung der Betonaggressivität erfolgt nach der DIN 4030, Beurteilung betonangreifender Wässer, Böden und Gase – Teil 1: Grundlagen und Grenzwerte, vom Juli 2024.

Die Ursachen einer Betonaggressivität von Grundwasser sind:

- **Kohlensäure.** Kalklösende Kohlensäure im Grundwasser kann den Zementstein angreifen und zu einer Volumenverminderung führen.
- **Sulfate.** Sulfate können mit den Zementbestandteilen reagieren und zu einer Volumenvergrößerung (Treiben) und zu Gefügeauflockerungen führen.
- **Huminsäuren.** Huminsäuren, wie sie in Moorwässern vorkommen, können ebenfalls betonaggressiv wirken.

Auch Chloride und Salze können in bestimmten Konzentrationen den Beton angreifen und die Bewehrung schädigen.

Mineralogie ist die Wissenschaft von den Mineralien, ihrer Entstehung, ihren Eigenschaften, ihrem Vorkommen und ihrer Umwandlung. Minerale sind kleinste, homogene, feste Teilchen, aus denen sich Gesteine und Böden in einem festen oder in einem lockeren Verband zusammensetzen. Die natürliche Form von Mineralen ist der Kristall, ein geometrischer, regelmäßig aufgebauter Körper mit ebenen Begrenzungsflächen. Amorphe Aggregationen sind aber auch möglich. Minerale bilden sich bei geologischen Prozessen, etwa aus übersättigten Schmelzen, aus wässrigen Lösungen oder in Verbindung mit metamorphen Vorgängen.

Die Mineralogie spielt eine wichtige Rolle im Bauwesen, insbesondere bei der Auswahl und der Verarbeitung von Baustoffen und Baumaterialien. Die Mineralogie befasst sich mit der Untersuchung der Eigenschaften und der Zusammensetzung von Mineralen, die in Gesteinen, in Böden und in Baumaterialien vorkommen. Die Kenntnisse sind entscheidend für die Gewährleistung der Qualität, der Haltbarkeit und der Sicherheit von Bauwerken.

Amorphe Aggregate beziehungsweise amorphe Aggregationen sind Ansammlungen von Teilchen, die keine geordnete kristalline Struktur aufweisen. Im Gegensatz zu Kristallen, bei denen die Atome oder die Moleküle in einem regelmäßigen Gitter angeordnet sind, haben amorphe Aggregate eine ungeordnete, formlose Struktur. Metamorphe Vorgänge, oder Metamorphosen, sind geologische Prozesse, bei denen Gesteine unter einem Druck- und Temperatureinfluss umgewandelt werden. Dabei bleibt der feste Zustand der Gesteine erhalten, aber deren Mineralzusammensetzung und deren Gefüge ändern sich. Diese Umwandlungen können durch verschiedene Arten der Metamorphose ausgelöst werden wie Kontakt-, Regional- und Dynamometamorphose. Metamorphose bedeutet wörtlich Umwandlung, Umgestaltung oder Verwandlung und bezeichnet in der Geologie die Umwandlung von Gestein unter bestimmten Druck- und Temperaturbedingungen.

Fragen

- Welche Angaben muss eine Baugrunderkundung liefern?
- Was beschreibt das Gesetz von Hooke?
- Was ist ein überkonsolidierter Boden?
- Was wird bei einer Drucksondierung ermittelt?
- Was ist die Grenzlast?
- Was sind die wichtigsten Bodenkennwerte?
- Mit welchen Formeln kann die Reichweite einer Grundwasserabsenkung abgeschätzt werden?

9 Bodenmechanische Laboruntersuchungen

Bodenmechanische Laboruntersuchungen umfassen eine Reihe von Tests und Versuche, die an Bodenproben in einem bodenmechanischen Labor durchgeführt werden, um deren mechanische Eigenschaften zu bestimmen. Die Untersuchungen sind besonders wichtig für die Beurteilung der Eignung von Böden als Baugrund oder als Baustoff. Die Ergebnisse der bodenmechanischen Untersuchungen liefern wichtige Parameter für die Standsicherheit von Bauwerken und für die Planung von Bauvorhaben.

Zur Ermittlung der bodenmechanischen Eigenschaften und der bodenmechanischen Kennwerte, können Bodenproben, die entweder durch Baugrund-Erkundungsbohrungen oder durch eine Entnahme in Schürfen gewonnen wurden, in einem bodenmechanischen Labor näher untersucht und bestimmt werden.

Die Benennung, die Beschreibung und die Einstufung von Boden und von Fels ist in der EN ISO 14688, geotechnische Erkundung und Untersuchung – Benennung, Beschreibung und Klassifizierung von Boden, Teil 1: Benennung und Beschreibung (ISO 14688-1, 2017), Deutsche Fassung EN ISO 14688-1, vom Mai 2018, geregelt, die die früher gültige DIN 4022, Baugrund und Grundwasser, Benennen und Beschreiben von Boden und Fels, Schichtenverzeichnis für Bohrungen ohne durchgehende Gewinnung von gekernten Proben im Boden und im Fels, abgelöst hat.

Bestimmung der Kornverteilung und der Korngrößenverteilung durch eine Siebanalyse

Für eine Bestimmung der **Korngrößenverteilung** von Bodenproben mittels einer Siebanalyse enthält die DN 18 123, Baugrund, Untersuchung von Bodenproben – Bestimmung der Korngrößenverteilung, vom April 2011, entsprechende Vorgaben.

Die Untersuchungen sind unter anderem eine Grundlage für:

- die Bestimmung der Wasserdurchlässigkeit des Bodens,
- die Bestimmung der Tragfähigkeit des Bodens,

- die Bestimmung der Frostempfindlichkeit des Bodens,
- die Bestimmung der Erosionsempfindlichkeit des Bodens.

Das Ziel der bodenmechanischen Laborversuche ist hierbei, den prozentualen Massenanteil der unterschiedlichen Korngrößenfraktionen Ton, Schluff, Sand, Kies und Steine einer Probe zu bestimmen.

Im Wesentlichen wurden in der Neufassung der Norm deutsche Bezeichnungen durch äquivalente englische Begriffe ersetzt. Obwohl die DIN 4022 im Januar des Jahres 2007 offiziell ihre Gültigkeit verloren hat, wird sie häufig noch wegen ihrer guten Lesbarkeit und ihrer allgemein verständlichen Aussagekraft herangezogen und zusätzlich zur EN ISO 14688-1 angewendet.

Die Korngrößenverteilung im Boden mit Korngrößen über 0,063 mm (Sand, Kies und Steine) wird durch das Trennen der vorhandenen Korngruppen durch eine Siebung bestimmt. Enthält der zu untersuchende Boden keine Korngrößen unter 0,063 mm (Ton und Schluff), wird eine Trockensiebung durchgeführt.

Bei Böden, die auch Anteile von Korngrößen < 0,063 mm enthalten, wird die Korngrößenverteilung durch eine Siebung nach dem nassen Abtrennen der Feinanteile ermittelt (Nasssiebung). Die Auswertung der Korngrößenverteilung erfolgt im Anschluss an die Siebung, indem die Rückstände in den Sieben gewogen werden und deren Massen ins Verhältnis zur Gesamttrockenmasse der Probe gesetzt werden.

Bild 9.1
Siebsatz zur Bestimmung der Korngrößenverteilung von nichtbindigen Böden und Siebmaschine (Bild: Autor)

Die **Siebanalyse** ist ein Verfahren zur Ermittlung der Korngrößenverteilung. Sie ist ein wichtiges Verfahren zur Bestimmung von Bodenkennwerten sowie zur Abschätzung des Wasserdurchlässigkeitsbeiwerts und der Frostempfindlichkeit von Böden. Bei der Siebanalyse durch eine Trockensiebung werden mehrere Prüfsiebe übereinander angeordnet und auf eine Siebmaschine gespannt (sogenannter Siebturm, Bild 9.1). Die Maschenweiten der einzelnen Prüfsiebe sind von oben nach unten absteigend, das heißt, das Sieb mit der größten Maschenweite befindet sich ganz oben im Siebturm.

Bei der Durchführung einer Siebanalyse wird die zu analysierende Bodenprobe auf dem gröbsten Prüfsieb aufgegeben und für eine vorgegebene Zeit einer definierten, rüttelnden Bewegung ausgesetzt. Durch das Auswiegen der Rückstände auf den einzelnen Prüfsieben wird anschließend die Korngrößenverteilung der Bodenprobe ermittelt. Eine Siebung ermöglicht es, Bodenpartikel im Bereich von 20 µm bis zu mehreren Zentimetern zu charakterisieren. Nach der Durchführung einer Siebanalyse kann der untersuchte Boden gemäß der DIN EN ISO 14688, vom Dezember 2013, Geotechnische Erkundung und Untersuchung – Benennung, Beschreibung und Klassifizierung von Boden, benannt werden. Für die Durchführung von Siebanalysen gilt die DIN 18123, Baugrund, Untersuchung von Bodenproben – Bestimmung der Korngrößenverteilung, vom April 2011.

Bestimmung der Kornverteilung und der Korngrößenverteilung durch eine Schlämmanalyse

Zur Bestimmung der Korngrößenverteilung im Feinkornbereich (< 0,063 mm), wird eine sogenannte **Schlämmanalyse** mittels eines Aräometers durchgeführt. Dabei werden die abgetrennten Feinanteile der Bodenprobe in destilliertem Wasser mit einem Rührgerät zu einer Suspension angerührt (Bild 9.2) und diese in einem Standglas sich selbst überlassen. Aus der Veränderung der Suspensionsdichte über die Zeit, die von der korngrößenabhängigen Absinkgeschwindigkeit der Bodenpartikel abhängig ist, kann auf die Verteilung von Ton und Schluff in der Bodenprobe geschlossen werden.

Beim Versuch muss die Suspension im Messzylinder einige Minuten gut geschüttelt werden, wobei der Zylinder vollständig umgekippt werden muss oder die Suspension wird mit einem Rührgerät mehrere Minuten lang durchgerührt. Dann wird der Zylinder auf den Tisch gestellt und eine Stoppuhr ausgelöst und das Aräometer so tief in die Suspension eingetaucht, dass es frei schwimmt (Bild 9.2). Jeweils nach 30 s, 1 min und 2 min werden am Aräometer die Werte am oberen Rand des Meniskus abgelesen. Dann wird das Aräometer aus der Suspension herausgenommen und in einen anderen, mit destilliertem Wasser gefüllten Zylinder eingetaucht.

Nach 5,15 und 45 Minuten sowie nach 2,6 und 24 Stunden werden weitere Aräometerablesungen vorgenommen. Außerdem wird bei den Ablesungen die Temperatur der Suspension gemessen.

Bild 9.2
Links: Aräometer in einem mit destilliertem Wasser gefüllten Messzylinder, rechts: Messzylinder mit einer darin befindlichen Suspension (Bild: Autor)

Ein **Aräometer** (von griechisch araios, dünn, und métron, Maß), auch Alkoholometer, Senkwaage, Senkspindel oder Säureheber genannt, ist ein Messgerät zur Bestimmung der Dichte oder des spezifischen Gewichts von Flüssigkeiten.

Durch eine Schlämmanalyse wird die Korngrößenverteilung der Kornanteile unter 0,125 mm bestimmt. Die Schlämmanalyse beruht auf der unterschiedlichen Sinkgeschwindigkeit der verschieden großen Teilchen in der Bodenprobe und der damit verbundenen unterschiedlichen Dichte der Suspension. Das Schlämmverfahren wird eingesetzt, wenn ein mit Wasser vermischtes Haufwerk (granulare Materie) vorwiegend bestehend aus Feinstkorn (Schlämmkorn, Korngrößen mit einem Äquivalentdurchmesser von kleiner 0,63 mm).

Bestimmung der Kornverteilung und der Korngrößenverteilung durch eine kombinierte Sieb-Schlämmanalyse

Im Gelände kann die Bodenart einer Probe grob mithilfe einer Fingerprobe geschätzt werden. Die genaue Korngrößenzusammensetzung, also der jeweilige Anteil der verschiedenen Kornfraktionen, wird jedoch im bodenmechanischen Labor oft durch eine **kombinierte Sieb- und Schlämmanalyse** oder durch Laserbeugung ermittelt. Mithilfe des Analyseergebnisses, das in einem Siebliniendiagramm oder mittels einer Glockenkurve grafisch dargestellt werden kann, ist die Bodenart der Probe exakt bestimmbar. Dies erfolgt in Deutschland üblicherweise nach dem Klassifikationsschema der aktuellen Auflage der Bodenkundlichen Kartieranleitung (KA5) mithilfe eines speziellen Diagramms, des Bodendreiecks. Derartige Dreiecksdiagramme gibt es nicht nur für die in Deutschland übliche Systematik, sondern auch für andere bodenkundliche Nomenklatursysteme. Herausgeber der Bodenkundlichen Kartieranleitung ist die Bundesanstalt für Geowissenschaften und Rohstoffe in Hannover in Zusammenarbeit mit den Staatlichen Geologischen Diensten.

Die Bodenkundliche Kartieranleitung (KA5) ist eine wissenschaftliche Anleitung zur Analyse und Beprobung von Boden. Die Kartieranleitung ist im Jahr 2005 als verbesserte und erweiterte Auflage herausgegeben worden und soll in absehbarer Zeit in einer Neuauflage erscheinen. Die Ad-hoc-AG Boden, ein Gremium des Bund-/Länderausschusses Bodenforschung, gibt diese Kartieranleitungen, aber auch länderübergreifende Kartenwerke und einschlägige Methoden zur Bewertung von Böden heraus.

Bestimmung der Scherparameter (c) und (φ)

Die **Scherparameter** eines Bodens oder eines Gesteins, nämlich die Kohäsion (c) und der innere Reibungswinkel (φ), werden durch bodenmechanische Laborversuche, insbesondere durch Scherversuche, in einem Rahmenschergerät oder in einer Triaxialzelle bestimmt. Die Scherparameter sind entscheidend für eine Beurteilung der Standsicherheit von Bauwerken, von Stützkonstruktionen und von Hängen im Baugrund.

Zur Bestimmung der Scherparameter wird die DIN 18137-1, Baugrund, Untersuchung von Bodenproben – Bestimmung der Scherfestigkeit – Teil 1: Begriffe und grundsätzliche Versuchsbedingungen, vom Juli 2010, verwendet.

Es gibt verschiedene Arten von Scherversuchen, darunter der direkte Scherversuch und der Triaxialversuch, die jeweils unterschiedliche Bedingungen simulieren und unterschiedliche Scherparameter liefern. Der Scherwiderstand, also der Widerstand, den ein Festkörper (Boden, Gestein) einer Scherbelastung oder einer Schubspannung entgegensetzt, kann mit den Scherparametern eines Bodens oder eines Gesteins, nämlich der Kohäsion (c) und dem Reibungswinkel (φ) ermittelt werden.

Die Scherparameter werden für geotechnische Nachweise von im Baugrund stehenden Bauwerken und unter anderem auch für natürliche Böschungen sowohl im Lockergestein wie auch im Festgestein für die folgenden geotechnischen Nachweise benötigt:

- für Nachweise in der Erdstatik,
- für den Nachweis gegen Grundbruch,
- für den Nachweis der Gleitsicherheit,
- für Standsicherheitsnachweise in der Geotechnik einschließlich Tunnelbau,
- für den Nachweis der Böschungsbruchsicherheit.

Die Scherparameter, die Kohäsion (c) und der Reibungswinkel (φ) sind auch die wichtigsten Parameter bei der Mohr-Coulombschen Bruchbedingung und bei anderen Bruchkriterien. Die **Mohr-Coulombsche Bruchbedingung**, auch bekannt als Mohr-Coulomb-Kriterium, ist ein Versagenskriterium, das verwendet wird, um den Bruch von Materialien, insbesondere von Böden und von Gesteinen, vorherzusagen. Die Mohr-Coulombsche Bruchbedingung besagt, dass ein Material dann bricht, wenn die Schubspannung an einer bestimmten Stelle einen bestimmten Wert überschreitet, der von der Normalspannung und von den Materialeigenschaften (der Kohäsion und dem Reibungswinkel) abhängt.

Das **Drucker-Prager-Materialmodell** ist das einfachste Materialmodell, das zur Abbildung eines nichtlinearen Bodenverhaltens eingesetzt werden kann. Im Gegensatz zum Mohr-Coulomb-Modell ist die Fließfläche beim Drucker-Prager-Modell glatt und erscheint im Hauptspannungsraum als zylindrischer Kegel. Die Fließfläche beim Drucker-Prager-Modell hängt – ähnlich wie beim Mohr-Coulomb-Modell – vom mittleren effektiven Spannungszustand σ_m^{eff} ab.

Die Bruchtheorie nach Tresca, auch Schubspannungshypothese oder **Tresca-Kriterium** genannt, besagt, dass ein Material versagt, das bedeutet, dass plastisches Fließen einsetzt, wenn die größte Schubspannung im Material einen kritischen Wert erreicht. Die Theorie von Tresca wird zur Vorhersage des Versagens von Metallen verwendet, die sich plastisch verformen, wobei die maximale Schubspannung als Hälfte der Streckgrenze des Materials definiert wird.

Ein **Triaxialversuch** ist ein hochwertiger Scherversuch, wobei neben den Scherparametern auch Aussagen zum Spannungsverformungsverhalten des untersuchten Bodens unter nahezu Elementtestbedingungen getroffen werden können.

Triaxialversuche nach der DIN EN ISO 17892-8 und der DIN EN ISO 17892-9 (früher nach der DIN 18137-2) werden in einem Triaxialgerät durchgeführt. Bei Triaxialversuchen befindet sich ein zylindrischer Probekörper, geschützt durch eine Latexhülle, in einer wassergefüllten Druckzelle. Der zylindrische Probekörper wird in der Druckzelle in radialer (σ2/3) und in axialer (σ1) Richtung belastet.

Je nach dem Versuchstyp wird die Bodenprobe gegebenenfalls zuerst isotrop (σ1 gleich σ2/3), oder anisotrop (σ1 ungleich σ2/3), konsolidiert und anschließend bei einer offenen oder bei einer geschlossenen Dränageleitung abgeschert. Über die entsprechenden Dränageleitungen kann der Wassergehalt beziehungsweise der Porenwasserdruck geregelt werden. Je nach dem Versuchstyp können die Kanäle geöffnet oder verschlossen werden.

Unterschieden wird dabei zwischen unkonsolidierten, undränierten Versuchen (U-U-Versuch) nach der DIN EN ISO 17892-8, Geotechnische Erkundung und Untersuchung – Laborversuche an Bodenproben – Teil 8: Unkonsolidierter undränierter Triaxialversuch (Deutsche Fassung EN ISO 17892-8, vom Juli 2018) und konsolidierten, undränierten (C-U-Versuch) sowie konsolidierten, dränierten Versuchen (C-D-Versuch) nach der DIN EN ISO 17892-9, Geotechnische Erkundung und Untersuchung – Laborversuche an Bodenproben – Teil 9: Konsolidierte triaxiale Kompressionsversuche an wassergesättigten Böden, Deutsche Fassung EN ISO 17892-9, ebenfalls vom Juli 2018.

Weiterhin können auch CCV-Versuche (konsolidiert und dräniert, mit einem konstant gehaltenen Volumen) und k_0-Versuche (dränierter Versuch mit behinderter Radialausdehnung) durchgeführt werden.

Bestimmung des Wassergehalts

Die Bestimmung des Wassergehalts von Böden kann je nach Material und dem Anwendungsbereich auf unterschiedliche Weise erfolgen. Häufig wird eine Trocknungsmethode angewendet, bei der das zu untersuchende Bodenmaterial erhitzt wird, um das in der Bodenprobe enthaltene Wasser zu verdunsten. Der Wassergehalt wird dann über die Gewichtsabnahme der Bodenprobe ermittelt. Eine weitere Methode zur Bestimmung des Wassergehalts ist die **Karl-Fischer-Titration**, die sowohl volumetrisch als auch coulometrisch durchgeführt werden kann, um den Wassergehalt präzise zu bestimmen. Coulometrisch bezieht sich auf die Messung einer elektrischen Ladung. Die Karl-Fischer-Titration (auch einfach KFT genannt) ist eine quantitative Wassergehaltsbestimmung durch Titration. Titration ist ein chemisch-analytisches Verfahren, um die Konzentration oder Masse einer unbekannten Substanz in einer Lösung (dem Analyt) durch eine Reaktion mit einer bekannten Lösung (Titrant oder Maßlösung) zu bestimmen. Das Verfahren der Karl-Fischer-Titration wurde im Jahr 1935 vom deutschen Chemiker Karl Fischer, bei der Lazăr Edeleanu GmbH in Berlin entwickelt. Das Verfahren fand Eingang in praktisch sämtliche Arzneibücher. Gelegentlich werden auch die anglisierten Bezeichnungen Karl Fisher Titration oder Fisher Titration verwendet.

Für die Bestimmung des Wassergehalts gilt die DIN 18121-2, Baugrund, Untersuchung von Bodenproben – Wassergehalt – Teil 2: Bestimmung durch Schnellverfahren, vom November 2020.

Bestimmung der Wasserdurchlässigkeit

Die Wasserdurchlässigkeit, auch bekannt als Permeabilität eines Materials oder eines Bodens gibt an, wie leicht Wasser durch das Material oder durch den Boden hindurchfließen kann. Die Wasserdurchlässigkeit wird mit dem Durchlässigkeitsbeiwert (k_f-Wert) in Metern pro Sekunde (m/s) ausgedrückt und ist ein wichtiger Faktor bei der Planung von Versickerungsanlagen oder bei der Beurteilung der Entwässerung eines Geländes.

Es können die folgenden Methoden zur Bestimmung der Wasserdurchlässigkeit eines Bodens angewendet werden:

- **Feldversuche**
  - **Pumpversuche:** Bei Pumpversuchen wird Wasser aus einem Bohrloch, einem Brunnen oder aus einer Grube abgepumpt und die Absenkung des Grundwasserspiegels wird gemessen, um die Wasserdurchlässigkeit des umgebenden Bodens zu bestimmen.
  - **Sickertests:** Bei Sickertests (Infiltrometerversuche) wird ein definierter Bereich des Bodens, zum Beispiel eine Grube, mit Wasser gefüllt, und das Absin-

ken des Wasserspiegels wird über einen bestimmten Zeitraum gemessen. Die beim Sickerversuch gewonnenen Daten werden dann für die Berechnung des k_f-Werts verwendet.

  - **Infiltrometermessungen:** Bei Infiltrometermessungen wird ein Infiltrometer verwendet, um die Wasserdurchlässigkeit eines bestimmten Bodenbereichs zu messen. Ein Infiltrometer ist ein Gerät, das in der Bodenkunde verwendet wird, um die Infiltrationsrate von Wasser in den Boden zu messen. Vereinfacht ausgedrückt, misst ein Infiltrometer, wie schnell Wasser in den Boden einsickert.

- **Laborversuche**
  - **Permeabilitätstests:** Bei Permeabilitätstests wird an Bodenproben im bodenmechanischen Labor die Wasserdurchlässigkeit einer Bodenprobe unter kontrollierten Bedingungen gemessen.
  - **Triaxialversuche:** Bei Triaxialversuchen wird in Triaxialgeräten die Wasserdurchlässigkeit von Bodenproben unter verschiedenen Druckbedingungen bestimmt.
  - Abschätzung anhand der **Korngrößenverteilung**: Die Wasserdurchlässigkeit eines Bodens kann auch anhand der Korngrößenverteilung des Bodens abgeschätzt werden, wobei feinkörnige Böden in der Regel eine geringere Wasserdurchlässigkeit aufweisen, als grobkörnige Böden.

Der **Wasserdurchlässigkeitsbeiwertes** (k_f-Wert) ist ein Maß für die Wasserdurchlässigkeit eines Bodens und wird in Metern pro Sekunde angegeben. Ein hoher k_f-Wert bedeutet, dass Wasser relativ leicht durch einen Boden durchsickern kann, während ein niedriger k_f-Wert auf eine geringe Wasserdurchlässigkeit des Bodens hindeutet.

Der k_f-Wert ist wichtig für die Planung von Versickerungsanlagen, weil er bestimmt, wie viel Wasser in einem bestimmten Zeitraum versickern kann. Auch für die Beurteilung der Entwässerung eines Geländes oder für die Bemessung von Entwässerungssystemen ist der k_f-Wert von besonderer Bedeutung.

Beispiele für k_f-Werte und ihre Bedeutung:

- Ton: 10^{-10} bis 10^{-9} m/s,
- Lehm: 10^{-9} bis 10^{-8} m/s,
- Sand: 10^{-5} bis 10^{-3} m/s,
- Kies: 10^{-4} bis 10^{-2} m/s.

Es ist wichtig, zu beachten, dass die Wasserdurchlässigkeit von Böden von verschiedenen Faktoren abhängt, wie zum Beispiel der Bodenart, der Korngrößenverteilung, der Struktur und dem Wassergehalt sowie der Lagerungsdichte bei nichtbindigen Böden. Die Bestimmung der Wasserdurchlässigkeit sollte daher nur von Fachleuten (Laboranten in bodenmechanischen Laboren) durchgeführt werden, die über das notwendige Fachwissen und über entsprechende Erfahrungen verfügen.

Bei der Bestimmung des Wassergehalts von Böden wird eine definierte Menge einer Bodenprobe getrocknet, typischerweise bei 105 Grad Celsius in einem Trockenschrank, bis keine Gewichtsänderung mehr in der Bodenprobe auftritt. Die Gewichtsabnahme entspricht der Wassermenge, die beim Versuch verdunstet ist.

Für die Bestimmung des Wasserdurchlässigkeitsbeiwerts gilt die DIN 18130-2, Baugrund, Untersuchung von Bodenproben – Bestimmung des Wasserdurchlässigkeitsbeiwerts – Teil 2: Feldversuche, vom August 2015.

Bestimmung der kapillaren Steighöhe h_k

Die kapillare Steighöhe h_k gibt an, bis zu welcher Höhe Wasser in einem Boden infolge der Oberflächenspannung des Wassers und der Adhäsion, also der Haftung zwischen den Bodenkörnern und dem Wasser aufsteigt. Die kapillare Steighöhe h_k hängt von der Korngröße, vom Korngefüge, der Kornverteilung, der Porengröße und dem Grad der Sättigung ab.

Je feiner die Poren sind, desto höher kann Wasser kapillar aufsteigen. In Tonböden kann Wasser bis zu drei Meter hochsteigen, während es in Sandböden nur wenige Dezimeter sind. Ein Versuch zur Ermittlung der kapillaren Steighöhe im Boden demonstriert, wie Wasser entgegen der Schwerkraft in engen Poren oder in Kapillaren aufsteigt. Die Steighöhe kann beobachtet werden, indem verschiedene Bodensorten in hohe, senkrechte Glasrohre gefüllt und diese in Wasser gestellt werden. Die Wassersäule, die sich in den Rohren bildet, wird gemessen, und die Ergebnisse können mit unterschiedlichen Bodentypen verglichen werden, um die Kapillarwirkung zu untersuchen.

Die kapillare Steighöhe h_k ist unter anderem zur Bestimmung der Eignung von Bodenarten als Frostschutzmaterial (die kapillare Steighöhe h_k muss kleiner sein als die Dicke der Frostschutzschicht) und für die Beurteilung der Geschwindigkeit der Wasserabgabe bei der Entwässerung von Spülfeldern von Bedeutung.

Es gibt keine eigene DIN-Norm zur Bestimmung der kapillaren Steighöhe, jedoch wird die Kapillarität und damit auch die kapillare Steighöhe in der DIN EN ISO 15148, Wärme- und feuchtetechnisches Verhalten von Baustoffen und Bauprodukten – Bestimmung des Wasseraufnahmekoeffizienten bei teilweisem Eintauchen (ISO 15148, 2002 + Amd 1, 2016, 18 121 Deutsche Fassung EN ISO 15148, 2002 + A1, 2016), vom Dezember 2018, genannt.

Die DIN EN ISO 15148 ist eine Norm, die sich mit der Wasseraufnahme von Baustoffen befasst und indirekt Informationen zur kapillaren Steighöhe liefert, weil die Wasseraufnahme durch die Kapillarität beeinflusst wird. Die DIN 4044, Hydromechanik im Wasserbau, Begriffe, vom Juli 1980, behandelt ebenfalls den Bereich der Bodenmechanik und kann somit auch Informationen zur Kapillarität im Boden liefern.

Bestimmung der Wasseraufnahmefähigkeit

Die Wasseraufnahmefähigkeit eines Bodens, auch Wasserkapazität genannt, ist die Fähigkeit eines Bodens, Wasser zu speichern und zu halten. Die Wasseraufnahmefähigkeit wird von verschiedenen Faktoren beeinflusst, wie der Bodenart, dem Humusgehalt und der Bodenstruktur. Ein gut strukturierter Boden mit einem hohen Humusgehalt kann mehr Wasser speichern als ein sandiger Boden.

Ein einfacher Versuch zur Bestimmung der Wasseraufnahmefähigkeit von Böden kann mit Materialien durchgeführt werden, die in jedem Haushalt zu finden sind. Dazu werden verschiedene Bodenarten (zum Beispiel Sand, Lehm, Gartenerde) in Blumentöpfe gefüllt und mit Wasser begossen. Die Wassermenge, die der Boden aufnimmt und die Zeit, die dafür benötigt wird, werden beobachtet und verglichen.

Die DIN-Normen für die Wasseraufnahmefähigkeit beschreiben Prüfverfahren, um zu bestimmen, wie viel Wasser Materialien unter bestimmten Bedingungen aufnehmen können. Die wichtigsten Normen sind die DIN EN 13755, Prüfverfahren für Naturstein – Bestimmung der Wasseraufnahme unter atmosphärischem Druck, Deutsche Fassung EN 13755, vom August 2008, die DIN EN ISO 15148, Wärme- und feuchtetechnisches Verhalten von Baustoffen und Bauprodukten – Bestimmung des Wasseraufnahmekoeffizienten bei teilweisem Eintauchen (ISO 15148, 2002 + Amd 1, 2016, Deutsche Fassung EN ISO 15148 2002 + A1, 2016), vom Dezember 2018, und die in zwischen zurückgezogene DIN EN 12087, Wärmedämmstoffe für das Bauwesen – Bestimmung der Wasseraufnahme bei langzeitigem Eintauchen, Deutsche Fassung EN 12087, vom Juni 2013.

Die Wasseraufnahmefähigkeit ist ein wichtiges Kriterium für die Beurteilung der Haltbarkeit und der Witterungsbeständigkeit von Materialien.

Bestimmung der Zusammendrückbarkeit

Die **Zusammendrückbarkeit** von Böden ist ein Maß dafür, wie stark sich ein Boden unter Belastungen verformt. Die Zusammendrückbarkeit wird oft durch den Steifemodul oder durch den Elastizitätsmodul beschrieben und ist ein wichtiger Faktor für die Beurteilung der Tragfähigkeit und der Stabilität von Bauwerken auf oder im Boden.

Die Zusammendrückbarkeit von Böden wird im bodenmechanischen Labor mit einem Kompressionsversuch (auch Ödometerversuch genannt) bestimmt. Dabei wird eine Bodenprobe in einem Ödometer (auch Eindimensionales Kompressionsgerät genannt) vertikal belastet, während eine seitliche Ausdehnung verhindert wird. Dieser Laborversuch liefert Informationen über die spannungsabhängige Steifigkeit eines Bodens und bei feinkörnigen Böden auch über deren Konsolidationseigenschaften.

Für die Versuchsdurchführung zur Ermittlung der Zusammendrückbarkeit eines Bodens kann die DIN 18134, Baugrund – Versuche und Versuchsgeräte – Plattendruckversuch, vom April 2012, angewendet werden.

Bestimmung der Zustandsgrenzen

Für die Bestimmung der Zustandsgrenzen gilt die DIN 18122-1, 1997-07 Baugrund, Untersuchung von Bodenproben – Zustandsgrenzen (Konsistenzgrenzen) –Teil 1: Bestimmung der Fließ- und Ausrollgrenze. Die Zustandsgrenzen eines Bodens sind die Atterberg-Grenzen (Fließgrenze, Ausrollgrenze und Schrumpfgrenze), die den Übergang zwischen den vier Zustandsformen eines bindigen Bodens beschreiben: fest, halbfest, plastisch und flüssig. Sie geben Aufschluss über die Konsistenz (Standfestigkeit) eines Bodens und seine Reaktion auf Änderungen des Wassergehalts. Die Bestimmung der Zustandsgrenzen ist für die geotechnische Beurteilung und die Planung von Bauwerken wichtig, weil sie die Plastizität und Festigkeit des Bodens charakterisieren.

Bestimmung der Fließgrenze w_L und der Ausrollgrenze w_P

Die Fließgrenze w_L und die Ausrollgrenze w_P sind zwei von drei Konsistenzgrenzen nach Atterberg und zwei wichtige Kenngrößen die das Verhalten von bindigen Böden (wie Schluff und Ton) in Abhängigkeit vom Wassergehalt beschreiben. Die **Fließgrenze** stellt den Wassergehalt dar, bei dem ein bindiger Boden von einem flüssigen in einen bildsamen (plastischen) Zustand übergeht. Die **Ausrollgrenze** hingegen markiert den Übergang vom bildsamen in einen halbfesten Zustand eines bindigen Bodens.

Die Ausrollgrenze w_P (auch Ausrollgrenzwert) hingegen definiert den Wassergehalt, bei dem ein Boden vom plastischen in einen halbfesten Zustand übergeht. Eine eingeweichte und zu einer knetbaren Masse aufbereitete Bodenprobe wird im Laborversuch auf einer saugfähigen Unterlage (zum Beispiel Löschpapier) zu Walzen von 3 mm Durchmesser ausgerollt und anschließend wieder zusammengeknetet. Das Ausrollen und das Zusammenkneten werden solange wiederholt, bis die Walzen beginnen zu zerbröckeln. An den zerbröckelten Walzen wird dann der Wassergehalt bestimmt. Es werden drei Teilversuche, ausgehend vom gut knetbaren Ausgangsmaterial, ausgeführt. Aus den drei Teilversuchen wird der Mittelwert errechnet und als Wassergehalt an der Ausrollgrenze im Versuchsprotokoll angegeben.

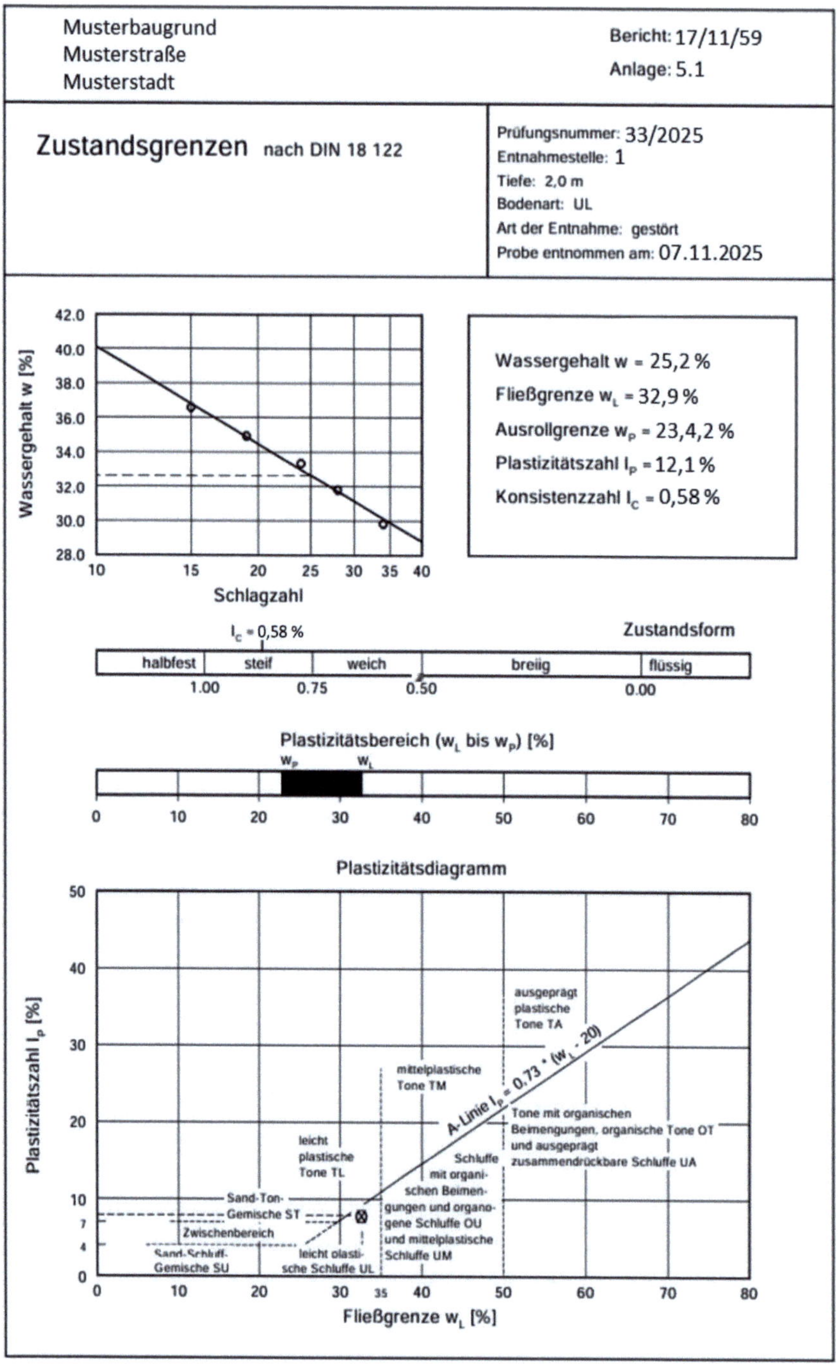

Bild 9.3 Ergebnis eines Laborversuchs zur Ermittlung der Zustandsgrenzen (Bild: Autor)

Bestimmung der Schrumpfgrenze w_S

Die Schrumpfgrenze w_S ist der Wassergehalt, bei dem sich das Volumen einer Bodenprobe bei einer weiteren Austrocknung nicht mehr ändert. Die Bestimmung des Wassergehalts an der Schrumpfgrenze w_S erfolgt durch das Austrocknen einer Bodenprobe in einem Ofen bis zum Farbumschlag und der anschließenden Bestimmung des Wassergehalts und des Volumens der Bodenprobe. Der Wassergehalt der Probe zum Zeitpunkt des Farbumschlags ist als die Schrumpfgrenze (w_S) definiert. Die Schrumpfgrenze ist eine der Konsistenzgrenzen, die zur Charakterisierung von bindigen Böden verwendet wird.

Der Bestimmungsversuch für die Ermittlung der Schrumpfgrenze wird nach der DIN 18122-2, Baugrund – Untersuchung von Bodenproben – Zustandsgrenzen (Konsistenzgrenzen) – Teil 2: Bestimmung der Schrumpfgrenze, vom November 2020, durchgeführt.

Bestimmungsversuch für die Ermittlung der Schrumpfgrenze:

Die **Schrumpfgrenze w_S** kann aus der folgenden Beziehung rechnerisch ermittelt werden:

$$w_S = w_L - 1{,}25 \times I_P$$

w_S = Schrumpfgrenze

w_L = Fließgrenze

I_P = Plastizitätszahl

Das Schrumpfmaß ist anisotrop. Normal zur Schichtung ist die Schrumpfung des Bodens meistens um ein Vielfaches größer als parallel zur Bodenschichtung. Die Ursache von Schrumpfungen liegt bei den Kolloiden des Rohtons, die bei einer Wasseraufnahme quellen und bei einer Wasserabgabe schrumpfen. Zahlenmäßig wird eine Volumenänderung des Bodens durch das Schrumpfmaß V_s in Prozent ausgedrückt.

Kolloide von Rohton, auch bekannt als kolloidale Ton-Dispersionen, sind feine Verteilungen von Tonpartikeln in einem flüssigen Medium, meistens Wasser. Diese Dispersionen entstehen durch eine Dispergierung von Tonpartikeln, die so fein sind, dass sie sich nicht mehr als Sediment absetzen, sondern in einer Flüssigkeit verteilt bleiben.

Bestimmung des Kalkgehalts

Der Kalkgehalt im Boden bezieht sich auf den Anteil von Kalziumkarbonat ($CaCO_3$) im Boden. Dieser Gehalt ist entscheidend für die Bodenbeschaffenheit und das Pflanzenwachstum, weil der Kalkgehalt den pH-Wert beeinflusst und die Verfügbarkeit von Nährstoffen reguliert.

Um den Kalkgehalt im Boden zu bestimmen, kann eine einfache Säureprobe durchgeführt werden. Dabei wird eine kleine Menge Boden mit verdünnter Salzsäure versetzt. Die Reaktion des Bodens mit der Säure, insbesondere das Aufbrausen und die Dauer des Aufbrausens, geben einen Aufschluss über den Kalkgehalt. Für die Durchführung des Versuchs gilt die DIN 18129, Baugrund, Untersuchung von Bodenproben – Kalkgehaltsbestimmung, vom Juli 2011.

Bestimmung des Glühverlusts

Die Bestimmung des **Glühverlusts** eines Bodens ist eine Methode zur Abschätzung des Anteils organischer beziehungsweise humoser Substanz in einer Bodenprobe. Dabei wird eine Probe bei hohen Temperaturen (meistens 550 °C) geglüht, wodurch die organischen Bestandteile verbrannt werden. Die Differenz zwischen dem Gewicht der Probe vor und nach dem Glühen, der sogenannte Glühverlust gibt dann einen Hinweis auf den organischen Gehalt im Boden. Für die Bestimmung des Glühverlusts im Boden gilt die inzwischen zurückgezogene DIN 18128, Baugrund – Untersuchung von Bodenproben – Bestimmung des Glühverlustes, vom Dezember 2002.

Bestimmung der Dichte

Böden stellen in der Regel ein Dreiphasensystem dar. Sie bestehen aus Festsubstanz, Luft und im feuchten Zustand noch aus Gas/Wasser. Je größer die Hohlräume im Boden sind, desto lockerer ist die Lagerung des Bodens. Wenn die Hohlräume maximal verdichtet werden, erreicht der Boden seine dichteste Lagerung. Der Porenanteil im Boden ist abhängig von der Kornverteilung, der Kornform, dem Gehalt an organischen Anteilen sowie der Genese des Bodens, also seiner Entstehung.

Für die Bestimmung der Dichte gelten die DIN 18125, Baugrund, Untersuchung von Bodenproben Bestimmung der Dichte des Bodens – Teil 1, Laborversuche, vom Juli 2010, die DIN 18125-2, Baugrund, Untersuchung von Bodenproben – Bestimmung der Dichte des Bodens – Teil 2: Feldversuche, vom März 2011, und die DIN 18126, Baugrund, Untersuchung von Bodenproben – Bestimmung der Dichte nicht bindiger Böden bei lockerster und dichtester Lagerung, vom Oktober 2022.

Die Dichte eines Bodens kann mit Feldversuchen mit einem Ausstechzylinder oder mit einem Bodendensitometer ermittelt werden. Im bodenmechanischen Labor wird die Dichte von Bodenproben oft mit dem Pyknometerverfahren oder anhand von Bodenproben unter Standardbedingungen ermittelt. Die Dichte ist ein wichtiger Parameter zur Beurteilung der bautechnischen Eigenschaften eines Bodens, insbesondere bei der Überprüfung der Verdichtung von Bodenschichten.

Für **Dichtebestimmungen** können die folgenden Verfahren angewendet werden:

- **Ausstechzylinderverfahren.** Beim Ausstechzylinderverfahren wird ein zylindrischer Metallbehälter (Ausstechzylinder) in den Boden gedrückt, um eine definierte Bodenprobe zu entnehmen. Die Masse der entnommenen Bodenprobe wird im bodenmechanischen Labor bestimmt, und das Volumen des Ausstechzylinders wird ebenfalls gemessen oder ist bekannt. Die Dichte der Bodenprobe ergibt sich dann aus der Masse, geteilt durch das Volumen der Bodenprobe.

Der Durchmesser eines Ausstechzylinders für Bodenproben hängt von der jeweiligen Norm und dem Anwendungszweck ab. Übliche Durchmesser sind 38 Millimeter, 50 Millimeter, 70 Millimeter und 100 Millimeter. Für Bodenuntersuchungen nach der DIN 18125-2, Baugrund, Untersuchung von Bodenproben – Bestimmung der Dichte des Bodens – Teil 2, Feldversuche, vom November 2020, wird oft ein Zylinder mit einhundert Millimetern Durchmesser verwendet. Die Zylinder sind in der Regel aus einem Präzisionsstahlrohr gefertigt und haben eine scharfe Schneide zum Ausstechen der Bodenprobe. Damit eine entnommene Bodenprobe beim Transport ins bodenmechanische Labor nicht austrocknet, werden die Ausstechzylinder mit Kunststoffdeckeln verschlossen (Bild 9.4).

- **Bodendensitometer (Ballonverfahren).** Dieses Verfahren wird oft bei feinkörnigen Böden angewendet, bei denen sich standfeste Gruben ausheben lassen. Bei dem Verfahren wird ein Behälter mit einem Gummiballon mit Wasser gefüllt und auf eine ebene Bodenfläche aufgesetzt. Der Ballon wird dann in eine vorher ausgehobene Grube gedrückt, und das verdrängte Wasservolumen wird gemessen. Dieses Wasservolumen entspricht dem Volumen der Grube, und die Dichte wird wieder durch die Masse der Bodenprobe und dieses Volumens berechnet.
- **Sandersatzmethode.** Das Sandersatzverfahren oder die Sandersatzmethode ist eine Methode zur Bestimmung der Bodendichte (Rohdichte) im Gelände. Für die Durchführung dieser Untersuchungsmethode enthält die DIN 18125-2, Baugrund, Untersuchung von Bodenproben – Bestimmung der Dichte des Bodens – Teil 2: Feldversuche, vom November 2020, spezielle Vorgaben.

  Das vereinfachte Vorgehen bei der Sandersatzmethode: Zuerst wird an der zu untersuchenden Stelle eine kleine Grube gegraben. Die Masse des ausgehobenen Bodens (m) wird anschließend durch eine Wägung ermittelt.

Bild 9.4
Ausstechzylinder (Bild: STITZ GmbH Meßgeräte und Apparatebau, Gehrden)

Weitere Methoden:

- **Penetrometer.** Ein Penetrometer wird zur Bestimmung der Bodendichte und der Bodenfestigkeit verwendet, indem eine Sonde in den Boden getrieben wird.
- **Pyknometer.** Ein Pyknometer wird zur Bestimmung der Korndichte (Dichte der festen Bodenbestandteile) verwendet.
- **Laborversuche.** In einem bodenmechanischen Labor können detailliertere Dichtebestimmungen unter kontrollierten Bedingungen durchgeführt werden, oft in Verbindung mit Verdichtungsversuchen.

Bedeutung der **Dichtebestimmung**: Die Dichte ist ein wichtiger Parameter in der Bodenmechanik und in der Geotechnik. Die Dichtebestimmung dient zur Beurteilung der bautechnischen Eigenschaften von Böden, insbesondere bei der Verdichtung von Bodenschichten. Die Dichte spielt auch eine wichtige Rolle bei der Beurteilung der Tragfähigkeit von Böden und bei der Berechnung von Standsicherheiten.

Bei Baugrubensohlen ist die Dichtebestimmung ein wichtiger Schritt bei deren Herstellung, um die Tragfähigkeit und die Stabilität eines Bodens sicherzustellen. Es gibt verschiedene Methoden, um die Dichte des Bodens zu bestimmen, darunter die Bestimmung der Lagerungsdichte, die Messung des Porenanteils und die Prüfung der Wasserdurchlässigkeit des Bodens. Die Dichtebestimmung im Erd-, Straßen- und Leitungsbau dient zur Überprüfung der Verdichtung von Böden oder von Asphalt. Das Ziel der örtlichen Versuche ist es, sicherzustellen, dass die eingebauten Materialien die erforderliche Dichte für die Standsicherheit und für die Tragfähigkeit der Straße erreichen.

Bestimmung der **Korndichte**: Die Korndichte ist die Rohdichte der festen Bestandteile (Körner) von Böden. Die Korndichte wird bestimmt als das Verhältnis der Masse des trockenen Bodens durch das Volumen der Körner. Für die Bestimmung der Korndichte gilt die DIN 18124, Baugrund, Untersuchung von Bodenproben, Bestimmung der Korndichte – Weithalspyknometer, vom Februar 2019.

Bei der Versuchsdurchführung wird eine getrocknete und zerkleinerte Bodenprobe in ein Pyknometer aus Glas gefüllt und gewogen. In das Pyknometer wird dann bis rund 2 cm über die Probenoberfläche Wasser gefüllt und zum Entlüften der Probe ca. 20–45 Minuten gekocht. Nach dem Abkühlen wird das Pyknometer mit destilliertem Wasser gefüllt und gewogen. Daraus wird dann die Korndichte des untersuchten Bodens ermittelt.

Bestimmung der **Lagerungsdichte**: Die Lagerungsdichte bindiger und nichtbindiger Böden gibt an, wie stark verdichtet ein Boden und wie groß sein Porengehalt ist. Die Lagerungsdichte wird in genormten Versuchen ermittelt. Sie wird in [g/cm^3] gemessen und hängt stark vom Wassergehalt, der Kornverteilung und der angewendeten Verdichtungsleistung ab. Eine höhere Lagerungsdichte bedeutet eine geringere Verdichtungsarbeit und damit weniger Poren, was die Dichte und somit auch die Tragfähigkeit des Bodens erhöht.

Die Dichte des Bodens (feucht oder trocken) hängt von der Lagerungsdichte ab.

Die Lagerungsdichte D ist definiert als:

$$D = \frac{n_{max} - n}{n_{max} - n_{min}}$$

n = Porenanteil der Bodenprobe, n_{max} bei lockerster Lagerung des Bodens, n_{min} bei dichtester Lagerung des Bodens

Für die Ermittlung der beiden Grenzen n_{max} und n_{min} nichtbindiger Böden legt die DIN 18126, Baugrund, Untersuchung von Bodenproben – Bestimmung der Dichte nicht bindiger Böden bei lockerster und dichtester Lagerung, vom Oktober 2022, Grenzen für die Versuchsdurchführungen fest.

Bestimmung der **lockersten Lagerung**: Für die Bestimmung der lockersten Lagerung eines nichtbindigen Bodens wird ein mit Probenmaterial gefüllter Trichter senkrecht auf den Boden eines Versuchszylinders aus Metall abgesetzt und mit dem Probenmaterial beim langsamen Anheben einer Seilwinde gefüllt. Die Geschwindigkeit der Seilwinde wird beim Anheben so gewählt, dass sich die Auslausöffnung des Zylinders und die Spitze des Schüttkegels ständig berühren. Das Material des bis über den Rand hinaus gefüllten Zylinders wird an der Oberfläche mit einer Spachtel abgestreift und die im Zylinder befindliche Probe gewogen. Jeder Versuch ist mindestens dreimal zu wiederholen.

Bestimmung der **dichtesten Lagerung**: Für die Bestimmung der dichtesten Lagerung wird auf den Boden eines Versuchszylinders eine Filterplatte und darauf, zur Verhinderung des Ausschlämmens von Feinkornanteilen, Filterpapier gelegt. Der zu untersuchende Boden wird dann lagenweise in fünf Lagen eingebaut und die Probe jeweils mit Wasser überflutet. Durch Schlagen mit einer Rüttelgabel (30 Doppelschläge in 8–10 s) wird der Boden eingerüttelt. Der Versuch wird mit derselben Probe durchgeführt, bei der schon die lockerstete Lagerung und die Trockendichte bestimmt wurden. Nach dem Anstieg des Wasserspiegels bis zur Probenoberfläche wird eine Kopfplatte eingelegt. Nach einer zusätzlichen Rüttelung mit fünf bis sechs Doppelschlägen wird der vertikale Abstand zwischen dem Zylinderrand und der auf die Oberfläche eingelegten Kopfplatte an drei Stellen mit einer Tiefenschiebelehre gemessen.

Bestimmung der **Proctordichte**: Der **Proctorversuch**, auch bekannt als Verdichtungsversuch, ist ein Laborversuch, mit dem die Beziehung zwischen dem Wassergehalt, der Trockendichte und der Verdichtungsarbeit eines Bodens untersucht werden kann. Beim Proctorversuch wird eine Bodenprobe mit unterschiedlichen Wassergehalten schichtweise in einem Zylinder verdichtet, und zwar mit einem standardisierten Fallgewicht. Die Trockendichte der Probe wird für jede Wassergehaltsstufe berechnet, und die Ergebnisse werden in einer Kurve (Proctorkurve) dargestellt. Die maximale Trockendichte, die bei diesem Versuch erreicht wird, ist die Proctordichte.

Die Bestimmung der Proctordichte erfolgt durch den Proctorversuch, bei dem die maximale Trockendichte eines Bodens unter standardisierten Verdichtungsbedingungen ermittelt wird. Der Proctorversuch dient zur Beurteilung der Verdichtbarkeit von Böden und ist wichtig für die Qualitätssicherung von Verdichtungsarbeiten auf Baustellen und insbesondere im Erd- und Straßenbau. Für die Durchführung von Proctorversuchen gilt die DIN 18127, Baugrund, Untersuchung von Bodenproben – Proctorversuch, vom September 2012.

Der modifizierte Proctorversuch ist eine Variation des Standard-Proctorversuchs. Beim modifizierten Proctorversuch wird durch die Anwendung unterschiedlicher Proctorhämmer und/oder einer größeren Fallhöhe auf eine dünnere Schicht des Materials als beim üblichen Proctorversuch ein wesentlich höherer Verdichtungsgrad erreicht. Auch werden im Proctortopf A oder im Proctortopf B fünf Schichten (anstelle von nur drei Schichten) eingebaut.

Bestimmung der **Scherfestigkeit**: Die Scherfestigkeit von Böden wird entweder durch Laborversuche an Bodenproben (zum Beispiel durch direkte Scherversuche, Triaxialversuche, Versuche in einer Scherbox) oder durch Feldversuche direkt vor Ort (Flügelscherversuche, Drucksondierungen) bestimmt. Laborversuche ermöglichen die direkte Messung der Scherparameter Kohäsion (c) und Reibungswinkel (φ) nach dem Mohr-Coulomb-Kriterium, das den Widerstand des Bodens gegen Gleiten entlang innerer Flächen beschreibt. Die wichtigsten Scherparameter von Böden sind die Kohäsion (c) und der Reibungswinkel (φ). Diese Werte beschreiben den Widerstand des Bodens gegen Scherung und werden in der linearen Mohr-Coulomb-Gleichung $\tau = c + \sigma \tan\varphi$ zusammengefasst, die den Scherwiderstand (τ) in Abhängigkeit von der Normalspannung (σ), der Kohäsion (c) und dem Reibungswinkel (φ) ausdrückt. Diese Parameter sind entscheidend für die Beurteilung der Standsicherheit, beispielsweise bei Hängen oder Bauwerken.

Die Scherfestigkeit von Böden variiert stark nach der Bodenart, der Feuchtigkeit und der Bodenbeschaffenheit und wird oft durch die Kohäsion und den Reibungswinkel beschrieben, anstatt durch feste Werte. Beispielwerte für die sichere Tragfähigkeit (eine verwandte, aber andere Größe) sind für weichen Ton kleiner 75 Kilopascal und für dichten Kies/Schotter 200 bis 600 Kilopascal. Die Scherfestigkeit ist ein wichtiger Indikator dafür, wie viel Scherspannung ein Boden aushalten kann, bevor es zum Versagen oder zu Rutschungen kommt.

Der **innere Reibungswinkel** ist eine Materialeigenschaft von Böden, die ihre Scherfestigkeit angibt und den Winkel beschreibt, unter dem ein Boden abrutscht oder versagt, ohne abzurutschen. Der innere Reibungswinkel wird durch Scherversuche ermittelt und hängt von der Rauheit und Verzahnung der Bodenteilchen sowie der Bodenzusammensetzung ab. Ein größerer innerer Reibungswinkel bedeutet eine höhere Scherfestigkeit und ist entscheidend für die Stabilität von Gründungen und Bauwerken.

Eine Labor-Flügelsondierung ist ein Verfahren zur Bestimmung der **undränierten Scherfestigkeit** von bindigen, wassergesättigten Böden, bei dem eine Flügelsonde in eine Bodenprobe eingeführt und gedreht wird, um das Drehmoment und den Drehwinkel zu messen. Der Versuch wird analog zum Feldversuch nach DIN EN ISO 22476-9 im Labor durchgeführt, wobei präzisere Messmethoden eingesetzt werden, um die Scherfestigkeit und das Bodenverhalten zu ermitteln.

Fragen

- Wozu werden bodenmechanische Laboruntersuchungen durchgeführt?
- Wozu werden Scherparameter benötigt?
- Was besagt die Mohr-Coulombsche Bruchbedingung?
- Was wird bei Rammsondierungen gemessen?
- Was wird bei Drucksondierungen gemessen?
- Welches sind die Scherparameter eines Bodens?
- Was besagt der innere Reibungswinkel eines Bodens?
- Bei welchen Böden tritt eine Kohäsion auf?
- Wozu dient die Ermittlung der kapillaren Steighöhe?

10 Baugrundgutachten, geotechnischer Bericht

Für die Planung und für den Entwurf einer Baumaßnahme ist vorab ein Baugrundgutachten zu erstellen. Baugrundgutachten werden auch als **Gründungsgutachten** oder als **geotechnischer Bericht** bezeichnet. Ein Baugrundgutachten ist die Grundlage für sämtliche Berechnungen, Planungen und Festlegungen von Bauingenieuren und von Tragwerksplanern.

Ein Baugrundgutachten, auch **Bodengutachten** genannt, ist ein technischer Bericht, der die Eigenschaften des Bodens und des Untergrunds eines Baugrundstücks analysiert, um dessen Eignung für eine Bebauung zu prüfen. Ein Baugrundgutachten enthält wichtige Parameter wie die Tragfähigkeit, die Bodenart und Angaben zu den Grundwasserverhältnissen, um Bauherren, Architekten und Tragwerksplanern fundierte Entscheidungen bezüglich der Fundamente und der Bauweise des geplanten Bauwerks zu ermöglichen und um spätere Schäden zu vermeiden.

Für die Planung eines Gebäudes sollte stets ein Baugrundgutachten erstellt werden. Ein derartiges Gutachten ist die Grundlage dafür, wie und mit eventuell welchen Zusatzmaßnahmen, wie zum Beispiel einer Baugrundverbesserung oder einer Pfahlgründung, ein geplantes Gebäude gegründet werden kann. In der Bau- und Immobilienbranche werden häufig die Begriffe Bodengutachten und Baugrundgutachten verwendet. Obwohl die Begriffe häufig synonym verwendet werden, gibt es Unterschiede zwischen den beiden Gutachten. Als Bodengutachten werden alle gutachterlichen Bewertungen von Boden als mineralischer Feststoff bezeichnet. Hierzu zählen alle geotechnischen sowie alle geochemischen Gutachten. Ein Baugrundgutachten gehört zu den geotechnischen Gutachten und gibt Auskunft, ob der vorhandene Boden für eine geplante Bebauung geeignet ist.

Bodengutachten: Dieses Gutachten beschäftigt sich hauptsächlich mit der Zusammensetzung und der Beschaffenheit des Bodens. Es gibt Aufschluss über die Bodenart, den Wassergehalt, organische Bestandteile und andere physikalische und chemische Eigenschaften des Bodens. Es kann auch für verschiedene andere Zwecke, zum Beispiel für landwirtschaftliche oder ökologische Studien, erstellt werden.

Baugrundgutachten: Hier steht die Eignung des Untergrunds für Bauvorhaben im Mittelpunkt. Das Gutachten informiert über die Tragfähigkeit des Bodens, die Grundwasserverhältnisse, mögliche Setzungen und andere Faktoren, die für die Baukonstruktion relevant sind.

Für ein Bodengutachten wird häufig nur die obere Bodenschicht, also der Mutterboden, untersucht. Für ein Baugrundgutachten wird tiefer gebohrt und analysiert, oft bis zu einer Tiefe, die für die geplante Bebauung relevant ist. Die erforderliche Erkundungstiefe im Regelfall beträgt für Hoch- und Industriebauten unter den Bauteilunterkanten z_a größer gleich dreimal b_f mit b_f gleich der Bauwerks- oder der Bauteilbreite. Auf jeden Fall ist jedoch eine Erkundungstiefe von mindestens sechs Metern einzuhalten. Für Plattengründungen, Pfahlgründungen und bei Bauwerken mit mehreren Gründungskörpern gelten andere Vorgaben zur Bodenart, zum Setzungsverhalten, zur Tragfähigkeit, zur Versickerungsfähigkeit und zur Frostsicherheit, um eine fundierte Planung der Baugrube und Fundamentierung zu ermöglichen und mögliche Risiken wie Altlasten oder zu hohe Grundwasserstände zu identifizieren und zu bewältigen.

Inhalt eines Baugrundgutachtens

Ein typisches Baugrundgutachten beinhaltet die folgenden Informationen:

- Bauort und Bauwerk: Beschreibung des Grundstücks und des geplanten Gebäudes.
- Geologischer Aufbau: Bodenart, Bodenklassen und die bodenmechanischen Eigenschaften wie die Tragfähigkeit und das Setzungsverhalten.
- Grundwasserverhältnisse: Höhe des Grundwasserspiegels und dessen Auswirkungen auf die Baugrube und die Gebäudedichtheit.
- Versickerungsfähigkeit: Informationen darüber, wie gut Oberflächenwasser vom Boden aufgenommen werden kann, was für die Entwässerung wichtig ist.
- Frostsicherheit: Beurteilung der Gefahr von Frostschäden im Baugrund.
- Altlasten und Kampfmittel: Untersuchung auf schädliche Stoffe und mögliche Kampfmittel, die vor dem Bau beseitigt werden müssen.
- Gründungsempfehlungen: konkrete Vorschläge für die Art der Gründung (zum Beispiel Fundamenttiefe, Bodenplatte) und das Vorgehen bei der Erstellung der Baugrube.
- Abdichtungsempfehlungen: Empfehlungen zur notwendigen Abdichtung des Gebäudes, insbesondere im Hinblick auf den Grundwasserspiegel.
- Sonderfälle: Hinweise auf spezielle Gegebenheiten wie Hanglagen, Bergbauauswirkungen oder mögliche Erdbebenzonen.

Abschließend kann ausgesagt werden, dass ein Baugrundgutachten spezieller und detaillierter auf Bauvorhaben ausgerichtet ist, während ein Bodengutachten allgemeiner die Eigenschaften des Bodens beschreibt.

Ein **geotechnischer Bericht** ist eine schriftliche Zusammenfassung der Ergebnisse von Baugrunduntersuchungen. Ein geotechnischer Bericht beschreibt die Baugrund- und Grundwasserverhältnisse, gibt charakteristische Kennwerte für erdstatische Berechnungen vor und liefert Empfehlungen für die Gründung eines Bauwerks. Das Ziel ist es, die Eignung des Baugrunds zu bewerten und notwendige Maßnahmen für eine sichere und wirtschaftliche Bauausführung anzugeben. Ein geotechnischer Bericht enthält eine detaillierte Dokumentation der im Feld und im bodenmechanischen Labor ermittelten Baugrunddaten. In dem Gutachten wird die Eignung des Baugrunds als Grundlage für ein Bauvorhaben bewertet. Der Bericht ist ein wichtiger Bestandteil des Bauprozesses, der Gründungsempfehlungen und die Notwendigkeit eventueller Sicherungsmaßnahmen beinhaltet.

Im geotechnischen Bericht werden die Baugrundverhältnisse beschrieben und der Bericht enthält detaillierte Angaben zu den angetroffenen Boden- und Grundwasserschichten. Es werden die Ergebnisse der Baugrunduntersuchungen beziehungsweise der bodenmechanischen Laboruntersuchungen (zum Beispiel Korngrößenverteilung, Wassergehalt, Dichte, Organgehalt) und eventueller chemischer Untersuchungen von Grundwasserproben und/oder Bodenproben zusammengefasst. Es werden charakteristische Kennwerte für statische Berechnungen und die notwendigen Bodenkennwerte angegeben. Im geotechnischen Bericht werden Empfehlungen zur Gründung und Hinweise zur Tragfähigkeit und Auswahl geeigneter Flach- oder Tiefgründungen (zum Beispiel Streifen- oder Plattengründungen, Pfähle) gegeben. Der Bericht enthält Angaben zu den Grundwasserverhältnissen, insbesondere Informationen über Grundwasserstände, und Hinweise zu eventuell erforderlich werdenden Entwässerungsmaßnahmen (zum Beispiel Brunnen oder Dränagen). Der Bericht gibt Hinweise auf Störfaktoren und Mängel und zeigt mögliche Probleme wie Frostempfindlichkeit, Wassereinwirkung oder eine mangelnde Tragfähigkeit des Baugrunds auf.

Durch einen geotechnischen Bericht kann eine Planungssicherheit als Grundlage für eine sichere und fundierte Planung der Bauausführung erreicht werden. Weiterhin enthält der Bericht Angaben zur Standsicherheit und der Gebrauchstauglichkeit des geplanten Bauwerks. Mit dem Bericht wird eine Risikominimierung zur Vermeidung von Bauschäden und von teuren Korrekturen durch eine frühzeitige Bewertung des Baugrunds ermöglicht. Zusätzlich wird eine Kostenoptimierung durch die Festlegung der wirtschaftlichsten Gründungsvariante erreicht.

Fragen

- Was ist der Unterschied zwischen einem Bodengutachten und einem Baugrundgutachten?
- Was wird in einem geotechnischen Bericht beschrieben?
- Wie groß ist die Erkundungstiefe für Hoch- und Industriebauten?
- Welche Erkundungstiefe ist mindestens einzuhalten?

11 Baugruben

Wenn bei Gebäuden Unterkellerungen oder Tiefgaragen gebaut werden sollen, müssen **Baugruben** hergestellt werden. In einer Baugrube wird zunächst nach dem Verdichten der Baugrubensohle die bewehrte Fundamentplatte betoniert. Es ist erforderlich, dass die Baugrubensohle eben und der unterlagernde Baugrund ausreichend tragfähig ist. In Normen ist geregelt, wie die erforderlichen Vorgaben umgesetzt werden können. Außerdem ist sicherzustellen, dass der Baugrund durch die Krafteinwirkungen des künftigen Gebäudes nicht seitlich wegbrechen kann. In diesem Fall könnte ein Grundbruch eintreten. Weiterhin ist zu verhindern, dass die Baugrubensohle auflockert und durchnässt wird, weil sich das Bauwerk sonst setzen könnte. Daraus können Folgeschäden, zum Beispiel Rissbildungen am Bauwerk, auftreten. Sofern Grundwasser im Bereich der Baugrube ansteht, muss die Baugrube durch eine Unterwasserbetonsohle abgedichtet werden oder das Grundwasser muss über Grundwasserbrunnen solange abgepumpt werden, bis die Auftriebssicherheit für das Gebäude vorhanden ist.

Ein hydraulischer Grundbruch kann dann eintreten, wenn ein Boden durch eine nach oben gerichtete Strömungskraft – zum Beispiel hervorgerufen durch einen innerhalb der Baugrube niedrigeren Wasserstand als außerhalb der Baugrube – quasi gewichtslos wird. Als **hydraulischer Grundbruch** wird in der Bodenmechanik ein Vorgang bezeichnet, bei dem es durch strömendes Grundwasser zu einer plötzlichen Bodenbewegung kommt. Damit verbunden ist meist eine starke Beeinträchtigung oder sogar eine Zerstörung angrenzender Bauwerke. Die Gefahr eines hydraulischen Grundbruchs besteht immer dort, wo Baumaßnahmen auf einer relativ kleinen Distanz zu stark unterschiedlichen Grundwasserständen durchgeführt werden, zum Beispiel bei wasserdichten Baugruben oder bei Deichen.

Um einen hydraulischen Grundbruch zu verhindern, sind verschiedene Maßnahmen möglich, die entweder die aufwärtsgerichtete Strömungskraft des Grundwassers vermindern oder die Standsicherheit und Stabilität des Bodens erhöhen. Dazu gehören

Entspannungsbohrungen, eine Erhöhung der Verbau- oder der Baugrubenwände, der Einsatz von Unterwasserbetonsohlen oder Injektionsmaßnahmen zur Verfestigung oder zur Abdichtung des Bodens sowie Dränagemaßnahmen.

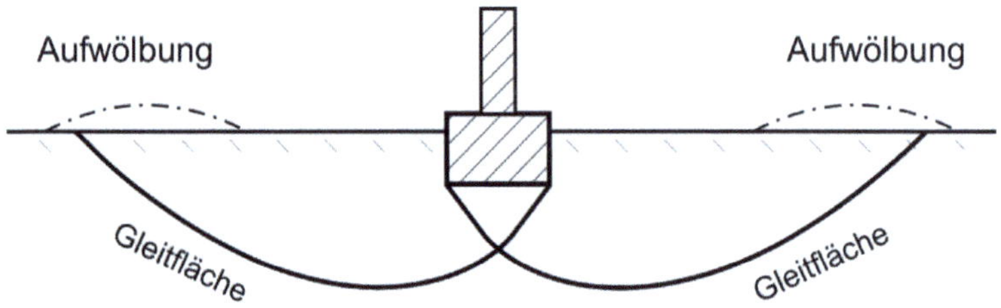

Bild 11.1 Prinzipskizze eines symmetrischen Grundbruchs unter einem mittig belasteten Fundament

Maßnahmen zur Vermeidung eines hydraulischen Grundbruchs können sein:

- Einbau eines Kiesfilters: Der Einbau von Kiesfiltern kann dazu beitragen, den Porenwasserdruck im Boden zu vermindern und die Standsicherheit zu erhöhen.
- Grundwasserabsenkung: Eine temporäre Absenkung des Grundwasserspiegels kann ebenfalls dazu beitragen, einen hydraulischen Grundbruch zu vermeiden.
- Bodenvereisung: Eine Bodenvereisung oder Baugrundvereisung ist ein Bauverfahren im Spezialtiefbau und im Tunnelbau, bei dem der Boden durch künstliches Gefrieren des Bodenwassers verfestigt und wasserundurchlässig gemacht wird. Der durch die Bodenvereisung entstehende Frostkörper verleiht der Baugrube ein gewisses Maß an Stabilität und schützt sie vor einem Wasserzutritt, bis diese Funktionen vom Bauwerk selbst übernommen werden können.
- Bodenaustausch: Ein Bodenaustausch ist ein Verfahren, bei dem ungeeigneter oder kontaminierter Boden durch besser geeignetes Material ersetzt wird. Ein Bodenaustausch ist oft notwendig, um die Tragfähigkeit eines Baugrunds zu verbessern oder um Altlasten zu sanieren. Ein Austausch von problematischem Boden gegen besser geeignetes Material kann ebenfalls eine Lösung zur Vermeidung eines hydraulischen Grundbruchs sein. Beim Einbau von Bodenaustauschmaterial ist dieses ausreichend zu verdichten.
- Einbau einer Unterwasserbetonsohle: Eine Unterwasserbetonsohle ist eine Schicht aus Beton, die unter Wasser, also in einer Baugrube mit Grundwasser, eingebaut wird. Eine Unterwasserbetonsohle dient sowohl als Abdichtung gegen das Grundwasser als auch als Gründung für darüberliegende Bauteile. Der Einbau einer Unterwasserbetonsohle erfolgt in der Regel mit speziellen Verfahren, um eine Entmischung des Betons zu vermeiden.

Die Wahl von geeigneten Maßnahmen zur Vermeidung eines hydraulischen Grundbruchs hängt von den spezifischen Gegebenheiten vor Ort ab, wie zum Beispiel der

Bodenbeschaffenheit, dem Grundwasserstand und der Tiefe der Baugrube. Die DIN 18300, VOB Vergabe- und Vertragsordnung für Bauleistungen – Teil C: Allgemeine Technische Vertragsbedingungen für Bauleistungen (ATV) – Erdarbeiten, vom September 2019, gibt Richtlinien für die Auswahl und die Anwendung derartiger Maßnahmen vor.

Oftmals binden Baugruben und Schächte in das Grundwasser ein, das innerstädtisch nicht großflächig abgesenkt werden darf, um beispielsweise Schäden an der umliegenden Bebauung zu vermeiden. Daher besteht bei derartigen Baugruben und Schächten häufig die Notwendigkeit, einen Nachweis gegen einen hydraulischen Grundbruch zu führen. Um diesen Nachweis einzuhalten, ist aufgrund der räumlichen Anströmung der Baugruben einerseits eine lange Einbindetiefe der Baugrubenwände erforderlich. Andererseits ist die nach den erdstatischen Standsicherheitsnachweisen erforderliche Einbindetiefe der Baugrubenwände in den Boden aufgrund der Ringtragwirkung sehr gering. Um die relativ große Abweichung zwischen der hydraulisch und der erdstatisch erforderlichen Einbindetiefe zu vermindern, können konstruktive Maßnahmen zur Verminderung des Wasserdrucks getroffen werden. Eine dieser Maßnahmen sind Entspannungsbohrungen, die mit Filterrohren ausgebaut oder als Kiespfähle erstellt werden können. Mit Entspannungsbohrungen wird aufgrund ihrer höheren Durchlässigkeit gegenüber dem Baugrund eine günstige Umlenkung der Strömung im Inneren der Baugrube erreicht. Bisher sind jedoch wenig detaillierte Angaben zur Anordnung der Entspannungsbohrungen und zur Nachweisführung in den Normen und Regelwerken vorhanden. Die DIN 1054 vom April 2021, Baugrund – Sicherheitsnachweise im Erd- und Grundbau, Ergänzende Regelungen zu DIN EN 1997-1, regelt die Nachweise gegen einen hydraulischen Grundbruch, wobei die DIN EN 1997-1 (Eurocode 7) die europäische Norm ist, die den Grundbruchnachweis regelt.

Über Fachkreise hinaus bekannt wurde der hydraulische Grundbruch in Deutschland durch den Einsturz des Kölner Stadtarchivs im Jahr 2009. Am 3. März 2009 fiel um 13:58 Uhr das Gebäude des historischen Kölner Stadtarchivs in sich zusammen. Unter einem riesigen Berg aus Schutt und Trümmern wurden Tausende Archivalien und historische Bücher begraben. Das über Jahrhunderte gewachsene Stadtgedächtnis schien innerhalb von Sekunden zerstört und für immer verloren. An eine umfangreiche Rettung des Archivguts und die massenhafte Restaurierung der Bücher war zu diesem Zeitpunkt noch nicht zu denken. Bei dem zeitgleichen Einsturz zweier Nachbargebäude wurden zwei junge Kölner Bürger unter den Trümmern begraben und verloren an diesem Tag auf tragische Weise ihr Leben. Soweit es die Suche nach den Vermissten zuließ, wurde unmittelbar nach dem Einsturz damit begonnen zu retten, was zu retten war.

Der Einsturz des Kölner Stadtarchivs wurde durch Fehler beim Bau der U-Bahn-Haltestelle Severinstraße verursacht. Konkret führte das Versagen einer Schlitzwand in der Baugrube zu einem Grundwassereinbruch und zu einem anschließenden Abrutschen und dem Einsturz des Archivgebäudes.

Die Bücher des Kölner Stadtarchivs sind restauriert worden, weil sie beim Einsturz des Archivs stark beschädigt wurden. Die Restaurierung der Bücher war eine langwierige Aufgabe. Parallel dazu wurde ein Neubau für das Historische Archiv und für das Rheinische Bildarchiv am Eifelwall errichtet, der am 3. September 2021 offiziell eingeweiht wurde.

Um die große Abweichung zwischen der hydraulisch und der erdstatisch erforderlichen Einbindetiefe von Baugrubenwänden zu reduzieren, können verschiedene konstruktive Maßnahmen ergriffen werden. Das Ziel dieser Maßnahmen ist es, den Wasserdruck zu reduzieren oder die Stabilität des Bodens zu erhöhen. Kommt es hingegen nur durch zu große Belastungen zu einem Versagen des Bodens, so liegt ein Grundbruch vor. Grundbruch ist ein Begriff aus der Bodenmechanik und bezeichnet das seitliche Wegbrechen des Bodens unter einem Bauwerk, typischerweise einem Fundament, aufgrund zu großer Bodenpressungen. Dabei wird der Boden entlang einer Gleitfuge verdrängt, was zu Setzungen oder sogar zum Versagen der Gründung führen kann.

Um einen Grundbruch zu vermeiden, können verschiedene Maßnahmen angewendet werden, die sowohl bauliche als auch hydrologische Aspekte berücksichtigen. Dazu gehören die Sicherung der Baugrube, die Absenkung des Grundwasserspiegels, die Verwendung von Stützkörpern oder gegebenenfalls eine Verbesserung des Baugrunds.

Geböschte Baugruben

Für die Sicherung von Baugruben gibt es verschiedene Verfahren, zum Beispiel kann ein Verbau ausgeführt werden. Baugruben können aber auch geböscht ausgeführt werden. Es muss dann ausreichend Platz vorhanden sein. In der DIN 4124, Baugruben und Gräben – Böschungen, Verbau, Arbeitsraumbreiten, vom Januar 2012, ist beschrieben, in welchem Winkel und ab welcher Baugrubentiefe Böschungen ausgeführt werden können. Die Bindigkeit des Bodens ist für die Festlegung des Böschungswinkels ein ausschlaggebendes Kriterium. Im Hinblick auf die Standsicherheit der Baugrube wird der Böschungswinkel festgelegt. Eine ausreichende Standsicherheit muss gewährleistet sein, bevor die Baugrube durch Arbeiter betreten werden darf. Eine ausreichende Standsicherheit bedeutet, dass ein Abrutschen von Bodenmaterial ausgeschlossen werden kann.

Bei sehr hohen Baugrubenböschungen sind nach jeweils drei Metern sogenannte **Bermen** einzuplanen und zu bauen. Bermen fangen nachrutschendes Material auf, dass dann nicht bis auf die Baugrubensohle abrutschen kann. In den Unfallverhütungsvorschriften der BG BAU – Berufsgenossenschaft der Bauwirtschaft ist festgelegt, dass Bermen beim Erdbau, die als Verkehrswege an Baugruben und an Gräben dienen sollen und somit betreten werden, mindestens sechzig Zentimeter breit sein müssen. 1,5 m werden gefordert, wenn die Berme abrutschende Teile auffangen soll.

Verbaute Baugruben

Wenn die Platz-, Boden- und Grundwasserverhältnisse den Aushub einer geböschten Baugrube nicht zulassen, zum Beispiel bei einer Lückenbebauung, muss die Baugrube verbaut ausgeführt werden. Dadurch soll ein Einsturz der Baugrubenwände durch nachrutschenden Erdboden oder durch einsickerndes Grundwasser verhindert werden.

Bild 11.2 Mit einer Bohrpfahlwand gesicherte Baugrube (Bild: Bauer Aktiengesellschaft, Schrobenhausen)

Für die Sicherung von Baugruben können tangierende, überschnittene oder aufgelöste Bohrpfahlwände (Bild 11.2), Schlitzwände oder Stahlspundwände sowie Trägerbohlwände verwendet werden. Schlitzwände und Bohrpfahlwände sind relativ verformungsarm; Stahlspundwände und Trägerbohlwände sind hingegen relativ verformungsweich, was zu Setzungen an der Geländeoberfläche führen kann.

Stahlspundbohlen werden häufig auch im Hafenbau und für Ufersicherungen und Kaimauern verwendet (Bild 11.3).

Bild 11.3
Mit einer Stahlspundwand gesicherte Uferwand im Hafen von Norddeich-Mole (Bild: Autor)

Bild 11.4 zeigt eine Fundamentplatte für ein großes Gebäude. Aus der Fundamentplatte ragen Bewehrungskörbe heraus, die in unterhalb der Platte befindliche Bohrpfähle eingebaut wurden und als Anschlussbewehrung für Stahlbetonstützen dienen.

Bild 11.4 Fundamentplatte für ein großes Gebäude (Bild: PORR GmbH & Co. KGaA, München)

Baugruben mit geringen Abmessungen und Tiefen können, je nach den Anforderungen und den Randbedingungen, aus senkrechten Holzbohlen, Kanaldielen oder aus Grabenverbauen (zum Beispiel Schachtringen), die aus einzelnen Verbauelementen bestehen und die zusammengesetzt einen kompletten Grabenverbau ergeben, errichtet werden. Eine weitere Möglichkeit, eine nicht tiefe Baugrube zu sichern, sind Trägerbohlwände.

Mit **Stabverpressankern** können tiefe Baugruben, die mit Schlitzwänden, Bohrpfahlwänden oder mit Stahlspundwänden gesichert sind, gehalten werden. Durch Stabverpressanker können bei tiefen, mit Trägerbohlwänden gesicherten Baugruben, die Bohlträger ebenfalls gehalten werden. **Verpressanker** sind vorgespannte Litzen- oder Stabelemente, die hohe Lasten übertragen und horizontale Verformungen minimieren können. Sie setzen sich aus einem Ankerkopf, einer Frei- und einer Haftstrecke zusammen. Die Haftstrecke wird mit einer Zementsuspension verpresst. Es stehen weltweit zwei Ankersysteme zur Verfügung: vorgespannte Litzenanker und Stabanker. Litzenanker setzen sich aus mehreren Litzen zusammen (in der Regel zwischen drei und fünfzehn Stück). Stabanker bestehen hingegen aus massiven Stahlstäben mit einem aufgewalzten Endlosgewinde mit Durchmessern zwischen 18–63 mm. Die Stahlsorten für Stabverpressanker sind hauptsächlich Spannstähle nach der Norm Y1050H für Daueranker oder auch bestimmte Werkstoffe der Güteklassen 1.4301, 1.4541 oder 1.4571 für Kurzzeitanker mit entsprechender Korrosionswiderstandsklasse, wobei für Daueranker eine behördliche Zulassung erforderlich ist.

Trägerbohlwände können mit verschiedenen Ausführungsvarianten hergestellt werden, die sich in der konstruktiven Ausbildung, im verwendeten Material und in der Art des Einbaus unterscheiden. Der sogenannte Berliner Verbau ist am bekanntesten. Der Name Berliner Verbau entstand beim erstmaligen Einsatz dieses Verfahrens beim Bau der Berliner U-Bahn in den 1930er-Jahren.

Wenn bei Baugruben größerer Abmessung steifenfreie Räume gewährleistet werden sollen oder besondere Anforderungen an den Verbau gestellt werden wie Wasserdichtheit oder eine geringe Verformbarkeit, kann der Verbau zum Beispiel aus rückverankerten Stahlspundwänden, Schlitzwänden, Bohrpfahlwänden oder auch durch eine Oberflächensicherung aus Spritzbeton ausgeführt werden. Es können auch Verfahren des Spezialtiefbaus für den Verbau in Sonderfällen genutzt werden. Hierzu zählen das Verfestigen der Erdwände im Vereisungs- oder Düsenstrahlverfahren oder Bodenvernagelungen.

Bild 11.5
Aufgelöste Bohrpfahlwand und Trägerbohlwand (Bild: PORR GmbH & Co. KGaA, München)

Bei größeren Abmessungen der Baugrube, sodass der Einsatz von Aussteifungselementen nicht zum Einsatz kommen kann, muss die Befestigung der Verbauwände zum Beispiel mittels Rückverankerungen im Erdreich erfolgen oder durch eine Einspannung der Verbauelemente im Baugrund gewährleistet werden. Mit bautechnischen Nachweisen und mit statischen Berechnungen muss der Nachweis der ausreichenden Standsicherheit des Baugrubenverbaus durch einen Statiker erbracht werden.

Wenn Fundamente für Brücken in Gewässern hergestellt werden sollen, müssen **Spundwandkästen** (Bild 11.6) hergestellt werden.

Bild 11.6
Spundwandkästen für den Neubau einer Brücke über die Leine in Hannover (Bild: Autor)

Arbeitsraumbreiten für Baugruben

Beim Aushub von Baugruben müssen Rettungswege freigehalten werden. Die Sicherheit der Beschäftigten muss ständig gewährleistet sein. Es werden Arbeitsräume um die Baugruben herum benötigt. Auch aus ergonomischen Gesichtspunkten und für eine problemlose Bauausführung sind Arbeitsräume besonders wichtig. Die Arbeitsraumbreite für geböschte Baugruben zwischen dem Böschungsfuß und der Außenseite des Bauwerks ist in der DIN 4124, Baugruben und Gräben – Böschungen, Verbau, Arbeitsraumbreiten, vom Januar 2012, festgelegt.

Erschütterungsmessungen

Je nach der Beschaffenheit des Baugrunds können Erschütterungen auftreten. Dadurch können Schäden an benachbarten Bauwerken, zum Beispiel Rissbildungen, entstehen. Beim Einsatz von schweren oder Erschütterungen erzeugenden Baumaschinen, zum Beispiel Pfahlrammen, schweren Rüttlern oder Vibrationswalzen, sollten baubegleitende Erschütterungsmessungen durch einen Bausachverständigen durchgeführt werden. In der DIN 4150-3, Erschütterungen im Bauwesen – Teil 3: Einwirkungen auf bauliche Anlagen, vom Dezember 2016, ist festgelegt, wie Erschütterungseinwirkungen auf Bauwerke zu messen und zu beurteilen sind.

Wenn Erschütterungen auf einer Baustelle zu erwarten sind, sollten von dem Bausachverständigen auch Fotos vor und während der Durchführung der Baumaßnahme aufgenommen werden. Durch Fotos kann der Bausachverständige prüfen, ob an Nachbarbauwerken eventuell Schäden während der Ausführung der Bauarbeiten entstanden sind. Es ist außerdem ratsam, an Nachbargebäuden Gipsmarken oder **Rissmonitore** beziehungsweise elektronische **Risssensoren** durch den Sachverständigen über vorhandenen Bauwerksrissen anbringen zu lassen. Während der Durchführung der Bauarbeiten kann der Sachverständige dann überprüfen, ob sich die Risse an der Nachbarbebauung eventuell verändert haben.

Bild 11.7
Rissmonitor, der über einem Mauerwerksriss befestigt wurde (Bild: Autor)

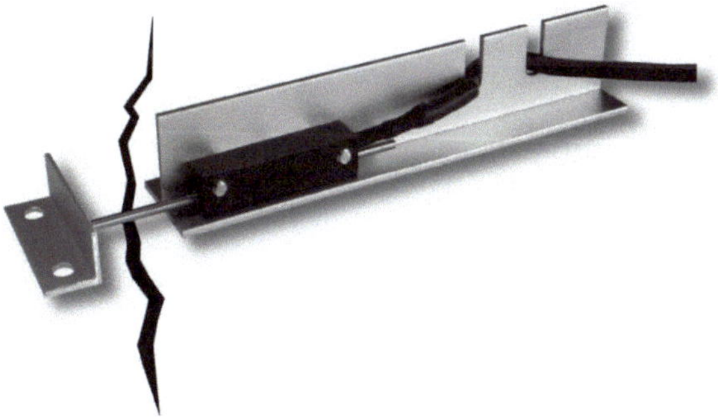

Bild 11.8
Elektronischer Risssensor zur Messung von Rissen an Gebäuden (Bild: Scanntronik Mugrauer GmbH, Zorneding)

Beweissicherung einer Baugrube

Eine Beweissicherung einer Baugrube dient dazu, den Zustand von angrenzenden Gebäuden und von Grundstücken vor dem Beginn einer Baumaßnahme zu dokumentieren, um eventuelle Schäden, die während der Bauarbeiten entstehen könnten, klar zuzuordnen und beweisen zu können. Eine Beweissicherung einer Baugrube ist besonders wichtig bei Baugruben, die tief in den Boden einbinden und somit eine potenzielle Gefahr für Nachbargebäude darstellen. Eine Beweissicherung ist eine Dokumentation des Ist-Zustands eines Objekts vor der Durchführung einer Baumaßnahme. Im Fall von Baugruben werden dabei der Zustand der umliegenden Bebauung und der Verkehrswege, der Boden, die Grundwasserverhältnisse und andere relevante Faktoren festgehalten. Die Dokumentation kann in Form von Fotos, Videos, Gutachten oder in Form detaillierter Beschreibungen erfolgen.

Im Boden sind auch Jahrzehnte nach der Beendigung des Zweiten Weltkriegs noch immer Kampfmittel wie Bombenblindgänger und Munition vorhanden. Bodeneingriffe, wie Bauvorhaben in ehemaligen Kampfgebieten, erfordern daher eine **Kampfmittelüberprüfung**. Bei einem Verdacht auf Kampfmittel müssen die Polizei oder das Ordnungsamt verständigt werden, die dann den Kampfmittelbeseitigungsdienst informieren. Kampfmittelsondierungen sind geplante Suchaktionen nach Kampfmitteln wie Bomben, Granaten oder Munition, die oft aus Kriegszeiten stammen und im Erdreich verborgen sind. Das Ziel von Kampfmittelsondierungen ist es, solche Kampfmittel zu finden und zu beseitigen, um Gefahrenstellen für Bauvorhaben oder für andere Aktivitäten zu minimieren. Die Durchführung einer Suche nach Kampfmitteln umfasst die Auswertung von Luftbildern und von Karten, den Einsatz von Detektoren zur Messung von Anomalien im Erdmagnetfeld, und gegebenenfalls das Freilegen und das Bergen von Kampfmitteln.

Fragen

- Wann kann ein hydraulischer Grundbruch eintreten?
- Welche Maßnahmen können ergriffen werden, um einen hydraulischen Grundbruch zu verhindern?
- Was ist ein Grundbruch und was passiert dabei mit dem Boden?
- Womit können Baugruben gesichert werden?
- Wie können Baugruben mit geringen Abmessungen und Tiefen gesichert werden?
- Wozu dienen Spundwandkästen?
- Was muss ein Bausachverständiger tun, wenn Erschütterungen auf einer Baustelle zu erwarten sind?

12 Flach- und Flächengründungen

Flach- und Flächengründungen tragen Bauwerkslasten flächenförmig auf die Gründungsfläche ab. Flach- und Flächengründungen auf einer relativ biegesteifen Fundamentplatte sind die häufigste Gründungsarten in weichen bindigen Böden, weil bei diesen nur relativ geringe Bodenpressungen auftreten. Die Verteilung der Bauwerkslasten muss derart erfolgen, dass keine relevanten Zugkräfte in der Gründungssohle entstehen, das heißt, die Lastverteilung darf nicht über Biegung im Fundament erfolgen.

Neben Druckbelastungen aus einem Gebäude wirken Kräfte aus dem Sohldruck und aus der Bodenpressung. Die Lastverteilung der Gebäudelasten und des Sohldrucks erfolgt über Biegekräfte und über Biegemomente.

Bei Flach- und Flächengründungen können grundsätzlich die folgenden Versagensarten auftreten:

- allgemeines Versagen,
- lokales Versagen,
- Durchstanzversagen.

Bei Flach- und Flächengründungen muss die Grundbruchsicherheit ausreichend sein und vorab rechnerisch nachgewiesen werden. Mit dem Nachweis der (äußeren) Standsicherheit (Grenzzustand GZ 1B) einer Gründung beziehungsweise dem Nachweis der Tragfähigkeit des Bodens werden die ausreichenden, äußeren Abmessungen einer Konstruktion derart nachgewiesen, dass ein Versagen der Gründung durch einen Bruch des Bodens (Grundbruch) oder ein Bruch zwischen dem Boden und dem Fundament (Gleiten) mit ausreichender Wahrscheinlichkeit ausgeschlossen ist.

Für die Berechnung des Grundbruchwiderstands gilt die DIN 4017, Baugrund – Berechnung des Grundbruchwiderstands von Flachgründungen, vom März 2006.

Der Nachweis der äußeren Standsicherheit umfasst bei Flachgründungen den Nachweis gegen Gleiten und Grundbruch, bei Pfahlgründungen den Nachweis gegen Versinken (beziehungsweise gegen das Herausziehen von Zugpfählen) und bei einer Horizontalbeanspruchung von Pfählen einen Nachweis gegen Versagen des Erdwiderlagers.

Bei Flach- und Flächengründungen können Bauschäden durch Setzungen und Setzungsunterschiede entstehen. Es können auch Risse in der Fundamentplatte auftreten. Wenn der Baugrund relativ groß ausgetrocknet ist, können bei bindigen Böden Setzungen auch durch eine Schrumpfung des Bodens entstehen. Auch Bäume, die im Bereich einer Fundamentplatte stehen, können in Trockenperioden durch einen Wasserentzug aus dem Boden zu Setzungen der Fundamentplatte führen. Frisch gepflanzte Jungbäume benötigen in der Regel 75–150 l Wasser pro Gießgang. Etablierte Großbäume können je nach Größe und Baumart zwischen 200–250 l Wasser pro Gießgang benötigen, besonders bei trockenen Wetterperioden.

Allgemein: Ein durchschnittlicher Baum benötigt im Sommer etwa zwei Gießgänge pro Woche mit je 150–200 l Wasser. Bei längeren Trockenperioden (mehr als drei Wochen ohne Regen) kann ein ausgewachsener Baum bis zu 50–100 l Wasser pro Woche benötigen.

Bild 12.1
Fertiggestellte Sohlplatte, die auf Bohrpfählen gegründet wurde, und aufgehende Fertigteilstützen für den Neubau eines großen Einkaufsmarkts in Nordenham (Bild: Autor)

Für Flach- und Flächengründungen gelten die DIN 1054, Baugrund – Sicherheitsnachweise im Erd- und Grundbau – Ergänzende Regelungen zu DIN EN 1997-1, vom April 2021 und die DIN 4017, Baugrund – Berechnung des Grundbruchwiderstands von Flachgründungen, vom März 2006.

Um den Erddruck unter Fundamenten und unter Sohlplatten messen zu können, können Erddrucksensoren und Erddruckkissen verwendet werden.

Bild 12.2
Erddrucksensor (Bild: GLÖTZL Gesellschaft für Baumesstechnik mbH, Rheinstetten)

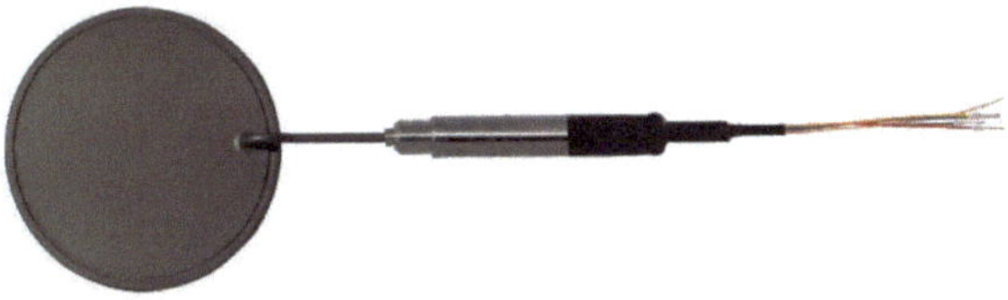

Bild 12.3
Erddruckkissen (Bild: GLÖTZL Gesellschaft für Baumesstechnik mbH, Rheinstetten)

Fragen

- Welche Versagensarten können bei Flach- und Flächengründungen auftreten?
- Was wird mit dem Nachweis der (äußeren) Standsicherheit bei Flach- und Flächengründungen nachgewiesen?
- Wodurch können bei Flach- und Flächengründungen Bauschäden entstehen?
- Wie viel Liter Wasser benötigt ein durchschnittlicher Baum im Sommer?
- Wie kann man den Erddruck unter Fundamenten und unter Sohlplatten messen?

13 Pfähle und Pfahlgründungen

Pfähle sind wichtige Elemente einer Tiefgründung. Mit immer stärkeren und schwereren Bohrgeräten lassen sich sehr große Pfahltiefen erreichen. Mit Pfählen werden Bauwerkslasten in tiefliegende Bodenschichten abgetragen. Heutzutage existieren in der Baupraxis zahlreiche Pfahlsysteme. Je nach Herstellungsart und Herstellungsweise wird zwischen Ortbeton- und Fertigpfählen unterschieden.

Die wohl bekanntesten Pfahlbauten in Deutschland sind die Pfahlbauten von Unteruhldingen, auch bekannt als Seeufersiedlungen, das sind prähistorische Siedlungen am Bodensee. Die Pfahlbauten stammen aus der Jungsteinzeit bis zur Bronzezeit (ca. 5000 bis 800 vor Christus). Die Pfähle der Pfahlbauten in Unteruhldingen sind aus Holz. **Holzpfähle** sind äußerst haltbar, solange sie dauerhaft im Wasser stehen. Selbst aus römischer Zeit stammende und bis heute unbeschädigte Pfähle sind bekannt. Das Pfahlbaumuseum in Unteruhldingen ist das älteste archäologische Freilichtmuseum Deutschlands und zeigt Rekonstruktionen dieser Siedlungen.

Bis zum Ende des 19. Jahrhunderts und in einigen Fällen sogar noch heute bei kleineren Bauprojekten, wurde und wird oft eine Holzkonstruktion für die Gründung von Bauten verwendet. Diese Konstruktion, meistens aus Holzpfählen oder aus Holzstämmen, diente und dient als Basis für den Bau. Auch bei der Verwendung von Steinen oder von Ziegeln für den Aufbau wurde früher eine Holzkonstruktion als tragende Struktur verwendet. An der Spitze der Holzpfähle war häufig ein eiserner Beschlag, der sogenannte **Pfahlschuh** (österreichisch auch Pfostenschuh), angebracht, der das Einschlagen der Pfähle auch in festeren Untergrund ermöglichte. Manchmal wurden die auf gleicher Höhe abgesägten Pfähle durch aufgelegte Holzbalken verbunden. Der so entstandene Pfahlrost diente dann als Auflage für Mauerwerk.

Holzpfähle in Wasserwechselzonen, also zum Beispiel an Standorten mit wechselnden Grundwasserständen, verrotten relativ leicht, wenn eine nicht geeignete Holzart verwendet wurde. Dies kann auch durch langfristige Grundwassersenkungen geschehen, wie sie beispielsweise durch Bergbau, durch Flussregulierungen oder durch eine zunehmende Überbauung und damit Versiegelung eines Gebiets, eintreten, weshalb insbesondere historische Bauten vor derartigen Maßnahmen auf eventuell vorhandene Pfahlgründungen überprüft werden müssen. Das Verfaulen einer **Pfahlgründung** kann zu erheblichen Schäden am Gebäude führen, wie beispielsweise beim Trierer Dom.

Als Pfahlgründung wird eine Variante der Tiefgründung bezeichnet. Mit einer Pfahlgründung können die Lasten von Tragwerken beziehungsweise von Bauwerken in tiefere, tragfähige Bodenschichten abgetragen werden. Nicht oder schlecht tragfähige Bodenschichten werden mit Pfählen überbrückt. Bei einer Pfahlgründung werden Pfähle (früher im Wasserbau sowie in Österreich auch Piloten genannt) in den Baugrund gebohrte Löcher gestellt oder gerammt, bis eine ausreichend tragfähige Boden- oder Gesteinsschicht erreicht ist. Die Lasten des Tragwerks werden dann zum einen durch die Reibung des Pfahls mit dem Baugrund (die sogenannte **Mantelreibung**) und zum anderen über **Spitzendruck** der Pfähle abgetragen.

Ein **Pfahlfundament** ist ein Baukonstruktionselement im Bauwesen und zugleich Teil der Gründung. Pfahlfundamente können zum Beispiel nach einem Bodenaustausch oder nach einer Baugrundverbesserung in Form einer Fundamentplatte (Pfahlplatte) auf dem Baugrund aufgebaut werden. Die Pfahlkomponenten reichen dann bis in tiefere Schichten des Baugrunds, um die Lasten aus dem Bauwerk abzuleiten.

Als größte Pfahlgründung der Welt gilt Venedig, wo die ganze Stadt im Verlauf von Jahrhunderten auf Hunderttausenden Baumstämmen gegründet wurde. Aber auch viele weitere, alte wie neue Gebäude, wie etwa das Königliche Palais in Amsterdam und die alten Lagerhäuser der Speicherstadt in Hamburg, stehen auf **Holzpfählen**. Als mit dem Bau des Königlichen Palais in Amsterdam im Jahr 1648 begonnen wurde, hatte man zunächst mit dem sumpfigen Boden Amsterdams zu kämpfen. Über 13 500 Holzpfähle mussten in den Boden eingerammt werden, bevor das Mauerwerk errichtet werden konnte. Zehn Jahre später war der klassizistische Palast fertig. Mit einem Gerichtssaal, Repräsentationsräumen und dem beeindruckenden Bürgersaal (34 m lang und 25 m hoch) zählt das Königliche Palais in Amsterdam zu den schönsten Festsälen Europas.

Pfähle sind wichtige Elemente einer **Tiefgründung**. Sie tragen die Bauwerkslasten über Spitzendruck und Mantelreibung in tiefliegende Bodenschichten ab. Heutzutage existieren in der Baupraxis zahlreiche Pfahlsysteme. Je nach der Herstellungsart und der Herstellungsweise wird zwischen Ortbeton- und Fertigpfählen unterschieden.

Ortbetonpfähle werden mit Bohrgeräten hergestellt. Es wird grundsätzlich zwischen Bohrpfählen, Verdrängungspfählen, Ortbeton-Rammpfählen und Rüttelpfählen sowie Stahlrammpfählen und Fertigpfählen aus Stahlbeton oder aus Spannbeton unterschieden. **Fertigpfähle** aus Stahlbeton oder aus Spannbeton werden werksmäßig hergestellt und auf der Baustelle eingerammt, eingespült oder in vorbereitete Bohrlöcher eingestellt. **Verdrängungspfähle** werden gerammt oder gebohrt, wobei zwischen Teil- und Vollverdrängungspfählen unterschieden wird.

Für die Herstellung von Bohrpfählen wird mit einem Bohrgerät ein Hohlraum im Baugrund hergestellt. In diesen Hohlraum wird dann ein Bewehrungskorb eingestellt und anschließend Frischbeton eingefüllt. In den meisten Fällen wird die Bohrlochwandung bis zum Betonieren durch eine Verrohrung oder durch einen Flüssigkeitsüberdruck im Bohrloch gestützt. In besonderen Fällen kann die Tragfähigkeit eines Bohrpfahls durch nachträgliches Verpressen der Fuß- oder der Mantelfläche mit einer Zementsuspension erhöht werden. Verrohrte Bohrpfähle werden in der Regel mit Durchmessern ab 80 cm mit schweren Drehbohranlagen hergestellt. Es können mit Drehbohranlagen aber auch Pfähle mit einem kleineren Durchmesser von zum Beispiel 40 cm hergestellt werden. Großbohrpfähle können mit Durchmessern bis 3,5 m hergestellt werden.

Die massive Konstruktion des Petersdoms in Rom, insbesondere seine riesige Kuppel, erforderte ein stabiles und hochtragendes Fundament. Unter dem heutigen Bauwerk befindet sich eine antike römische atikanische Nekropole, eine antike römische Begräbnisstätte, in der auch der Apostel Petrus begraben sein soll. Der Petersdom steht in einem Gebiet, das früher ein Sumpfgebiet war. Um die schwere Struktur des Petersdoms zu tragen, wurden umfangreiche Pfahlgründungen mit Holzpfählen ausgeführt. Die Holzpfähle tragen die Last der riesigen Kuppel und der anderen Bauteile. Der Bau des Petersdoms erstreckte sich über einen sehr langen Zeitraum. Der Bau des Doms begann im Auftrag von Papst Julius II. im Jahr 1506 und die Einweihung des Doms fand im Jahr 1626 statt. Die Holzpfähle unter dem Petersdom dienen als Fundament, um die schwere Last des Bauwerks zu tragen und ein Absinken oder einen Einsturz des Doms zu verhindern. Die Pfähle sind ein wichtiger Bestandteil der seinerzeitigen Ingenieur- und Baumeisterleistungen, die für den Bau des Petersdoms erforderlich waren.

Der Wiener Stephansdom, ein Wahrzeichen der Stadt, wurde auf einem Fundament errichtet, das teilweise auf Holzpfählen gegründet ist. Diese Pfähle wurden zur Stabilisierung des Bodens unter dem Fundament verwendet, weil der Untergrund nicht überall die notwendige Tragfähigkeit aufwies. Es wurde für die Gründung des Stephansdoms ein Holzpfahlrostfundament verwendet. Diese spezielle Art der Fundamentierung wurde gewählt, weil der Boden in Wien, insbesondere im Bereich des Stephansdoms, sehr morastig und sumpfig ist. Die Holzpfähle wurden tief in den Boden gerammt, um eine stabile Basis für das schwere Bauwerk zu schaffen und ein Absinken oder ein Umkippen zu verhindern. Die Gründung des Stephansdoms ist ein komplexes Thema, weil der Bau über mehrere Jahrhunderte erfolgte und verschiedene Bauphasen durchlief.

Das Ernst-Happel-Stadion in Wien, früher bekannt als Wiener Praterstadion, ist das größte Stadion Österreichs und wurde auf 1100 **Mikropfählen** gegründet, um dem Wasserdruck standzuhalten. Die Mikropfähle wurden 12 m tief im Boden verankert, um die Fundamentplatte des Stadions zu stabilisieren.

Eine Sanierung und ein Umbau des Reichstagsgebäudes in Berlin erfolgte nach der deutschen Wiedervereinigung, um das Reichstagsgebäude zum Sitz des Deutschen

Bundestags zu machen. Die Sanierung begann im Jahr 1989 mit der friedlichen Revolution in der DDR und gipfelte am 3. Oktober 1990, als die DDR der Bundesrepublik beitrat und somit die deutsche Teilung nach 45 Jahren überwunden wurde. Der Umbau, der vom britischen Architekten Sir Norman Foster geleitet wurde, umfasste die Wiederherstellung einer Kuppel und die Schaffung eines transparenten und offenen Parlamentsgebäudes. Heute steht das Berliner Reichstagsgebäude für die Transparenz und die Offenheit der deutschen Demokratie.

Das Fundament des Reichstagsgebäudes wird durch 90 Bohrpfähle, die bis zu 20 m tief in den Boden reichen, stabilisiert. Zusätzlich unterstützen 3000 Kiefernstämme von etwa 5 m Länge das Gebäude, wobei diese noch aus der ursprünglichen Bauzeit von 1884 bis 1894 stammen und unverändert tragfähig sind. Das Fundament des Reichstagsgebäudes in Berlin ist eine Kombination aus moderner Technologie (Bohrpfähle) und historischer Substanz (Kiefernstämme), die zusammen für die Stabilität des historischen Gebäudes sorgen.

Das Reichstagsgebäude liegt am Spreebogen. Die Baugrundverhältnisse an der Spree sind vielfältig und komplex, beeinflusst durch geologische Gegebenheiten und die Auswirkungen des ehemaligen Bergbaus. Im Berliner Stadtgebiet sind die Uferbereiche häufig durch Spundwände oder durch Aufschüttungen befestigt, was die natürliche Ufervegetation einschränkt. Im Lausitzer Braunkohlerevier haben bergbaubedingte Grundwasserabsenkungen zu Stoffeinträgen in die Spree geführt, insbesondere von Sulfat, das über den Wiederanstieg des Grundwassers in das Flusssystem gelang. Sulfate gehören zu den geogenen Hauptbestandteilen der Wasserinhaltsstoffe im Grundwasser.

Üblicherweise treten geogen bedingte Sulfatwerte von bis zu 50 mg Sulfat pro Liter Grundwasser auf. Ein geogener Grundwasseranteil bezieht sich auf die natürliche Zusammensetzung des Grundwassers, die durch die Gesteine und die Bodenschichten, durch die es fließt, beeinflusst wird. Diese natürliche Beschaffenheit wird auch als geogener Hintergrundwert bezeichnet und ist wichtig, um anthropogene Einflüsse (von Menschen verursachte Veränderungen) zu erkennen. Der Begriff geogen bezieht sich auf die Entstehung und die Beschaffenheit des Grundwassers durch natürliche geologische Prozesse. Der Hintergrundwert gibt die natürliche Konzentration von Stoffen im Grundwasser an, die durch geogene Prozesse bestimmt wird.

Hydrogeologische Einheiten sind unterschiedliche Gesteinsschichten mit jeweils spezifischen Eigenschaften, die das Grundwasser beeinflussen.

Die Kenntnis des geogenen Hintergrundwerts ist besonders wichtig, um feststellen zu können, ob erhöhte Schadstoffkonzentrationen im Grundwasser auf natürliche Ursachen oder auf menschliche Einflüsse zurückzuführen sind. Dieser Umstand ist entscheidend für den Schutz der Grundwasserressourcen und die Entwicklung von Maßnahmen zur Verbesserung der Wasserqualität. Wenn zum Beispiel Sulfat im Grundwasser in bestimmten Regionen geogen bedingt in erhöhter Konzentration auftritt, ist es wichtig zu wissen, ob diese Erhöhung auf natürliche Vorkommen von Sulfatmineralien im Gestein zurückzuführen ist, oder ob anthropogene Quellen wie zum Beispiel Düngemittel oder Industrieabwässer eine Rolle spielen.

Zusammenfassend kann ausgesagt werden, dass der geogene Grundwasseranteil die natürliche Zusammensetzung des Grundwassers beschreibt, die durch die geologischen Verhältnisse bestimmt wird, und ein wichtiger Bezugspunkt für die Bewertung der Grundwasserbeschaffenheit ist.

Im Oktober 2018 lieferten schwere Lastkraftwagen Baumaterial auf das Gelände der Nagelkreuzkapelle. Die Nagelkreuzkapelle befindet sich in der Garnisonskirche in Potsdam. Die Garnisonskirche ist ca. 300 Jahre alt und das Wahrzeichen einer bewegten Geschichte. Aus einer Kippvorrichtung der Lastkraftwagen am Heck rann flüssiger Frischbeton in eine große Verteileranlage. Anschließend wurde das Gemisch über ein großes Rohr und ein Netz aus Schläuchen an seinen Bestimmungsort, das zu sanierende Fundament der Garnisonskirche, gelegt. Auf der Baustelle wurde dann an der 50 cm dicken, bewehrten Bodenplatte gearbeitet. Diese Bodenplatte ruht auf 38 Gründungspfählen, die fast 40 m tief ins Erdreich eingetrieben worden sind. Ähnlich Tischbeinen bieten die Pfähle Halt für die Bodenplatte. Zwischen den Pfählen befindet sich ein Balkenrost. Das Stahlgeflecht ist 150 t schwer und mehr als einen Meter dick. Für die bewehrte Bodenplatte und die Tragebalken wurden 850 Kubikmeter Beton verbaut.

Das alte Fundament der Garnisonskirche hat eine Dicke von 1,5 m. An 38 Stellen wurde das Altfundament mit Öffnungen mit einem Durchmesser von 1,5 m durchkernt. Danach konnten die Arbeiten zur Herstellung der Gründung begonnen werden. Die Fundamentplatte für den 90 m hohen Kirchturm wurde mit 38, jeweils 38 m langen Betonpfählen, gesichert. Der Turm der Garnisonskirche besteht aus ca. 2,3 Millionen Mauerziegeln, die aus Thüringer Ziegeleien angeliefert wurden.

Das Berliner Schloss ist ebenfalls auf Holzpfählen gegründet. Tausende von Kiefern wurden vor über 300 Jahren im märkischen Urwald geschlagen, die Stämme waren schon ca. 100 Jahre alt und 40 cm dick. Sie wurden am Ende angespitzt und in den Boden gerammt. Die Holzpfähle bildeten einen riesigen Pfahlrost, auf der horizontal Eichenbohlen verlegt wurden, über die dann die Fundamentschüttung für das Schloss erfolgte. Die Eichenbohlen trugen den Riesenbau des Berliner Schlosses. Für ein neues Fundament mussten die Holzpfähle gezogen werden, auch weil sie nicht tief genug in den wenig tragfähigen Baugrund eindrangen.

So war diese Pfahlgründung die Hauptursache für die Schlütersche Münzturmkatastrophe, die dem Schlossbaumeister Andreas Schlüter im Jahr 1706 seinen Job kostete. Eine dicht unter den Pfahlspitzen liegende Torflinse wurde eingedrückt, der Turm des Berliner Schlosses neigte sich und drohte einzustürzen.

Das erste Rathaus von Hannover war das heutige Alte Rathaus, dessen Gebäude ab dem Jahr 1230 entstanden. Im Jahr 1863 verließ die Stadtverwaltung das Alte Rathaus und zog in das nahe gelegene Wangenheimpalais um. Das Neue Hannoversche Rathaus, ein wilhelminisches Bauwerk, wurde von 1901 bis 1913 im Stil der Neo-Renaissance errichtet. Das neue hannoversche Rathaus hat eine Höhe von knapp 98 m, eine

Länge von etwa 129 m und eine Breite von rund 760 m. Das Rathaus wurde nach Plänen des Architekten Hermann Eggert wegen des örtlich anstehenden humosen und sumpfigen Bodens auf 6026 Buchenpfählen errichtet. Diese Buchenpfähle, auf denen das Neue Rathaus in Hannover steht, haben eine Länge von etwa 6–11 m. Die Pfähle wurden in den Boden gerammt, um ein Absacken des Gebäudes zu verhindern.

Bohrpfähle sind ein wesentlicher Bestandteil der Fundamentierung beziehungsweise der Gründung von Bauwerken und gewährleisten die Standsicherheit von Gebäuden, während Holzpfähle aus Nadelholz eher als eine Art historische und dennoch tragfähige Unterkonstruktion dienen. Heutzutage werden teilweise (aber wegen mangelnder Festigkeit nicht in Deutschland) Stampfbetonsäulen, also Säulen aus unbewehrtem Beton, als Gründungselemente verwendet.

Bild 13.1 zeigt ein Drehbohrgerät für die Herstellung von **Bohrpfählen** mit einem größeren Durchmesser.

Bild 13.1
Drehbohrgerät für die Herstellung von Bohrpfählen (Bild: Autor)

Neben klassischen Verfahren, bei denen die Bohrlochwandung mit einem Stahlrohr gestützt wird, können auch flüssigkeitsgestützte Herstellungsverfahren eingesetzt werden. Beim Betonieren wird dann eine Stützflüssigkeit durch Frischbeton verdrängt. Als Stützflüssigkeit wird in der Regel eine **Bentonitsuspension** verwendet. Wenn Bohrpfähle unter artesisch gespanntem Grundwasser hergestellt werden, ist entweder mit einem Wasserüberdruck in der Verrohrung zu arbeiten oder in der Verrohrung ist eine Bentonitsuspension als Stützflüssigkeit für den Boden zu verwenden. Eine Bentonitsuspension ist eine Mischung aus Wasser und Bentonit, einem quellfähigen Tonmineral. Die Suspension wird im Spezialtiefbau als Stützflüssigkeit, als Kühlmittel, als Gleitmittel und zur Bodenverfestigung eingesetzt.

Pfähle bieten im Bauwesen zahlreiche Vorteile, vor allem bei der Gründung von Bauwerken bei schwierigem oder bei wenig tragfähigem Baugrund. Sie ermöglichen die

Übertragung von Lasten in tiefere, tragfähige Bodenschichten und vermindern somit Setzungen und Kippmomente. Pfahlgründungen sind besonders bei weichem, feuchten oder wenig tragfähigem Boden eine effektive Lösung. Pfähle, obwohl sie eine wichtige Rolle in der Bauindustrie spielen, haben aber auch einige Nachteile. Zu den Hauptnachteilen gehören potenzielle Erschütterungen und Lärmbelästigungen beim Einrammen von Fertigteilpfählen, die Schwierigkeit, die Pfähle in weichen Böden einzubauen, und die Notwendigkeit, den Bodenaushub zu entsorgen, was kostspielig sein kann. Zusätzlich können bestimmte Pfahltypen wie **Holzpfähle**, anfällig für eine Verrottung und für Verfaulen sein, wenn sie nicht ausreichend vor Feuchtigkeit geschützt werden. **Bohrpfähle** sind Ortbetonpfähle, die im Spezialtiefbau zur Gründung von Bauwerken oder zur Baugrubensicherung eingesetzt werden. Sie werden hergestellt, indem ein Hohlraum im Boden gebohrt und anschließend mit Frischbeton gefüllt wird, in der Regel mit einer Bewehrung. Bohrpfähle können sowohl als Gründungselemente dienen oder für Baugrubenwände eingesetzt werden.

Die Durchmesser von Bohrpfählen können variieren und liegen in der Regel zwischen 30 cm und über 200 cm. **Großbohrpfähle**, die als Pfahlgründungen oder als Baugrubensicherung ausgeführt werden, haben häufig Durchmesser von 60 cm bis 200 cm oder sogar mehr. Es sind sogar schon Großbohrpfähle mit einem Durchmesser von 3,5 m hergestellt worden.

Die Länge von Bohrpfählen kann sehr unterschiedlich sein, üblich sind jedoch Längen zwischen zehn Metern und fünfzig Metern. Die tatsächliche Länge hängt von verschiedenen Faktoren ab, wie der Pfahlart, den Baugrundverhältnissen und den statischen Anforderungen der Konstruktion. Die Mindestpfahllänge von Pfählen im Baugrund beträgt nach der zurückgezogenen DIN 4014, Bohrpfähle – Herstellung, Bemessung und Tragverhalten, vom März 1990, das Fünffache des Pfahldurchmessers oder 5 m , je nachdem, welcher Wert größer ist. In der Regel werden Bohrpfähle mit Durchmessern von 0,3–3 m und Längen von 10–50 m hergestellt.

Bohrpfähle werden hauptsächlich mit einer **Verrohrung** hergestellt. Die Rohre bestehen aus Stahl und werden aus einzelnen Rohrschüssen beim Bohren auf der Baustelle zusammengeschraubt. Die Länge der Verrohrung kann in Abhängigkeit von den Bodenschichten und dem Pfahldurchmesser zwischen 3–6 m liegen, wobei die Oberseite der Verrohrung mindestens 60 cm über dem Boden stehen sollte.

Anstelle einer Verrohrung kann, wie bereits weiter oben angemerkt, bei der Herstellung von Bohrpfählen eine Bentonitsuspension verwendet werden, um die Bohrlochwände zu stützen und zu stabilisieren, insbesondere in nicht standfesten Böden. Die Bentonitsuspension verhindert das Einfallen des Bohrlochs während der Herstellung des Bohrpfahls. Beim Einbringen des Frischbetons wird die Bentonitsuspension verdrängt und kann wiederverwendet oder entsorgt werden. Eine Bentonitsuspension wird im Spezialtiefbau als Stütz-, Förder- und Schmiermittel bei verschiedenen Bauvorhaben eingesetzt, wie zum Beispiel beim Tunnelbau, bei Bohrungen oder bei Rohrvortrieben. Bentonitsuspensionen können auch eingesetzt werden, um den Erddruck bei Baugruben oder beim Tunnelbau zu stabilisieren. Sie verhindern auch, dass Erdreich oder Wasser in den Baugrubenbereich eindringen. Die Suspensionen können auch als Gleitmittel wirken, um den Widerstand beim Vortrieb von Rohren zu verringern. Weiterhin kann Bentonit zur Abdichtung von Bauwerken, wie beispielsweise von Kellern, verwendet werden. Bentonit bildet eine wasserundurchlässige Schicht, wenn es mit Wasser in Kontakt kommt. Bentonit kann auch zur Verbesserung der Bodenstruktur, insbesondere bei leichten, sandigen Böden, eingesetzt werden.

Fertigpfähle bestehen hauptsächlich aus Stahlbeton oder aus Spannbeton und werden als vorgefertigte Elemente in den Boden eingerammt, in vorgebohrte Löcher eingestellt oder in den Boden eingerüttelt. Fertigpfähle dienen als Gründungselemente für Bauwerke, indem sie Lasten in tiefere, tragfähigere Bodenschichten, einleiten. Die Pfähle werden in Fertigteilwerken hergestellt und mit Tiefladern zur Baustelle transportiert. Die maximale Länge von Fertigteilpfählen hängt von verschiedenen Faktoren ab, wie zum Beispiel der Herstellungstechnik, dem verwendeten Material und den Anforderungen des jeweiligen Bauprojekts. In der Regel können Fertigteilpfähle bis zu einer Länge von 18–30 m hergestellt werden. Unter besonderen Umständen, wie zum Beispiel bei Offshore-Projekten, können die Pfähle auch bis zu 150 m lang sein, wobei sie dann gekoppelt werden.

Fertigpfähle haben, je nach Material, Länge und Durchmesser, unterschiedliche Gewichte. Ein Rammpfahl mit 350 cm Länge und 20 cm Durchmesser wiegt beispielsweise ca. 350 kg, während ein Rammpfahl mit 500 cm Länge und ebenfalls 20 cm Durchmesser rund 500 kg wiegt. Die Gewichte können auch von der Art der Bewehrung und von der Dichte des Betons abhängen. Die vorgenannten Fertigpfähle mit den oben angegebenen Maßen können von normalen Turmdrehkranen auf der Baustelle gehoben werden. Bei wesentlich längeren oder bei wesentlich breiteren Fertigpfählen ist ein Autokran für den Einbau der Pfähle auf der Baustelle notwendig.

Duktilpfähle sind vorgefertigte Pfähle aus duktilem Gusseisen, die in Durchmessern von 118 mm und 170 mm und mit unterschiedlichen Wandstärken erhältlich sind. Die Standardlängen der Pfahlsegmente von Duktilpfählen betragen in der Regel 5–6 m. Die Pfähle können durch Muffenverbindungen beliebig verlängert werden.

Duktilität ist die Fähigkeit eines Materials, sich unter Belastung plastisch zu verformen, ohne zu brechen. Duktilpfähle sind, je nach Durchmesser und Wandstärke der Pfahlrohre, für zulässige Gebrauchslasten von 300–1100 kN ausgelegt. Die Pfahlrohre werden im sogenannten Schleudergussverfahren aus duktilem Gusseisen hergestellt. Das Herzstück des Pfahls ist die Muffe, durch die der Pfahl endlos kuppelbar und in beliebiger Länge hergestellt werden kann. Beim unteren Abschluss des Pfahls, der Pfahlfußplatte, wird zwischen zwei Ausführungsmöglichkeiten unterschieden, dem mörtelverfüllten Pfahl und dem mantelverpressten Pfahl. Ein mörtelverfüllter Pfahl wird mit einer Pfahlfußplatte ausgestattet, die das Pfahlrohr dicht abschließt. Der Pfahl wird auf die erforderliche Endtiefe gerammt und anschließend mit Betonmörtel verfüllt. Ein mantelverpresster Pfahl ist ein Pfahl, oft ein duktiler Gussrohrpfahl, der während des

Rammens oder des Einbringens in den Baugrund mit Zementmörtel ummantelt wird. Diese Ummantelung, auch Mantelverpressung genannt, dient dem zusätzlichen Schutz des Pfahls vor Korrosion und erhöht seine Tragfähigkeit durch Mantelreibung.

Der Lastabtrag der Pfähle erfolgt hauptsächlich über Spitzendruck. Beim mantelverpressten Pfahl wird eine Fußplatte verwendet, die größer ist als der Pfahlrohrquerschnitt. Diese Fußplatte erzeugt einen Ringraum, der durch eine Verpressung aufgefüllt wird. Die einzelnen Rohrschüsse werden mit einer Schnellschlagramme und mit speziellen Einsteckwerkzeugen eingerammt. Als Trägergerät für die Ramme eignet sich zum Beispiel ein Hydraulikbagger. Dieses relativ flexible Pfahlsystem ist auch bei beengten und unwegsamen Baufeldern einsetzbar, wo große Pfahlgeräte nicht arbeiten können. Durch die vielseitige und wirtschaftliche Einsetzbarkeit bei Kleinbaustellen, beim Wohnungsbau und auch bei Großbaustellen, gewinnt dieses Pfahlsystem in Deutschland zunehmend an Bedeutung.

Duktile Rammpfähle sind aus Gusseisen gefertigt und werden von schweren Rammen in den Boden eingebracht, in vorgebohrte Löcher eingestellt oder in den Boden eingerüttelt. Das Wort duktil bedeutet dehnbar oder verformbar. Duktiles Gusseisen ist im Gegensatz zum normalen Grauguss ein plastisch verformbarer Werkstoff. Überbeanspruchungen werden durch Verformungen abgebaut und führen nicht zum Bruch oder zu Rissen.

Die Kosten für Bohrpfähle können in Abhängigkeit von verschiedenen Faktoren stark variieren, liegen aber im Durchschnitt bei etwa 500 Euro pro laufendem Meter Pfahl. Hinzu kommen weitere Kosten für Bohrungen, Beton, Bewehrung und Baumaschinen, die von den individuellen und den örtlichen Gegebenheiten abhängen. Für eine Pfahlgründung mit Bohrpfählen für ein Einfamilienhaus ist mit Kosten von 15 000–30 000 Euro oder mehr zu rechnen.

Die Kosten für Rammpfähle sind: Kosten für Vorbereitungsarbeiten, etwa 2400 Euro und ca. 200 Euro pro laufendem Meter Pfahl. Kosten für Stahlbetonrammpfähle: ab 200 Euro pro laufendem Meter Pfahl. Die Kosten für einen Balkenrost und eine Pfahlgründung betragen etwa 25 000 Euro. Bei Fertigteilrammpfählen entstehen zusätzlich Kosten für den Transport der Pfähle vom Fertigteilwerk zur Baustelle.

Verdrängungspfähle werden gerammt oder gebohrt. Grundsätzlich wird zwischen **Teil**- und **Vollverdrängungspfählen** unterschieden. Als Materialien für Verdrängungspfähle werden Beton, Stahl- und Spannbeton, Stahl und selten Holz verwendet. Fertigpfähle aus Stahl- oder aus Spannbeton werden in speziellen Werken hergestellt und auf der Baustelle eingerammt, eingespült oder in vorbereitete Bohrlöcher eingestellt.

Für die Bemessung von Pfahlgründungen sind auf der Grundlage von Baugrunderkundungen erdstatische Berechnungen erforderlich. Allerdings können zuverlässige Ausgangswerte erst nach der Durchführung von Pfahlprobebelastungen gewonnen werden.

Pfähle können auch mit kleinen Durchmessern hergestellt werden. Hierzu zählen sogenannte Wurzelpfähle, Mikropfähle, Kleinverpresspfähle oder Duktilpfähle. Zum

Erreichen einer ausreichenden Tragfähigkeit werden Pfähle mit kleinen Durchmessern häufig mit einer Zementsuspension verpresst.

Bei kleineren Lasten oder zur Auftriebssicherung von Fundamentplatten können **Mikropfähle** (Bild 13.2, Bild 13.3) verwendet werden.

Bild 13.2
Mikropfähle in einer bewehrten Fundamentplatte (Bild: Implenia Deutschland GmbH, Raunheim)

Bild 13.3
Laumer-Mikropfahl (Bild: Laumer CSV Bodenstabilisierungs und Pfahlgründungs GmbH, Massing)

Das **Einpressverfahren** ist insbesondere dort, wo Pfähle erschütterungsfrei und lärmarm in den Baugrund eingebracht werden müssen, häufig die einzige mögliche ausführbare Methode. Das Einpressen eignet sich besonders bei erschütterungsempfindlichen Fundamenten oder erschütterungsempfindlichen Bauwerken. Daher finden **Einpresspfähle**, auch Presspfähle genannt, überwiegend bei der Nachgründung von bestehenden und erhaltungswürdigen, setzungsempfindlichen Bauwerken ihre Anwendung. Es lassen sich mit Presspfählen Bauwerke oder Bauteile stabilisieren, bereits aufgetretene Setzungen können durch gezielte Hebungen wieder ausgeglichen werden. Als weiteres Anwendungsgebiet von Einpresspfählen sind, wie weiter oben bereits angemerkt, Nachgründungen von Bauwerken zu nennen, wo Umplanungen oder Umbauten höhere Lasten bewirken und die vorhandene Gründung nicht mehr ausreicht. Möglich ist auch das nachträgliche Unterkellern eines Gebäudes. Ein Presspfahl ist ein **Vollverdrängungspfahl**. Der Pfahl trägt sowohl über **Spitzenwiderstand** als auch über **Mantelreibung**, wobei die Mantelreibung wegen des glatten Pfahlschafts, des kleinen Durchmessers und der in den meisten Fällen relativ geringen Pfahllänge in der Regel vernachlässigt werden kann.

Weltweit werden hauptsächlich **Fertigbetonrammpfähle** aus Stahlbeton oder aus Spannbeton mit quadratischen Vollquerschnitten zwischen 20 × 20 cm und 45 × 45 cm verwendet, die für die Beanspruchungen beim Transport, bei der Einbringung und für die Bauwerkslasten (Druck, Zug, Biegung) standardmäßig bewehrt oder vorgespannt sind. Weniger häufig angewendet werden runde Schleuderbetonpfähle (jedoch relativ häufig zum Beispiel in Österreich und in der Schweiz), die häufig im inneren hohl sind, sodass nur der bewehrte Betonaußenring zur Lastabtragung zur Verfügung steht.

In Deutschland und im skandinavischen Raum werden **Stahlbetonfertigpfähle** relativ häufig in Fertigteilwerken unter Einhaltung definierter Qualitätskriterien sowie unter einer kontinuierlichen externen Kontrolle hergestellt. Aus logistischen, wirtschaftlichen und aus einbautechnischen Gründen ist die Länge von Einzelpfählen auf 15 m begrenzt. Für den Einsatz von Pfahllängen größer als 15 m können Teilstücke durch geprüfte und bauaufsichtlich zugelassene Kupplungen miteinander verbunden und beliebig verlängert werden. In Schweden wurden auf diese Weise schon Pfahllängen von über 80 m realisiert.

Bild 13.4 zeigt einen ausgegrabenen und als Anschauungsobjekt aufgestellten Rammpfahl. Der Rammpfahl steht vor dem Institut für Geomechanik und Geotechnik der Technischen Universität Braunschweig.

Bild 13.4
Als Anschauungsobjekt aufgestellter Rammpfahl (Bild: Autor)

In innerstädtischen Bereichen werden heutzutage **Rammpfähle** nur selten verwendet. Die durch die Einrammung entstehenden Geräusche und insbesondere Erschütterungen beeinträchtigen die Bewohner von benachbarten Gebäuden relativ stark. Auch können durch die Rammung Schäden an Nachbargebäuden entstehen. Als Alternative hierzu werden Bohrpfahlgründungen ausgeführt. Bohrpfähle verursachen bei ihrer Herstellung kaum Erschütterungen.

Vollverdrängungsbohrpfähle (VVB), auch **Schraubpfähle** oder **Schneckenbohrpfähle** genannt, werden auch als **Atlas-** oder **Fundexpfähle** angeboten. Diese Pfahlsysteme werden geräuscharm hergestellt und können daher oft innerstädtisch eingesetzt werden, um Baulärm gegenüber Anwohnern zu vermindern. Durch die erschütterungsfreie Ausführung sind diese Pfahlsysteme auch für eine Verwendung direkt neben empfindlichen Bauwerken gut geeignet. Aufgrund der vollständigen Bodenverdrängung wird der Baugrund verbessert und es fällt kein Bohrgut an. So werden Transport- und Entsorgungskosten eingespart.

Die Länge von Schraubbohrpfählen kann in der Baupraxis sehr unterschiedlich sein, von nur einem Meter bis zu 18 m oder sogar länger. Die gängigsten Pfahllängen liegen jedoch meistes im Bereich zwischen 3–9 m. Es ist auch möglich, Schraubbohrpfähle bis zu 30 m tief einzubringen. Die tatsächliche Länge hängt von verschiedenen Faktoren ab, wie zum Beispiel den Bodenverhältnissen, den Anforderungen an das Bauprojekt und den verwendeten Schraubpfahltypen. Die Tragfähigkeit eines **Schraubbohrpfahls** hängt von verschiedenen Faktoren ab, darunter dem Pfahldurchmesser, der Pfahllänge, der Bodenbeschaffenheit und der Art der Schraubspitze. Generell können Schraubbohrpfähle Lasten von einigen Hundert bis über eintausend Kilonewton aufnehmen. Die genaue Tragfähigkeit wird in der Regel durch Herstellerangaben und durch spezifische Berechnungen für das jeweilige Bauvorhaben ermittelt.

Die axialen Pfahlwiderstände von **Stahlbetonfertigpfählen** liegen, je nach Querschnitt und den Baugrundverhältnissen, zwischen 0,5 und 2,0 Meganewton.

Faktoren, die die Pfahltragfähigkeit beeinflussen, sind:

- **Pfahldurchmesser und -länge.** Größere Pfahldurchmesser und Längen erhöhen in der Regel die Tragfähigkeit.
- **Bodenbeschaffenheit.** Die Tragfähigkeit von Schraubbohrpfählen ist stark von der Art des Bodens abhängig. Fester Boden bietet mehr Widerstand als weicher oder wassergesättigter Boden.
- **Schraubspitze.** Die Form und die Größe der Schraubspitze beeinflussen, wie gut der Pfahl im Boden verankert ist und welche Last er übertragen kann.
- **Mantelreibung.** Die Reibung zwischen dem Pfahl und dem Boden spielt eine wichtige Rolle bei der Lastübertragung.

Beispiele für Tragfähigkeiten:

Die Herstellerangaben für die Tragfähigkeit von Schraubbohrpfählen liegen oft im Bereich von 500–1500 kN. Einige Hersteller geben Tragfähigkeiten von über 2000 kN für Schraubbohrpfähle bei bestimmten Baugrundverhältnissen an. Es gibt auch Beispiele für Pfähle, die Lasten von über 4000 kN aufnehmen können, wobei hier oft von Schraub-Injektionspfählen gesprochen wird.

Die Tragfähigkeit eines Schraubbohrpfahls sollte immer von einem Sachverständigen für Geotechnik berechnet und unter Berücksichtigung der spezifischen Gegebenheiten des Bauprojekts ermittelt werden. Es ist auch wichtig, die Herstellerangaben und Empfehlungen zu beachten, um eine sichere und zuverlässige Pfahlgründung zu gewährleisten. Die Pfahltragfähigkeit kann durch verschiedene Maßnahmen, wie zum Beispiel der Wahl einer geeigneten Pfahlgeometrie oder der Verbesserung der Baugrundverhältnisse, optimiert werden.

Die üblichen Pfahlinnendurchmesser (D_n) von Schraubbohrpfählen liegen bei D_n = 31–61 cm. Die Tragfähigkeit von Schraubbohrpfählen kann durch Probebelastungen oder durch Erfahrungswerte ermittelt werden, wobei Sicherheitsfaktoren zu berücksichtigen sind. Generell können Schraubbohrpfähle Lasten von einigen Hundert Kilonewton bis zu mehreren Meganewton tragen. Im Allgemeinen gilt: je größer der Durchmesser und die Länge des Pfahls, desto höher ist die Tragfähigkeit des Schraubbohrpfahls. Ein Schraubbohrpfahl mit Fußverbreiterung kann eine höhere Tragfähigkeit aufweisen, als ein Schraubbohrpfahl ohne Fußverbreiterung.

Bei **Betonfertigteilpfählen** erfolgt die Abtragung der Bauwerkslasten über Mantelreibung und Spitzenwiderstand. Dieses Pfahlsystem ist in nahezu jeder Bodenart und bei jeder Baugrundschichtung anwendbar. Fertigpfähle aus Stahlbeton eignen sich auch zur Anwendung im Grundwasser sowie in weichen oder in kontaminierten Bodenschichten. Das Einsatzspektrum von Stahlbetonfertigrammpfählen reicht von Einfamilienhäusern über Industrieanlagen bis hin zu großen Infrastrukturprojekten. Eins der wichtigsten Einsatzgebiete stellt inzwischen die Tiefgründung von Windkraftanlagen dar. In Stahlbetonfertigrammpfähle können auch Injektionsrohre oder Leitungen zur Nutzung von Erdwärme (sogenannte Energiepfähle) integriert werden.

Bei **Ortbetonpfählen** wird der Beton vor Ort eingebracht (heutzutage meistens Transportbeton). Der Durchmesser und die Länge der Pfähle können jeweils auf die entsprechenden Anforderungen ausgelegt werden. Insbesondere beim Tragfähigkeitsnachweis wird bei Ortbetonpfählen zwischen Groß- und Kleinbohrpfählen (Mikropfähle) unterschieden. Mikropfähle haben Durchmesser < 30 cm. Großbohrpfähle haben Durchmesser ≥ 60 cm und können mit Durchmessern bis zu 3,5 m hergestellt werden.

Bei **Bohrpfählen** wird der Boden nicht verdrängt, sondern von einer offenen Bohrkrone aufgenommen. Der Boden wird aus dem Inneren des Bohrrohres entfernt, um dann eine Stahlbewehrung oder ein Stahltragglied in das Bohrloch einzustellen und das Bohrrohr mit Ortbeton oder Mörtel verfüllen zu können. Entsprechend dem Betonierfortschritt wird das Stahlrohr mit der Bohrkrone schrittweise herausgezogen. Eventuell anstehendes oder eindringendes Wasser wird vom Frischbeton nach oben verdrängt.

Neben reinen Bohrpfählen werden in der Baupraxis auch **Schraubbohrpfähle**, die häufig auch als **Schneckenbohrpfähle** bezeichnet werden, verwendet.

Beim **Schneckenbohrverfahren** wird eine hohle Endlos-Bohrschnecke in den Boden gedreht. Wenn die erforderliche Tiefe erreicht ist, wird Frischbeton durch die hohle Bohrschnecke eingepresst und diese damit nach oben gedrückt. Die Stahlbewehrung wird, nachdem die Bohrschnecke und der nach oben beförderte Boden entfernt wurden, in den noch frischen Beton eingerüttelt.

Bei **Pressbetonbohrpfählen** oder **Mörtelverpresspfählen** werden nach deren Herstellung die Zwischenräume mit Mörtel verpresst, um einen zusätzlichen Halt im Boden zu erzeugen. Nachdem die Pfähle betoniert wurden und der Beton ausreichend abgebunden hat, wird bei unterkellerten Gebäuden und bei Tiefgaragen die Baugrube ausgehoben, in der dann die Pfahlköpfe frei liegen. Die Bohrpfahlköpfe werden anschließend in Höhe des vorgesehenen Fundaments beziehungsweise in Höhe der späteren Bodenplatte aufgestemmt und gekappt. Ist der Pfahl bewehrt, wird ein Teil der Pfahlbewehrung belassen und bleibt stehen, um beim Betonieren der Bodenplatte und der aufgehenden Wände in deren Bewehrung mit einzubinden.

Weil sich Frischbeton beim Aufprall nach freiem Fall entmischen kann, wird im sogenannten Kontraktorverfahren betoniert, das heißt, der Frischbeton wird durch ein Rohr bis unter die Frischbetonoberfläche geleitet. Der durch Vermischung mit dem im Bohrloch anstehenden Wasser verdünnte Beton schwimmt dann oben auf. Es ist daher vorteilhaft, den dadurch weniger tragfähigen oberen Bereich des Bohrpfahls, wie weiter oben bereits angemerkt, wieder abzutragen.

Schraubpfähle stellen als **Verdrängungspfähle** eine Alternative zu herkömmlichen gebohrten Pfahlsystemen (zum Beispiel Bohrpfähle, Schneckenbohrpfähle) dar, deren Herstellungsprozess immer mit einer Störung des anstehenden Bodens verbunden ist. Dies kann zu einem negativen Einfluss auf die Pfahltragfähigkeit führen. Die Tragfähigkeiten der mehr oder weniger als vollverdrängend einzustufenden Schraubpfähle sind vergleichbar mit den Tragfähigkeiten von Rammpfählen. Eine relativ vibrationsfreie und geräuscharme Herstellung lässt einen Einsatz von Schraubpfählen auch dort zu, wo gerammte Pfähle nicht geeignet sind. Die als vollverdrängende Systeme hergestellten Schraubpfähle bieten auch umwelttechnische Vorteile.

Mikropfähle sind **Kleinbohrverpresspfähle** mit einem Durchmesser von 30 cm oder weniger nach den Vorgaben der DIN EN 14199, Ausführung von Arbeiten im Spezialtiefbau – Mikropfähle, Deutsche Fassung EN 14199, vom Juli 2015. Mikropfähle tragen ihre Last fast ausschließlich über Mantelreibung ab und werden zur besseren Lastabtragung in den Baugrund mit einer Zementsuspension verpresst und sind auch bei beengten Platzverhältnissen relativ gut in den Boden einzubringen, weshalb sie besonders bei Nachgründungen an bestehenden Gebäuden und bei Unterfangungsmaßnahmen eingesetzt werden (Bild 13.5).

Bild 13.5 Nachgründung einer Gebäudeaußenwand aus Mauerwerk mit Mikropfählen (Bild: Geosec Deutschland GmbH, Solingen)

Für die Sicherung von Baugruben können die folgenden Sicherungselemente verwendet werden:

- Schlitzwände,
- Dichtwände mit eingestellten Tragelementen,
- Bohrpfahlwände (tangierend, aufgelöst oder überschnitten),
- Bodenmischverfahren,
- Spundwände,
- Trägerbohlwände, auch als Berliner Verbau bezeichnet,
- Injektionswände,
- Düsenstrahlwände,
- mit Spritzbeton gesicherte Baugrubenwände.

Mit **Inklinometermessungen** können mit hoher Präzision Verformungen im Untergrund gemessen werden. Weiterhin können horizontale Verformungen von Stützkonstruktionen und von Baugrubenwänden mit Inklinometern gemessen werden. Dafür wird ein Messrohr fest im Boden verankert. Entlang des Rohres ermittelt dann eine Messsonde anschließend die Neigung, die dann die Auslenkung für den gesamten Rohrverlauf bestimmt. Ein Inklinometer, auch Neigungsmesser oder Klinometer genannt, ist ein Messinstrument zur Bestimmung der Neigung oder des Winkels einer Oberfläche oder eines Objekts im Verhältnis zur Horizontalen. Inklinometer werden in verschiedenen Bereichen eingesetzt, darunter in der Geotechnik, der Medizin, dem Bauwesen und der Schifffahrt.

Ein Extensometer ist ein Messgerät, das zur Bestimmung der Verformung oder der Dehnung von Materialien unter Belastung verwendet wird. Ein Extensometer erfasst die Längenänderung (Ausdehnung oder Verkürzung) über eine bestimmte Strecke. Extensometer werden häufig in der Materialprüfung eingesetzt, um das Verhalten von Materialien unter Zug- oder Druckkräften zu untersuchen. Mit Extensometern können auch Setzungen von Bodenschichten, zum Beispiel bei Sandaufschüttungen oder die Setzungen von Deponiekörpern in einzelnen Tiefenlagen gemessen werden.

Mit **Verpressankern** können Baugrubenwände gesichert werden (Bild 13.6).

Bild 13.6
Verpressanker zur Sicherung einer Stahlspundwand (Bild: AARSLEFF Spezialtiefbau GmbH, Hamburg)

Bei **Pfahlprüfungen** werden Pfähle, je nach den vorgegebenen Anforderungen, verschiedenen Tests unterzogen. Die Tests müssen von einem zertifizierten Pfahlprüfer oder Sachverständigen durchgeführt werden. Die derzeit häufigsten Prüfverfahren sind:

- Pfahlintegritätsprüfungen,
- statische Pfahlprobebelastungen,
- dynamische Pfahlprobebelastungen.

Die Auswertung von Pfahlprobebelastungen dient der Bestimmung der Tragfähigkeit und des Verhaltens von Pfählen unter Lasteinwirkung. Dabei werden die bei Probebelastungen ermittelten Daten wie Setzungen, Lasten und Kriechmaße, ausgewertet, um die Tragfähigkeit der Pfähle zu bestimmen und um die zulässige Belastung festzulegen.

Zur Evaluierung der Ergebnisse von dynamischen Pfahlprobebelastungen an Bohrpfählen wurde von der Bundesanstalt für Wasserbau (BAW), Karlsruhe, und der Bundesanstalt für Materialforschung und -prüfung (BAM), Berlin, ein Ringversuch durchgeführt, an dem sich fünf namhafte Anbieter von dynamischen Prüfungen in Deutschland beteiligt haben. Hierfür wurde auf dem Testgelände der BAM nahe Horstwalde bei Berlin ein Testfeld mit acht Bohrpfählen angelegt.

Zur Erkundung der Baugrundverhältnisse im Bereich der acht Bohrpfähle wurden zwei Kernbohrungen und sechs Drucksondierungen bis jeweils 25 m Tiefe abgeteuft. Der Baugrund im Bereich des Testgeländes besteht bis zur Tiefe von acht bis neun Metern aus gut verdichteten Sanden. Darunter folgen weichere Schichten mit Spitzendrücken der zur Baugrunderkundung eingesetzten Drucksonde deutlich unter zehn Meganewton pro Quadratmeter. Starke Schwankungen wiesen auf eine Feinschichtung und auf lokale Einlagerungen hin. Ab 16 m Tiefe zeigten sich die in den Erkundungsbohrungen angetroffenen Kiesbestandteile durch hohe Spitzendruckwerte.

Die Laborversuche an entnommenen Bodenproben wurden an der Bundesanstalt für Wasserbau (BAW) in Karlsruhe durchgeführt, die auch den geotechnischen Untersuchungsbericht anfertigte. Nach der Pfahlherstellung hat die BAW weitere Drucksondierungen (CPT 20 bis CPT 40) niedergebracht. Weitere Aufschlussbohrungen wurden nahe der geplanten Position der Pfähle „1“ und „2“, die später statisch belastet wurden, abgeteuft.

Es wurden für die Belastungsversuche insgesamt acht Bohrpfähle hergestellt. Sechs Bohrpfähle hatten eine Länge von 25 m, ein Bohrpfahl hatte eine Länge von 20 m und ein Bohrpfahl war 19 m lang. Die acht Bohrpfähle wurden aufgrund der in den unteren Sanden erkundeten unterschiedlichen Lagerungsdichten und Kiesanteilen mit einer Einbindetiefe von 10 m und einem Durchmesser von 90 cm ausgeführt. Die Pfahlköpfe sämtlicher Pfähle wurden mit Stahlhülsen versehen, um den Einwirkungen aus dynamischen Probebelastungen widerstehen zu können. Die Belastungskrone zur statischen Probebelastung wurde mit je zwölf sternförmig gespreizt angeordneten Verpressankern im Baugrund rückverankert. Deren 6 m lange Krafteinleitungsstrecke wurde bezogen auf den Testpfahl tiefliegend ausgebildet. Die Instrumentierung der Pfähle „1“ und „2“ in drei Querschnittsebenen setzte sich aus je drei Betonverformungsmessgebern im Bereich des Pfahlschaftes zusammen. Zusätzlich wurde zur Ermittlung des Spitzendrucks am Pfahlfuß ein Druckkissen installiert. Die Messebenen am Pfahlschaft lagen bezogen auf die Oberkante des Geländes bei ca. –1 m, bei –5 m und bei –9,5 m.

Die Bohrpfähle wurden teilweise sowohl mit einer Instrumentierung nach dem Stand der Technik als auch mit innovativer Sensorik ausgestattet. Die zusätzlichen Sensoren und auch ein versuchsbegleitendes Porenwasserdruckmonitoring wurden nicht vollständig dokumentiert.

Bei sämtlichen acht Bohrpfählen wurde eine Integritätsprüfung nach dem Hammerschlagverfahren gemäß EA-Pfähle (2012) durchgeführt.

Bei den Probebelastungen von zwei Pfählen wurden die Messdaten digital erfasst. Das Hydrauliksystem zum Aufbringen der Belastung bestand aus einem Hydraulikaggregat mit einem variablen Ölfördervolumen, einer Steuerung zur Lastkonstanthaltung und einem Hydraulikzylinder. Die Steuerung zur Lastkonstanthaltung erfolgte über ein elektronisches Kontaktmanometer mit einem Regelbereich von ±0,5 bar. Die Messwerte der redundanten Kraftmessdose wurden in einem Zyklus von ca. 60 s gespeichert. Die Kontrolle des Hauptmesssystems erfolgte über ein Digitalnivelliergerät aus ca. 5 m Entfernung.

Bei den statischen Belastungsversuchen wurden noch vor dem Erreichen der angenommenen Gebrauchslast von 2625 kN beim Pfahl „1“ starke Kriechverformungen von k_s > 0,5 mm aufgezeichnet. Das maximal zulässige Kriechkriterium von 0,1 mm pro zwanzig Minuten wurde überschritten. Nach den ausgewerteten Kriechverformungen waren bei der Steigerung der Belastung zwischen den Laststufen 1969 kN und 2626 kN die Verformungen von k_s = 0,4 mm auf k_s = 4,6 mm gestiegen. Die Grenzmantelreibung betrug dabei R_s = 1956 kN und der Grenzspitzendruck R_b = 669 kN. Die Lastschleife wurde in Anlehnung an die Festlegungen der Empfehlungen des Arbeitskreises Pfähle (EA-Pfähle (2012)) der Deutschen Gesellschaft für Geotechnik e. V., Kapitel 9.2.5.1, abgebrochen.

Für die Durchführung der dynamischen Pfahlprobebelastungen wurde ein 11 t schweres Fallgewicht verwendet. Es wurden Pfähle mit dem Fallgewicht, nacheinander aus Fallhöhen von 40 cm, 65 cm, 95 cm, 125 cm, 150 cm, 180 cm und 210 cm, dynamisch belastet. Dabei wurden Pfahlsetzungen zwischen 1 mm (bei 40 cm Fallhöhe) und 43 mm (bei 210 Zentimetern Fallhöhe) ermittelt.

Die Pfahlbelastungen bei den dynamischen Pfahlprobebelastungen in den Erstversuchen schwankten zwischen 2270 kN und 3800 kN, während bei den statischen Pfahlprobebelastungen Werte von 2600 kN und 3200 kN ermittelt wurden.

Besonders problematisch werden Flächengründungen, wenn die Last nicht zentrisch in Bodenplatten eingeleitet werden kann. Die Bodenplatten beginnen dann zu kippen, was zu einer Schiefstellung des Gebäudes führen kann. Oft lässt sich eine dezentrale Lasteinleitung aufgrund von unsymmetrischen Grundstücksgeometrien dennoch nicht vermeiden. So mussten sich die Ingenieure für die Frankfurter Hochhäuser der ersten Generation besondere Lösungen einfallen lassen. Beim Silver Tower wurden daher 22 Druckkissen unter der Bodenplatte verbaut. Diese 5 × 5 m großen Gummikissen konnten beim Abneigen der Bodenplatte individuell mit Wasser gefüllt werden und so einem Kippen des Gebäudes entgegenwirken. Nach der Fertigstellung des Gebäudes wurden die Gummikissen mit Mörtel verfüllt und in ihrer Position fixiert.

Durch die Unvermeidbarkeit von großen Setzungen werden inzwischen große Flächenfundamente für schwere Bauwerke nur noch selten gebaut.

In der zurückgezogenen DIN 1054, Baugrund – Sicherheitsnachweise im Erd- und Grundbau – Ergänzende Regelungen zu DIN EN 1997-1, vom Dezember 2010, sind für die Ermittlung der Pfahlwiderstände zwei Verfahren angegeben. Das erste Verfahren basiert auf der Auswertung der Widerstand-Setzungs-Linie aus Belastungstests. Hierbei können die Bruchwiderstände in Abhängigkeit der empirischen Bruchsetzung s = 0,1 D abgelesen werden. Dieses Verfahren dient nicht zur Vorbemessung, es werden die exakten Pfahlwiderstände ermittelt. Das zweite Verfahren basiert auf empirischen Beziehungen zwischen den geotechnischen Parametern und den äußeren Pfahlkräften.

Beim Vergleich von numerischen Berechnungsergebnissen und den Referenzdaten von Pfahlprobebelastungen ist ein wesentlicher Unterschied in der Erfassung des Initialspannungszustands zu berücksichtigen. Mit der Messtechnik von Pfahlprobebelastungen ist es nicht möglich, den ursprünglichen Spannungszustand im Baugrund zu erfassen. Das bedeutet, dass die Messinstrumente Spannungen im Baugrund erst erfassen, wenn der Pfahl belastet wird. Im Gegensatz dazu wird im Finite-Elemente-Programm PLAXIS die gesamte Spannungsgeschichte des Baugrunds, einschließlich dem Initialspannungszustand, erfasst.

Mit nebeneinanderstehenden oder sich überschneidenden Bohrpfählen können **Bohrpfahlwände** hergestellt werden. Mit Bohrpfahlwänden werden Baugruben gesichert. Je nach der Art des Baugrunds und der Tiefe der Baugrube können die Bohrpfahlwände im Boden eingespannt oder mit Verpressankern gehalten hergestellt werden. Die Bohrpfahlwände können tangierend, überschnitten oder aufgelöst ausgeführt werden. Überschnittene Bohrpfahlwände sind besonders wasserdicht. **Aufgelöste Bohrpfahlwände** bestehen aus bewehrten Bohrpfählen, die in Reihe mit einem Abstand größer dem Pfahldurchmesser angeordnet sind. Der zwischen den Pfählen verbleibende Abstand wird in der Regel mit Spritzbeton ausgefacht.

Wirkt bei Baugruben nach dem Betonieren der Sohlplatte des Gebäudes unterhalb der Sohlplatte ein **Grundwasserdruck**, müssen **Zugpfähle** oder **Verpressanker** unterhalb der Sohlplatte zur Auftriebssicherung vorgesehen werden.

Je nach den Baugrund- und den Grundwasserverhältnissen muss ein Bauwerk in der Tiefe verankert werden. Schwierige Baugrundbedingungen oder sehr hohe Lasten sind Gründe, eine sogenannte **Tiefgründung** als Anker zu wählen. Eine Möglichkeit ist die weiter oben beschriebene **Pfahlgründung**. Mit ihr können die Bauwerkslasten in tiefere, tragfähigere Bodenschichten abgetragen werden. Pfahlgründungen können auch schwebend ausgeführt werden. Als schwebend wird eine Bauweise bezeichnet, bei der die Pfähle nicht bis zum tragfähigen Untergrund reichen. Die Pfähle tragen stattdessen aufgrund der Reibung zwischen den Pfählen und dem umgebenden Boden.

In Deutschland werden Pfähle auch beim Tunnelbau eingesetzt, um Baugruben zu sichern, Tunnelwände zu stabilisieren oder um Fundamente für Tunnelportale herzustellen. Insbesondere bei der Errichtung von Tunneln in schwierigem Baugrund oder in der Nähe bestehender Bauwerke sind Pfähle oft unerlässlich.

Bei der Planung und dem Entwurf einer Pfahlgründung kann durch Fachingenieure geprüft werden, ob mit der Wahl einer speziellen Pfahlart das Erdreich auch gleichzeitig geothermisch genutzt werden kann. In der Schweiz ist der Bau derartiger Energiepfahlsysteme bereits in den 1970er-Jahren wissenschaftlich begleitet worden. Der Erfolg der Systeme ist dokumentiert worden. Betreiber einer Energiepfahl-Anlage können (zum Beispiel mit einer erdgekoppelten Wärmepumpe) niedrige Betriebs- und Heizkosten haben.

Pfähle können als sogenannte **Energiepfähle** ausgebildet werden. Der einzige Unterschied zu herkömmlichen Pfählen besteht darin, dass Rohre im Pfahl in den Beton eingegossen werden. Energiepfähle werden in energetischen Geostrukturen verwendet. Die Leistung ist abhängig von der Anlagengröße (zum Beispiel der Anzahl der Pfähle) und beträgt 10–800 kW.

Energiepfähle funktionieren ähnlich wie Erdwärmesonden: Eine Wärmepumpe, die sich umschalten lässt, entzieht dem Energiepfahl die Wärme des Grundwassers. Das Wasser zirkuliert in den Rohren des Energiepfahls. Mit Energiepfählen können Gebäude geheizt werden. Oder die Wärme, die dem Gebäude entzogen wird, kann an den Energiepfahl abgegeben werden, sodass das Gebäude dann gekühlt wird. Wichtig für Bauvorhaben ist, dass ein Pfahl, der als Energiepfahl genutzt wird, indem man ihn mithilfe sogenannter Wärmeübertragungsrohre geothermisch aktiviert, dadurch nicht in seiner Tragfähigkeit eingeschränkt wird. Mindernd auf die energetische Funktionalität wirken sich beispielsweise auch Frost oder eine Verringerung des Pfahlquerschnitts eines Energiepfahls aus, wenn Wärmetauschrohre integriert werden. Energiepfähle können wirtschaftlich auch für die Erwärmung des Wassers von Schwimmbädern eingesetzt werden.

Thermoaktive Energiepfähle werden meistens bei mittleren und kleineren Bauvorhaben, zum Beispiel bei Einfamilienhäusern oder bei Mehrfamilienhäusern, verwendet. Ein Grund dafür ist, dass es Bauteile für die Pfähle derzeit noch nicht in einer Art Baukastensystem gibt – das macht die Planung und die Ausführung relativ kompliziert. Auch die Prüfverfahren, zum Beispiel für den Baugrund, sind teilweise noch relativ aufwendig.

In der Baupraxis kommen gelegentlich Schadensfälle bei der Herstellung von Pfahlgründungen vor. Die Gründe hierfür sind zum Beispiel nicht ausreichende Erkundungstiefen bei der Baugrunderkundung oder unzureichende Angaben über die Grundwasserverhältnisse. Aufbauend auf den Ergebnissen eines Baugrundgutachtens kann eine Pfahlgründung entworfen werden. Dabei sind vor allem die Wahl des Pfahlsystems und die Anordnung und die Anzahl der Pfähle sowie deren Setzungsverhalten von besonderer Bedeutung.

Bei der Pfahlherstellung können Bauschäden entstehen. Durch Herstellungsfehler können die innere und äußere Tragfähigkeit der Pfähle negativ beeinflusst werden. Infolge von einem Bodenentzug bei der Pfahlherstellung können Setzungen an Nachbarbauwerken entstehen. Außerdem können durch Erschütterungen, die bei der Herstellung von Pfählen auftreten können, Bauschäden an Nachbargebäuden, zum Beispiel Rissbildungen, entstehen. Das Ziehen der Bohrschnecke oder des Bohreimers ist vom Geräteführer langsam vorzunehmen, um eine Sogwirkung zu vermeiden, durch die Auflockerungen des Bodens unter dem Bohrloch entstehen können.

Für die Dokumentation eventueller Schäden, die bei der Pfahlherstellung entstehen können, sollten durch einen Bausachverständigen vor, während und nach Beendigung der Pfahlarbeiten Fotos aufgenommen werden. Dadurch kann der Bausachverständige feststellen, ob Bauschäden, zum Beispiel Rissbildungen an Nachbarbauwerken, entstanden sind.

Nach der zurückgezogenen DIN 1054, Baugrund – Sicherheitsnachweise im Erd- und Grundbau — Ergänzende Regelungen zu DIN EN 1997-1, vom Dezember 2010, und dem Eurocode 7, soll durch Probebelastungen die Tragfähigkeit sowie das Setzungsverhalten von einzelnen Pfählen für ein bestimmtes Bauwerk zuverlässig ermittelt werden. Die Durchführung und die Auswertung von Pfahlprobebelastungen sollte nach den Empfehlungen für statische axiale und horizontale Pfahlprobebelastungen (1998) des Arbeitskreises 2.1 der Deutschen Gesellschaft für Geotechnik (DGGT) kraftgesteuert mit verschiedenen Laststufen durchgeführt werden, wobei eine Setzung von mindestens zehn Prozent des Pfahldurchmessers vorzusehen ist. Bei zyklischen Pfahlprobebelastungen werden zunächst mehrere zyklische Belastungssequenzen durchgeführt. Danach wird der statisch belastete Probepfahl stufenweise statisch bis zur Grenzlast belastet.

Bei einer Pfahlintegritätsprüfung werden Pfähle in einem Baufeld auf ihre Integrität getestet. Mit einer Integritätsprüfung kann festgestellt werden, ob ein Pfahl unversehrt ist. Bevor ein Pfahl getestet wird, muss der Beton des Pfahls vollständig abgebunden sein. Es werden für die Prüfung mindestens die ersten zehn Zentimeter des Pfahlkopfs abgestemmt, um eine homogene Betonqualität sicherzustellen. Eine **Pfahlintegritätsprüfung** (PIT, englisch Pile Integrity Test) ist ein Pfahl-Testverfahren, bei dem mithilfe der Schallwellengeschwindigkeit die Laufzeit einer Schallwelle vom Pfahlkopf bis zum Pfahlfuß gemessen wird. Der Pfahlprüfer schlägt mit einem Hammer auf den zuvor vorbereiteten Bohrpfahlkopf und löst einen Schallimpuls aus. Die Schallwelle breitet sich über die Bohrpfahllänge aus und wird am Fußpunkt des Pfahls reflektiert. Ein Messfühler misst die Impulse am Pfahlkopf und leitet die Signale an einen Rechner weiter. Die Pfahllänge wird aus der Laufzeit der Welle über die als bekannt vorausgesetzte Wellenausbreitungsgeschwindigkeit des Pfahlmaterials ermittelt. Bei einem gestörten Pfahl (Bruch, Querschnittsänderung) wird der Schallwellenimpuls ganz oder teilweise früher reflektiert. Der aufgezeichnete Schallwellenverlauf kann dann vom Bohrpfahlprüfer interpretiert werden.

Ein **Pfahlfundament** ist ein Baukonstruktionselement im Bauwesen und zugleich der Teil der Gründung, der nach einem Bodenaustausch oder einer Baugrundverbesserung in Form einer Fundamentplatte (Pfahlplatte) auf dem Baugrund aufgebaut wird und dessen Pfahlkomponenten bis in tiefere Schichten des Baugrunds reichen, um die Gewichtskräfte des Bauwerks in tiefere Baugrundschichten abzuleiten. Wenn bei der Einleitung von Bauwerkslasten in den Baugrund sowohl die Tragwirkung der Pfähle als auch die Tragwirkung der darüberliegenden Fundamentplatte (Pfahlplatte) berücksichtigt wird, wird dies als Kombinierte Pfahl-Plattengründung (KPP) bezeichnet. Diese Gründungsmethode wird angewendet, wenn hohe Gebäudelasten, zum Beispiel aus Hochhäusern, in den Baugrund abzuleiten sind. Dabei besteht die Gründung aus langen Großbohrpfählen und einer Fundamentplatte aus Stahlbeton.

Das älteste Hochhaus der Welt, das Home Insurance Building von 1885 (im Jahr 1931 abgerissen) in Chicago, war das erste Bauwerk, das neue technische Errungenschaften vereinte und mit seinen zehn Etagen das erste Hochhaus der Welt war. Es hatte eine Höhe von nur 42 m. Das wohl bekannteste Hochhaus der Welt ist das Empire State

Building in New York. Das Hochhaus ist ein Wolkenkratzer im Stadtbezirk Borough von Manhattan in New York City, USA. Mit einer Höhe von 381 m, bis zur Antennenspitze rund 443 m, war das in den Jahren 1930 und 1931 in relativ kurzer Bauzeit errichtete Gebäude nicht nur das höchste Gebäude New Yorks, sondern bis zum Jahr 1972 auch das höchste Gebäude der Welt. Das Fundament des Empire State Building besteht aus einer Pfahlgründung mit mehr als 200 Stahl- und Betonpfählen. Die Pfähle haben Längen von bis zu 16,7 m. Bis zum Jahr 1975 war dann das One World Trade Center in New York City mit 541 m das höchste Gebäude der Welt. Das One World Trade Center ist mit Caisson-Pfählen und DCP-Ankern tief im Boden gegründet, um dem Turm ausreichend Stabilität zu verleihen. Dann wurde der DCN Tower in Toronto, Kanada, das höchste Gebäude der Welt. Der DCN Tower in Toronto wurde im Jahr 1976 fertiggestellt und ist 553 m hoch. Der DCN Tower hat keine tiefen Betonpfähle, wie sie bei manchen Gebäuden ausgeführt werden, sondern wurde mit einer speziellen Methode aus Beton gegründet, die eine konische Form mit einer sich nach oben verjüngenden Gleitschalung ermöglicht.

Das derzeit höchste Gebäude der Welt steht in Dubai in den Vereinigten Arabischen Emiraten. Es ist der **Burj Khalifa** (auf arabisch: Burǧ Ḫalīfa, Chalifa-Turm, die deutsche Verschriftlichung des gesprochenen Wortes Burdsch Chalifa). Das Gebäude ist ein Wolkenkratzer und seit April 2008 das höchste Bauwerk der Welt. Der Burj Khalifa (Bild 13.7) besitzt mit 163 nutzbaren Stockwerken weltweit die meisten Stockwerke eines Gebäudes. Der Burj Khalifa ist 828 m hoch und hat rund 1,5 Milliarden US-Dollar gekostet.

Bild 13.7
Burj Khalifa in Dubai (Bild: Autor)

Dubai liegt direkt am Meer und die Grundwasserhöhe entspricht hier etwa dem Meeresspiegel. Im Business Bay District, der Gegend, in der der Burj Khalifa errichtet wurde, befindet sich das Grundwasser etwa drei bis vier Meter unter der Geländeoberfläche. Durch die Nähe zum Meer weist das Grundwasser einen hohen Salzgehalt auf. Somit ist das Grundwasser betonangreifend. Der Baugrund im Bereich des Burj Khalifa besteht aus mitteldicht gelagerten Sanden, und teilweise aus Kiesen. Die Dicke der obersten Bodenschicht beträgt ca. 15 m ab der Geländeoberkante. Darauf folgt der sogenannte Dubai Sandstone. Er hat eine Dicke von 15–40 m. Darunter steht der Dubai Siltstone an. Siltstone heißt ins Deutsche übersetzt: Schluffstein. Die beiden Bodenschichten werden auch als Weak Sandstone und als Weak Siltstone bezeichnet, was auf ihre vermeintlich geringe Festigkeit schließen lässt.

Der Burj Khalifa ist auf 200 Bohrpfählen mit einem Durchmesser von 1,5 m gegründet. Diese Bohrpfähle haben eine Länge von 50 m. Außerdem wurden noch 650 Pfähle mit einem Durchmesser von 90 cm auf 36 m Tiefe abgebohrt. Die Fundamentplatte des Burj Khalifa ist 3,7 m dick. Sie wurde mit selbstverdichtendem Beton (SCC) gegossen, der eine hohe Würfeldruckfestigkeit aufweist. Die Bohrpfähle wurden von der in Dubai gründeten BAUER Spezialtiefbau und Middle East Foundation hergestellt. Der Hauptsitz der BAUER Aktiengesellschaft in Deutschland ist Schrobenhausen.

Jedes Jahr besuchen 187 000 Touristen den Burj Khalifa. Das sind jeden Tag 5000 Menschen aus allen Ländern der Erde, die den Tower und dessen Aussichtsplattformen in den Stockwerken 152 bis 154 besuchen.

Der Burj Khalifa wurde von der Projektgesellschaft Emaar Properties nach Plänen des Architekten Adrian Smith vom amerikanischen Architekturbüro Skidmore, Owings and Merrill entworfen und gebaut. Die Bauarbeiten begannen im Jahr 2004, im Januar 2009 wurde die Endhöhe des Burj Khalifa von 828 m erreicht. Das Gebäude wurde am 4. Januar 2010 eingeweiht. Bis zur Einweihung hieß das Gebäude Burj Dubai (arabisch Dubai-Turm), seitdem trägt es den Namen des ehemaligen Präsidenten der Vereinigten Arabischen Emirate, Chalifa bin Zayid.

Der **Burj al Arab** (Bild 13.8, auf Deutsch: Turm der Araber) ist ein Hotel in Dubai. Er steht auf einer künstlich aufgeschütteten Insel. Mit einer Höhe von 321 m ist er eines der höchsten Hotelgebäude der Welt und mit seiner markanten segelförmigen Kubatur sowie der ausgesetzten Lage ein Wahrzeichen der Stadt und gilt darüber hinaus als eines der luxuriösesten und teuersten Hotels der Welt. Das Hotel ist bis zur Spitze etwas niedriger als der Eiffelturm in Paris (324 m) und nur 60 m niedriger als das Empire State Building in New York. Die 230 Pfähle, auf denen der Burj al Arab gegründet ist, haben eine Länge von jeweils 45 m und einen Durchmesser von 1,5 m. Für das eigentliche Gebäude wurden 70 000 Kubikmeter Beton, 43 000 Quadratmeter Glas, 9000 Tonnen Stahl, 13 000 Kubikmeter Carrara-Marmor aus Italien, 12 000 Kubikmeter brasilianischer Granit, 32 000 Kubikmeter italienisches Mosaik und 8000 Quadratmeter Blattgold verwendet.

Bild 13.8
Burj al Arab in Dubai (Bild: Autor)

Weitere berühmte und bekannte Gebäude, die auf Pfählen oder auf Stelzen gebaut wurden, sind die Pfahlbauten in Sankt Peter-Ording, die Hamburger Speicherstadt und bestimmte Teile Venedigs. Auch Amsterdam ist bekannt dafür, dass viele seiner Gebäude auf Holzpfählen gegründet sind. Die Speicherstadt in Hamburg ist auf etwa 3,5 Millionen Eichenpfählen gegründet, die bis zu 12 m tief in den weichen Untergrund gerammt wurden. Diese Pfahlgründung war notwendig, um die schweren Backsteingebäude auf dem sumpfigen Boden zu tragen. Die Speicherstadt in Hamburg erstreckt sich über 26 Hektar zwischen dem Baumwall und dem Oberhafen und wurde zwischen 1883 und den 1920er-Jahren errichtet. Die Pfähle sind ein wesentliches Merkmal der Hamburger Speicherstadt und tragen nicht nur die Gebäude, sondern auch die Kaimauern, die die Fleete (Wasserstraßen) begrenzen. Die Pfahlgründung ist eine technische Besonderheit und trägt dazu bei, dass die Speicherstadt als größtes Lagerhausensemble der Welt gilt. Die Kaimauern der Speicherstadt werden ab 2025 saniert, weil die Gründungspfähle aus Kiefernholz durch eine bakterielle Zersetzung und den vergrößerten Tidenhub (das ist der Unterschied zwischen dem Hoch- und dem Niedrigwasser) geschädigt sind. Die Sanierung der Kaimauern ist eine aufwendige Maßnahme, die voraussichtlich bis zum Jahr 2035 abgeschlossen sein wird und mit Kosten in Höhe von 470 Millionen Euro veranschlagt wird.

Es gibt keine genaue Anzahl, wie viele Gebäude in Venedig auf Pfählen stehen. Es wird jedoch geschätzt, dass ein erheblicher Teil der Stadt, möglicherweise die Hälfte der Gebäude, auf Holzpfählen aus Erle, Eiche und Pappel ruht, erklärt die Fachagentur Nachwachsende Rohstoffe. Diese **Holzpfähle** sind aufgrund ihrer Beständigkeit unter Wasser besonders gut geeignet. Die Holzpfähle, die in Venedig verwendet werden, sind in der Regel etwa 3 m lang. Diese Pfähle wurden mit einem Abstand von einem halben Meter in den Boden gerammt, um die Gebäude vor dem Absacken in den schlammigen und morastigen Untergrund zu schützen. Es gibt auch andere Pfähle, wie die Briccole, die 12–18 m lang sein können und hauptsächlich in den Kanälen Venedigs stehen, um

Schifffahrtswege zu kennzeichnen. Venezianische Briccole sind hölzerne Pfähle, die auf dem sandigen Untergrund der Lagune befestigt sind und dazu dienen, zu verstehen, wie und wo man mit Booten und mit kleinen Schiffen navigiert.

Venedig besteht aus etwa 11 654 offiziell registrierten Häusern. Die Stadt ist innerhalb einer Lagune erbaut worden und durch mehr als 400 Brücken und 150 Kanäle miteinander verbunden. Zusätzlich zu den Wohnhäusern gibt es in Venedig auch rund 150 Kirchenbauten, inklusive der Kirchen auf den umliegenden Inseln und dem Festland.

Berühmte und bekannte Brücken, die auf Pfählen gegründet sind, sind ein faszinierendes Beispiel für große Ingenieurskunst. Beispiele sind die Kapellbrücke in Luzern und die Steinerne Brücke in Regensburg oder die Holzbrücke in Bad Säckingen (Bild 13.9). Diese vorgenannten Brücken zeigen, wie tragende Strukturen über Wasser oder über andere Hindernisse hinweg errichtet wurden und oft auch heute noch genutzt werden.

Bild 13.9
Holzbrücke in Bad Säckingen (Bild: Tourismus- und Kulturamt Bad Säckingen)

Die **Golden Gate Bridge** (Bild 13.10) in San Francisco in Kalifornien (englisch für Brücke über das goldene Tor) ist eine Hängebrücke am Eingang zur Bucht von San Francisco über das Golden Gate. Die Brücke wurde nicht auf Pfählen gegründet, sondern auf zwei massiven Betonfundamenten, die im Meeresboden verankert wurden. Diese Fundamente tragen die beiden Hauptpylone, die die Hängebrücke stützen. Die Fundamente mussten extrem robust sein, um den Kräften des Meeres, Erdbebengefahr und starken Winden standzuhalten. Die Golden Gate Bridge ist mit ihren Zufahrtsrampen 2737 m lang. Die eigentliche Hängebrücke hat eine Hauptspannweite von 1280 m. Die Golden Gate Bridge ist das Wahrzeichen der gesamten Bay Area und für viele Menschen neben der Freiheitsstatue von New York ein Symbol für die Vereinigten Staaten von Amerika. Zudem gehört die Brücke zu den wichtigsten Attraktionen San Franciscos. Die Golden Gate Bridge wurde im Jahr 1984 von der American Society of Civil Engineers in die List of Historic Civil Engineering Landmarks aufgenommen und im Jahr 1995 zu einem der modernen Weltwunder erklärt.

Bild 13.10
Golden Gate Bridge in San Francisco (Bild: Autor)

Das Bauwerk wurde im Jahr 1937 eröffnet, hat eine lichte Durchfahrtshöhe von 67 m bei Hochwasser und verbindet mit seinen sechs Fahrspuren und zwei Geh- und Radwegen San Francisco mit dem Marin County und dem weniger dicht besiedelten Napa- und Sonoma-Valley. Ein optisch als Bogenbrücke ausgelegtes Segment der Zufahrt der Brücke überspannt auf der Stadtseite das Fort Point.

Die Köhlbrandbrücke in Hamburg ist eine Schrägseilbrücke mit zwei Pylonen, die auf Fundamenten ruhen. Diese Fundamente wurden auf Pfählen im Untergrund gegründet, um die Brücke zu tragen. Die beiden Pylone ruhen auf jeweils 48 dieser Pfähle, die einen Durchmesser von 1,3 m und eine Länge von 18 m haben. Die Köhlbrandbrücke ist 3618 m lang. Sie ist die zweitlängste Straßenbrücke Deutschlands und überspannt den 325 m breiten Köhlbrand, einen Seitenarm der Elbe. Die lichte Höhe der Köhlbrandbrücke beträgt 55,3 m bei einem niedrigstmöglichen Wasserstand (LAT), die Durchfahrtshöhe für Schiffe beträgt 51 m bei einem mittleren Hochwasserstand (MHW). Die längste Straßenbrücke Deutschlands ist die Hochstraße Elbmarsch. Die Brücke ist 4258 m lang und steht ebenfalls in Hamburg.

Die Oldenburger Niederlassung der PORR GmbH & Co. KGaA in der Region Nord hat beim Ersatzneubau der Huntebrücke in Oldenburg ein Heimspiel. Im Auftrag der Adam Hörnig Baugesellschaft aus Aschaffenburg stellt sie für die Gründung von 14 Brückenpfeilern 260 schlanke Frankipfähle NG her. Diese Pfähle übertragen die Lasten in tiefere Baugrundschichten, die in etwa 15 m Tiefe liegen. Der erste Bauabschnitt erstreckte sich von Juni bis September 2024. Mit der Statik, Tragfähigkeitsmessungen, Probebelastungen sowie der Bewehrungsplanung ist die PORR GmbH & Co. KGaA aus München beauftragt worden.

Der Neubau der Schiersteiner Brücke zwischen Wiesbaden und Mainz hatte im August 2013 begonnen. Im Zuge des Neubaus wurden bis zu 33 m lange Pfähle für ein stabiles Fundament in den Rhein gerammt. Diese Pfähle waren notwendig, um neue Brückenpfeiler zu verankern, weil die alte Brücke erhebliche Schäden aufwies und abgerissen wurde. Der Neubau war Teil eines größeren Projekts, dem Ausbau der Autobahn A643 zur dreispurigen Anbindung an die Autobahn A66 am Schiersteiner Kreuz. Die Bauarbeiten fanden bei laufendem Verkehr statt, wobei die neue Brücke abschnittsweise parallel zur alten Brücke errichtet wurde. Die neuen Gründungen für die Brückenpfeiler im Rhein ruhen auf bis zu 33 m langen Pfählen, die mit einem Durchmesser von 1,8 m gebohrt wurden. Die einzelnen Teile der Stahlkonstruktion der Brücke wurden nach dem Schweißen mithilfe einer Vorschubbahn in ihre endgültige Position verschoben. Die Fertigstellung der Schiersteiner Brücke war nach zehn Jahren Bauzeit im August 2023. Die Gesamtkosten für den Neubau belaufen sich auf rund 252 Millionen Euro, die vom Bund finanziert wurden.

Am Neubau der Brücke Waldeckstraße in Heckinghausen/Oberbarmen wird seit dem März 2025 gearbeitet, nunmehr steht die aufwendige Einbringung von Großbohrpfählen bald vor dem Abschluss. Die Fachleute vor Ort stoßen immer wieder auf unerwartete Schwierigkeiten beim Neubau der Brücke. Derzeit (2025) werden die bestehenden Widerlagerwände ergänzt durch zusätzliche 15 Großbohrpfähle mit einem Durchmesser von 1,2 m. Dadurch kann der heutige Mittelpfeiler in der Wupper entfallen. Für die Herstellung der Bohrpfähle wurde ein 60 t schweres Bohrgerät benötigt, das die Bohrpfähle in einer Tiefe von durchschnittlich 12 m im Fels verankert.

Die Römerbrücke in Trier (gebaut im Jahr 1877) ist die älteste Brücke Deutschlands und seit 1986 Teil des UNESCO-Weltkulturerbes. Die Brücke hat eine Länge von 198 m und ist etwa 13 m breit. Die Stein-Gewölbebrücke besteht aus sieben Brückenpfeilern mit acht Wölbungen und, obwohl die Bücke schon ein hohes Alter aufweist, ist sie sogar noch heute für den Straßenverkehr geöffnet. Gebaut wurde vermutlich eine Pfahljochbrücke, bei der Holzpfähle senkrecht in den Flussboden gerammt wurden. Die Länge dieser Pfähle war begrenzt und so verfügten diese Brückenarten meistens nur über eine geringe Durchfahrtshöhe. Eine Unterquerung der Brücke bei Hochwasser wäre demnach zwar durchführbar gewesen, aber erschwert und eine Durchfahrt von Schiffen war dann schwer bis unmöglich.

Ebenso 2025 wird in Hannover die Brücke des Südschnellwegs über die Leine erneuert. Für die Gründung der Brückenpfeiler werden Bohrpfähle mit Fußaufweitung im anstehenden Tonboden hergestellt. Die Bohrpfähle sind zwischen 17 und 20 m lang und haben Durchmesser von 1,2 m. Im Bereich der Fußaufweitung beträgt der Durchmesser der Pfähle 2,4 m. Bild 13.11 zeigt ein Bohrgerät für die Herstellung von Bohrpfählen, vor dem Bohrgerät steht ein Bohreimer zum Bohren der Pfahllöcher. Rechts steht ein Bohreimer mit einer Fußaufweitung.

In Berlin wird derzeit (2025) der Estrel Tower gebaut. Der Estrel Tower wird 176 m hoch und wird damit das höchste Hochhaus in Berlin sowie Deutschlands höchstes Hotel. Entworfen wurde der Estrel Tower vom Berliner Architekturbüro Barkow Leibinger. Das Bauwerk soll nach dem Standard LEED® Gold (Leadership in Energy and Environmental Design) zertifiziert werden. Die Fläche des Towers beträgt 77 500 qm und das Gebäude kostet 260 Millionen Euro. Der Estrel Tower soll 45 Etagen und gut 1100 Zimmer erhalten, davon 525 Hotelzimmer.

Bild 13.11
Bohrgerät für die Herstellung von Bohrpfählen und zwei Bohreimer (Bild: Autor)

Im Zuge der Baugrunduntersuchungen, bei denen Bohrungen bis in 60 m Tiefe durchgeführt wurden, wurde unter den erwarteten und bekannten Sanden und Geschiebemergeln in rund 50 m Tiefe auch eine selten erkundete Schicht der sogenannten Holstein-Warmzeit durchteuft. Diese Baugrundschicht war aufgrund ihrer Zusammensetzung (organische Böden, Tone und Schluffe mit Schnecken, Flusssande und -kiese) im Rahmen der Setzungsprognosen und der Gründungsplanung vom Tragwerksplaner zu berücksichtigen.

Der Estrel Tower wird auf einer Kombinierte Pfahl-Plattengründung gegründet. Der statische Nachweis wurde vom Tragwerksplaner in Kombination und auf der Grundlage eines erstellten Tragwerksmodells sowie eines geotechnischen Modells durchgeführt. Die Planung sieht eine Kombinierte Pfahl-Plattengründung mit 52 Großbohrpfählen (Länge: rund 20 m, Durchmesser: 1,8 m) und einer 3,6 m dicken Bodenplatte aus Stahlbeton vor.

Die Tiefbauarbeiten begannen im Juli 2021. Als Vorbereitung wurden dabei für das Fundament 52 Bohrpfähle in den Boden eingebracht. Im Folgejahr wurde die Bodenplatte aus Stahlbeton betoniert. Am 3. November 2021 wurde das Bauprojekt der Öffentlichkeit vorgestellt. Die Grundsteinlegung war für Anfang 2022 vorgesehen. Die Fertigstellung des Gebäudes und dessen Eröffnung war für das Jahr 2024 geplant. Im Februar 2024 erreichte der Rohbau eine Höhe von 100 m. Im Juli 2024 wurde die Fertigstellung des Estrel Towers bis Ende 2025 erwartet.

Das zwanziggeschossige Verwaltungsgebäude der Deutschen Messe AG in Hannover (Bild 13.12) ist ebenfalls auf einer Kombinierten Pfahl-Plattengründung gegründet. Als besondere Schwierigkeit war bei der Planung zu berücksichtigen, dass als Baugrund oberhalb des in ca. 22 m Tiefe anstehenden Ton-Deckgebirges inhomogen zusammengesetzte, eiszeitliche Böden wechselnder Schichtung anstehen.Die Grundfläche der Sohlplatte des Gebäudes beträgt rund 900 qm. Für die Bemessung der Gründungskonstruktion waren Stützenlasten in der Größenordnung von zirka 7–16 Meganewton bei einer Gesamtlast des Gebäudes von ca. 300 Meganewton zu berücksichtigen. Bei Ausführung einer reinen Flachgründung wären für das Verwaltungsgebäude rechnerische Setzungen in einer Größenordnung von rund zehn Zentimetern nicht auszuschließen gewesen. Um die Setzungen auf ein erträgliches Maß zu reduzieren, wurde bei den Berechnungen der Sohlplatte ein Lastanteil in der Größenordnung von 200 kN pro Quadratmeter zugewiesen. Der für eine reine Flachgründung setzungserzeugende restliche Lastanteil von ca. 120 kN pro Quadratmeter wurde den Bohrpfählen zugeordnet. Insgesamt wurden zweiunddreißig Bohrpfähle mit einem Durchmesser von 1,2 m, einer Länge von 10 m und einer Pfahlfußverbreiterung hergestellt.

Bild 13.12
Verwaltungsgebäude der Deutschen Messe AG in Hannover (Bild: Autor)

Nach dem Bezug des Verwaltungsgebäudes der Deutschen Messe AG wurden maximale Gesamtsetzungen am Plattenrand in einer Größenordnung um ca. 15 mm und in der Plattenmitte von ca. 20 mm festgestellt.

Insgesamt überragen derzeit in Deutschland 19 Hochhäuser die Höhe von 150 m, wobei 18 Hochhäuser davon in Frankfurt am Main stehen. Das höchste Gebäude in Frankfurt am Main ist mit 259 m der Commerzbank Tower. Damit ist es nicht nur das höchste Gebäude in Deutschland, sondern liegt damit auch im europäischen Vergleich weit vorn. Wegen der hohen Gebäudelasten sind die Hochhäuser in Frankfurt entweder auf Pfahl- oder auf Kombinierten Pfahl-Plattengründung gebaut. Der Commerzbank Tower ist etwa 200 000 t schwer und ist auf 111 Großbohrpfählen gegründet, die bis zu 48,5 m tief in den Boden reichen. Die Pfähle haben Durchmesser von 1,8 m oder 1,5 m.

Durch die ungünstigen Baugrundeigenschaften treten bei Flächengründungen im Frankfurter Ton hohe Setzungen auf. Diese Setzungen mussten bei der ersten Hochhausgeneration in Kauf genommen werden. Durch Setzungsfugen wurden die Hochhäuser von der angrenzenden Sockelbebauung getrennt, um so Risse zwischen den Gebäudeteilen zu vermeiden. Bei den aufgetretenen Setzungen von 20 bis 30 cm war das nicht immer einfach.

Die höchsten Hochhäuser in Deutschland sind:

- Commerzbank Tower in Frankfurt am Main: 259 m (300 m mit Antenne),
- Messeturm in Frankfurt am Main: 256,5 m,
- Four Frankfurt 1 in Frankfurt am Main: 233 m,
- Westendstraße 1 in Frankfurt am Main: 208 m,
- Main Tower in Frankfurt am Main: 200 m,
- Tower 185 in Frankfurt am Main: 200 m.

Kombinierte Pfahl-Plattengründungen **(KPP)** sind in die geotechnische Kategorie 3 gemäß der DIN 4020, Geotechnische Untersuchungen für bautechnische Zwecke, vom Dezember 2010, und in die Kategorie 3 der zurückgezogenen DIN 1054, Baugrund – Sicherheitsnachweise im Erd- und Grundbau, vom Januar 2005, eingestuft.

Für die Berechnung von Kombinierten-Pfahl-Plattengründung werden die Pfähle, die Fundamentplatte und der Baugrund sowie deren gegenseitige Beeinflussung berücksichtigt. Die Wechselwirkung zwischen den einzelnen Pfählen, der Fundamentplatte und dem Baugrund wird bei der Bemessung des Gesamtsystems vom Tragwerksplaner berücksichtigt. Für die statische Berechnung einer Kombinierte-Pfahl-Plattengründung gibt es einfache Abschätzungsverfahren auf der Grundlage der Elastizitätstheorie. Eine genauere Berechnungsmethode bietet die Methode der Finiten Elemente (FEM).

Um das Tragverhalten und die statischen Berechnungen zu überprüfen, wird in der Regel ein Messprogramm durchgeführt, das auch Bestandteil des Überwachungskonzepts ist. Die Ermittlung der Schnittgrößen wird in Abhängigkeit von der Lastsetzungslinie, die aus Feldmessungen oder aus empirischen Beziehungen ermittelt werden kann, durchgeführt. Dabei wird eine nichtlineare Berechnung von Kombinierten-Pfahl-Plattengründung vorgenommen, in der das tatsächliche Baugrundverhalten berücksichtigt werden kann. In der statischen Berechnung wird jeder Pfahl wie zwei Einheiten behandelt, mit einer gleichförmigen Setzung des Pfahlmantels und der Setzung des Pfahlfußes. Diese Annahme ermöglicht die Modellierung des nichtlinearen Verhaltens von Kombinierten-Pfahl-Plattengründung. In der statischen Berechnung werden sowohl der Grenzzustand der Gebrauchstauglichkeit als auch das Gesamtsystem mit einem Pfahl-Plattenkoeffizienten berücksichtigt.

Der **Pfahl-Platten-Koeffizient** ist ein Begriff aus der Geotechnik, der den Lastanteil beschreibt, der von einer Kombinierten-Pfahl-Plattengründung über die Pfähle abgetragen wird. Der Pfahl-Platten-Koeffizient kann als Maß für die Tragwirkung der Pfähle im Verhältnis zur Gesamtlast der Gründung betrachtet werden. Der Pfahl-Platten-Koeffizient liegt definitionsgemäß zwischen null und eins. Ein Wert von null bedeutet, dass die Last ausschließlich über die Platte abgetragen wird (Flachgründung), während ein Wert von eins bedeutet, dass die gesamte Bauwerkslast über die Pfähle abgetragen wird (Pfahlgründung). In der Baupraxis liegt der Pfahl-Platten-Koeffizient meistens zwischen diesen beiden Grenzwerten, weil sowohl die Platte als auch die Pfähle zur Lastabtragung beitragen.

Der Pfahl-Platten-Koeffizient ist nicht konstant, sondern hängt von verschiedenen Faktoren ab, wie zum Beispiel dem Verhältnis der Steifigkeiten der Pfähle und der Platte, der Beanspruchung der Gründung (Setzungen) und den Bodeneigenschaften. Eine genaue Bestimmung des Pfahl-Platten-Koeffizienten ist für die Standsicherheit und für die Bemessung einer Pfahl-Plattengründung von großer Bedeutung.

Die meisten Fernsehtürme in Deutschland, wie der Berliner Fernsehturm oder der Olympiaturm in München, sind auf Pfählen gegründet. Diese Gründungskonstruktion ist notwendig, um die schweren Türme sicher im Baugrund zu verankern. Im Fall des Berliner Fernsehturms wurden beispielsweise über 50 Betonpfähle mit 1,8 m Durchmesser 20 m tief in den Boden getrieben, über denen dann eine dicke, bewerte Bodenplatte betoniert wurde.

Der Düsseldorfer Rheinturm, auch bekannt als Düsseldorfer Fernsehturm, wird von 256 Ortbeton-Rammpfählen getragen, die zwischen 17 und 22 m lang sind und einen Durchmesser von 0,5 m haben. Diese Pfähle sind im Boden verankert und tragen das Fundament des Rheinturms, das ein Ring mit 34 m Durchmesser ist. Der Düsseldorfer Fernsehturm steht somit auf einem Fundamentring, der auf den Pfählen ruht.

Pfahlgründungen sind ein wichtiger Aspekt bei der Konstruktion von Fernsehtürmen, weil sie sicherstellen, dass die Türme auch bei schwierigen Baugrundverhältnissen oder bei widrigen Wetterbedingungen stabil stehen.

Im Hafenbau und zur Markierung von Fahrrinnen werden **Dalben** (Bild 13.13) verwendet. Unter einer Dalbe, Dalle beziehungsweise unter einem Dälben, oder auch Duck-, Duk- oder Dückdalben, versteht man einen in den Hafengrund oder in Kanälen oder in den Meeresgrund eingerammten Pfahl zum Befestigen oder Abweisen von Schiffen oder zur Markierung einer Fahrrinne.

Bild 13.13
Dalbe (Bild: Autor)

Der Name Dalbe geht auf den Herzog von Alba (Duc d'Albe) zurück, der in den ehemals spanischen Niederlanden solche Einrichtungen schaffen ließ, um zusätzliche Schiffe in einem Hafen unterzubringen. Auf Spanisch heißt Dalbe duque de Alba (Herzog von Alba). Entsprechend wurden Dalben früher in Deutschland Duckdalben genannt. Auch in mehreren europäischen Sprachen findet sich der in ähnlicher Schreibweise verkürzte oder veränderte Begriff. Im deutschen Seezeichenwesen ist diese sprachliche Ableitung spätestens seit Preußens einheitlicher Bezeichnung der Fahrwasser von 1887 offiziell in Gebrauch.

Technisch gesehen ist eine Dalbe ein in die Gewässersohle eingerammter Pfahl zur horizontalen Lastaufnahme. Mehrere Dalben bilden eine Pfahlgruppe. Die Gewässersohle ist in der Regel der natürlich vorkommende Boden; eine horizontale Last müssen Dalben aufnehmen, wenn ein Schiff dagegen stößt oder das Schiff an seiner Festmachertrosse zieht.

Dalben werden nach ihrem Zweck grob in drei Gruppen einteilt:

- Anlegedalben, Führungsdalben und Abweisdalben: Diese vorgenannten Dalben dienen dem Anlegen, dem Führen und dem Abweisen von Schiffen sowie dem Markieren einer Fahrrinne. Um Schäden an Schiffen zu vermeiden, müssen diese Dalben elastisch sein. Die Stoßenergie wird durch die Formänderungsarbeit der Dalben und des Baugrunds umgewandelt.
- Vertäudalbe: Diese Dalben dienen dem Festmachen und dem Verholen von Schiffen. Hierbei sind starre Konstruktionen besser geeignet. Auch beim Ablegen sind möglichst starre Dalben von Vorteil.
- Deviationsdalbe: Diese Dalben dienen zur Erstellung einer Deviationstabelle.

  In eine Deviationstabelle (von lateinisch deviatio, Abweichung) oder auch Ablenkungstabelle, werden für die Navigation von Schiffen oder von Luftfahrzeugen Abweichungen des Magnetkompasses eingetragen, die zum Beispiel durch Metallteile oder durch Elektroleitungen an Bord verursacht werden. Eine Deviationstabelle dient auch dazu, Kursberechnungen durchführen zu können.

Dalben wurden bis in das zwanzigste Jahrhundert überwiegend aus Holz hergestellt. Weil Holz sehr anfällig für den Schiffsbohrwurm oder für andere Holzschfahädlinge ist, wird im **Dalbenbau** heutzutage meistens Stahl verwendet. Im Dalbenbau werden Stahllegierungen mit einer sehr hohen Streckgrenze verwendet, um die geforderte Elastizität von Dalben zu erreichen. Unten angespitzte Holzdalben werden mit einer Dalbenramme in den Boden oder in den Gewässer- oder Meeresgrund eingetrieben. Bei einer Dalbenramme handelt es sich um ein Fallgewicht (Rammbär), das, an einer senkrechten Schiene geführt, hochgezogen wird und mit der Schwerkraft auf den Dalbenkopf niederfällt. Die Ramme ist auf einem Schiff montiert und wird so zum Einsatzort gefahren, um Dalben einzurammen. Für die Berechnung und zur Dimensionierung von Dalben gibt es in der Bautechnik verschiedene Methoden. In Deutschland gelten hierfür die Empfehlungen des Arbeitsausschusses für Ufereinfassungen (EAU) als Standardwerk.

Fragen

- Welche Pfahlsysteme gibt es in der Baupraxis?
- Wie tragen Pfähle die Lasten eines Tragwerks in den Baugrund ab?
- Was können Nachteile bei Pfahlgründungen sein?
- Wie kann bei Pfählen mit kleinen Durchmessern eine ausreichende Tragfähigkeit erreicht werden?
- Welche Faktoren beeinflussen die Pfahltragfähigkeit?
- Welche Sicherungselemente können zur Sicherung von Baugruben verwendet werden?
- Welche Pfahlprüfungen können durchgeführt werden?
- Wie können Bohrpfahlwände ausgeführt werden?
- Was kann mit einer Integritätsprüfung an Pfählen festgestellt werden?
- Was ist der Pfahl-Platten-Koeffizient?
- Wozu werden Dalben verwendet?

14 Baugrundverbesserungen und Baugrundinjektionen

Wenn ein Baugrund für größere Belastungen ungeeignet ist oder wenn eine Minimierung von Setzungen erforderlich ist, können **Baugrundverbesserungen** durchgeführt werden. In der Baupraxis gibt es dafür verschiedene Verfahren.

Geringe lotrechte Setzungen sind in der Regel noch unkritisch. Bei stärkeren Setzungen können jedoch Bauschäden entstehen. Bauschäden können zum Beispiel zu Rissbildungen an Gebäuden führen. Durch ungleichmäßige Baugrundsetzungen können auch Risse im Bauwerk oder Brüche in einer Fundamentplatte entstehen.

Der Schiefe Turm von Pisa ist wohl das bekannteste Bauwerk mit einer Schiefstellung. Der Turm hat eine Höhe von 57 m und steht in einem ehemaligen Hafenbecken. Der schiefe Turm hatte bis um das Jahr 1990 eine Neigung von 5,5°. Nach Sanierungsarbeiten konnte seine Neigung auf etwa 4° verringert werden. Der Baugrund im Bereich des Turms besteht aus lehmig-sandigem und aus organischem Boden und war nicht tragfähig genug für die geplante Konstruktion. Der Turm neigte sich noch vor seiner Fertigstellung gefährlich zur Seite. Die Bauarbeiten für den Schiefen Turm von Pisa begannen am 9. August 1173 und wurden im Jahr 1372 nach zweihundert Jahren Bauzeit abgeschlossen.

Jährlich neigt sich der schiefe Turm um etwa 1,2 mm aus der Achse. Dies belegen ständige Neigungsmessungen. Exakte Neigungsmessungen, die seit dem Jahr 1911 durchgeführt werden, zeigen, dass die Neigung des Turms seit dem Beginn der Neigungsmessungen stetig zunimmt. Die Rate der Neigungszunahme verdoppelte sich von den 1930er-Jahren bis 1990 ständig.

Es waren umfangreiche Sanierungsarbeiten erforderlich, um das Wahrzeichen der Stadt Pisa zu retten. Der Untergrund im Bereich des schiefen Turms wurde nachträglich verfestigt. Auf der höherliegenden Nordseite des schiefen Turms wurden zunächst 600 und später 900 t Gewicht aus Bleiquadern als Ballast aufgestapelt. Um dessen

Schiefstellung zu verringern, sollte der Baugrund neben dem Turm durch die Belastung aus den Gewichten zusammengedrückt werden. Ab dem 7. Januar 1990 musste der 14 500 t schwere Turm von Pisa für Besucher gesperrt werden, weil dessen Schräglage zu gefährlich wurde.

Im Jahr 1999 wurde die letzte Sanierungsmaßnahme am schiefen Turm durchgeführt. Dafür wurde die sogenannte **Bodenextraktionsmethode** angewendet. Es wurden mehrere Schrägbohrungen unter die Nordseite des Turms geführt. Aus den Bohrkanälen wurden insgesamt 50 Kubikmeter Boden entfernt. Die Bohrlöcher waren instabil und drückten sich durch die Belastung aus dem Turm zusammen. Es traten weitere Setzungen des Bodens auf der Nordseite des Turms auf. Dies führte zu einer Begradigung des Turms. Die Neigung des schiefen Turms konnte somit von ca. 5,5° auf 4° reduziert werden. Trotzdem treten derzeit immer noch Setzungen des Bodens unter dem Turm auf.

Das schiefste Bauwerk in Deutschland ist der Kirchturm der evangelisch-reformierten Kirche in Suurhusen, einem Ortsteil der ostfriesischen Gemeinde Hinte. Der Kirchturm (Bild 14.1) ist einer der am stärksten geneigten Türme der Welt. Der Kirchturm hat eine Höhe von 27,37 m und weist am Dachfirst einen Überhang von 2,47 m auf. Die Neigung des Turms beträgt ca. 5,19°. Damit ist der Kirchturm der Kirche von Suurhusen Rekordhalter für unabsichtlich schiefe Gebäude und hat einen Eintrag im Guinnessbuch der Rekorde. Der Boden im Bereich der Kirche von Suurhusen besteht aus Sand. Die Kirche wurde auf Eichenbohlen gegründet, die jedoch durch einen sinkenden Grundwasserspiegel und durch Verrottung beschädigt wurden, was letztendlich zur Schiefstellung des Turms führte.

Bild 14.1 Kirche von Suurhusen mit dem schiefen Kirchturm (Bild: Mit freundlicher Genehmigung des Präses der evangelisch-reformierten Kirche in Hinte-Suurhusen, Frank Wessels)

Ein weiterer Einflussfaktor für wenig tragfähigen Baugrund können die Grundwasserverhältnisse und die Bodenfeuchtigkeit sein. Wenn der Baugrund nicht ausreichend wasserdurchlässig ist, können Niederschläge nicht gut versickern und es kommt zur Bildung von Schichtenwasser. Dadurch kann ein bindiger Boden aufweichen und dessen Tragfähigkeit geht verloren. Vor der Planung und der Durchführung einer Baumaßnahme sind daher umfangreiche Baugrunderkundungen und Baugrunduntersuchungen erforderlich. Mit den Baugrunduntersuchungen kann die Beschaffenheit des Baugrunds ermittelt werden. Hieraus lassen sich Erkenntnisse über möglicherweise erforderlich werdende Baugrundverbesserungsmaßnahmen gewinnen und es können gegebenenfalls zusätzliche Maßnahmen geplant werden.

Für eine Baugrundverbesserung können verschiedene Verfahren angewendet werden, die sich grob in fünf verschiedenen Kategorien unterscheiden lassen. Die Wahl der geeigneten bautechnischen Maßnahmen ist immer vom jeweiligen Projekt, den Ausgangsbedingungen sowie einer Kosten-Nutzen-Rechnung abhängig. Je nach dem Bauvorhaben müssen gegebenenfalls auch mehrere Methoden zur Baugrundverbesserung angewendet werden. Methoden zur Baugrundverbesserung können sein:

Bodenaustausch: Sollte nur eine geringe Schichtdicke eines nicht tragfähigen Baugrunds vorliegen, kann es zweckmäßig sein, diese Bodenschicht auszutauschen und durch einen tragfähigeren Untergrund zu ersetzen. Die Voraussetzung hierfür ist neben dem Abwägen des Aufwands selbstverständlich auch, dass der neue Boden ausreichend und günstig verfügbar ist. Einem Bodenaustausch muss sich immer eine angemessene Verdichtung des neu eingebrachten Materials anschließen.

Bodenmischverfahren: Eine weitere Möglichkeit, die oberflächliche Beschaffenheit des Baugrunds zu verbessern, ist die Beimischung von verschiedenen Suspensionen. Hierbei kommen in der Regel Bindemittel wie Zement oder Kalk, gemischt mit Wasser, zum Einsatz. Der Zusatz dieser Baustoffe erhöht nach deren Aushärtung die Stabilität des Bodens. Bodenmischverfahren können punktuell oder flächendeckend erfolgen. Bei einer Bodenstabilisierung mit Zement oder mit Kalk hydratisiert Wasser den Zement oder den Kalk und erzeugt chemische Reaktionen, die eine Matrix zwischen den Bodenpartikeln bilden, die dem Boden eine höhere Festigkeit verleihen.

Mit Kalk kann die Festigkeit von Böden des Untergrunds und des Unterbaus von Straßen erhöht werden. Bindige Böden und aufgeweichte Böden mit relativ hohen Wassergehalten können durch die Beimischung von Kalk sofort verarbeitbar werden. Übernässte, nicht verdichtbare Böden werden durch die Behandlung mit Kalk derart in ihren Eigenschaften verändert, dass im Betriebszustand, selbst unter extremen Verkehrsbedingungen und Witterungsverhältnissen und bei Wasserandrang, eine relativ gute Bearbeitbarkeit erreicht wird. Durch eine Bodenverbesserung oder eine Bodenverfestigung mit Kalk können ungeeignete Böden auch als Baustoff genutzt werden. In Abhängigkeit von der Feuchtigkeit im Boden kann es eventuell erforderlich werden, den Baugrund zu entwässern oder das Grundwasser abzusenken.

Bodenverdichtung: Liegt bereits ein geeigneter Untergrund vor, kann eine einfache Maßnahme zur Baugrundverbesserung auch eine zusätzliche Verdichtung dieses Bodens sein. Hierfür können Rüttelplatten oder Walzen (Bild 14.2) zum Einsatz kommen oder aber es werden schwere Fallplatten an Hebemaschinen oder an Kränen für eine Vergrößerung der Lagerungsdichte des Bodens durch das Fallen der Fallplatte auf den Boden genutzt. Sollten tiefere Verdichtungsarbeiten erforderlich sein, existieren Sonderverfahren im Spezialtiefbau, wie etwa die Rütteldruck- oder die Rüttelstopfverdichtung. Bei diesen Verfahren wird der Boden durch eine mechanische Belastung seitlich verdrängt und so verdichtet, dass Hohlräume gefüllt werden. Als Füllmaterial können zum Beispiel Schotter oder Kies verwendet werden.

Bild 14.2 Schwere Glattradwalze bei der Verdichtung einer Schottertragschicht (Bild: BOMAG GmbH, Boppard)

Baugrundinjektionen: Bei diesem Verfahren zur Baugrundverbesserung werden die Hohl- oder Porenräume in Böden mit verschiedenen Suspensionen oder mit Emulsionen mit Bindemitteln wie Schäumen, Gelen oder Harzen verfüllt. Die Substanzen lassen sich dabei durch Nieder- oder durch Hochdruckinjektionen, Fels- und Hebungsinjektionen oder aber durch eine Bodenvermörtelung in den Boden oder in den Fels einbringen. Injektionsverfahren sind jedoch relativ aufwendig und kostenintensiv und werden nur selten verwendet. Hauptnutzung ist meistens die temporäre Sicherung und Abdichtung von Baugruben.

Baugrundentwässerung: In Abhängigkeit von der Feuchtigkeit im Boden kann es eventuell erforderlich werden, den Baugrund zu entwässern oder das Grundwasser abzusenken.

Bei einer Baugrundentwässerung wird auftretendes Stau- und Schichtenwasser über Dränagen gesammelt und abgeführt. Wenn Stauwasser vor Kelleraußenwänden oder vor Fundamenten eines Gebäudes drückt und nicht versickert, kann das Wasser ebenfalls durch Dränagen abgeführt werden. Eine zusätzliche Abdichtung für ein zu schützendes Gebäude ist auch bei der Anordnung einer Dränage immer vorzusehen. Für Dränagen gilt die DIN 4095-1, Entwurf, Baugrund – Wassereinwirkungen auf erdberührte Bauteile und Dränung zum Schutz der Bauteile – Teil 1, Begriffe und Wassereinwirkungen, vom April 2024.

Die Standardschlitzbreite von Dränageleitungen liegt bei 1,2 mm, kann aber je nach Rohrtyp und Hersteller zwischen 0,8 und 1,4 mm variieren. Die Schlitze in den Dränageleitungen sind entscheidend für die Funktion der Dränage, weil sie das Wasser aus dem Erdreich aufnehmen und in die Leitung leiten. Es gibt auch Dränageleitungen mit einer Kokosummantelung. Aufgrund der Ummantelung mit Kokos setzen sich die Schlitze in der Dränageleitung nicht so schnell zu und eine höhere Wasseraufnahme ist möglich.

Um ein Dränageleitungssystem fachgerecht zu verlegen, solle zuerst ein Filtervlies im Dränagegraben verlegt werden. Das Filtervlies sollte das gesamte System später umfassen. Auf dieses Vlies kommen eine Schicht Sickerkies und das Dränagerohr mit dem nötigen Gefälle. Wichtig sind die richtige Schichtdicke und das Gefälle (mindestens 0,5–2 %) für einen effektiven Wasserabfluss. Die Dränagerohre beginnen 20 cm unter der Oberkante des Fundaments. Der tiefste Punkt ist der Kanalanschluss oder der Anschluss an einen Sickerschacht. Sind alle Rohre verlegt und die Dränageleitungen an den Kanal angeschlossen, wird der Dränagegraben mit Sickerkies verfüllt. Sickerkies ist eine spezielle Art von Rund- oder Rollkies mit einer Körnung von etwa 8–16 mm oder 16–32 mm.

Baugrundinjektionen (auch Verpressungen genannt) sind Verfahren im Spezialtiefbau, bei denen der Porenraum von Lockergesteinen und von Böden sowie Hohlräume in Festgesteinen (zum Beispiel Trennflächen wie Klüfte und Verwerfungen oder Karsthohlräume) mit einem Injektionsmittel verfüllt werden. Durch Baugrundinjektionen kann die Tragfähigkeit des Untergrunds erhöht werden. Die Wasserdurchlässigkeit und die Transmissivität, das ist das Maß für die Fähigkeit eines Grundwasserleiters, Wasser zu transportieren, können durch Injektionen reduziert werden.

Injektionsmittel sind in der Regel Flüssigkeiten oder Suspensionen (Feststoffsuspensionen, Flüssigsuspensionen, Mikroemulsionen, Schäume, Gele oder Harze) und haben die Eigenschaft, während der Verarbeitung für ein leichtes Eindringen ausreichend flüssig zu sein beziehungsweise eine entsprechend geringe Konsistenz aufzuweisen, und im Baugrund nach Abschluss des Verpressvorgangs zu erstarren und zu erhärten. Dieser Vorgang wird hydraulisches Abbinden genannt.

Baugrundinjektionen können auch zur Unterfangung bestehender Gebäude bei Nachbarbebauungen oder zur Hebung des Baugrunds (sogenannte Kompensationsinjektionen) in Folge von Setzungen sowie für Abdichtungen ausgeführt werden. Die maximal zulässigen Injektionsdrücke für Abdichtungsinjektionen richten sich nach der Injektionstiefe und der Tragfähigkeit des Baugrunds. Dazu werden in der Regel Vorerkundungen und Wasserdruckversuche und gegebenenfalls Einpress- und Aufbrechversuche durchgeführt. Es können Niederdruckinjektionen und Hochdruckinjektionen ausgeführt werden.

Niederdruckinjektionen werden hauptsächlich zur Abdichtung und zur Verfestigung von Böden und Untergründen eingesetzt, indem Hohlräume und Risse verfüllt werden. Niederdruckinjektionen können zur Abdichtung von Bauwerken gegen drückendes Wasser, zur Sicherung von Fundamenten und zur Sanierung von Bauschäden eingesetzt werden. Bei Niederdruckinjektionen wird der anstehende Baugrund direkt mit Bindemitteln vermengt. Die Injektionsarbeiten können mit Drücken von bis zu 200 bar durchgeführt werden. Durch eine Injektion entsteht eine Zementsäule, die ihre zweckbestimmte Funktion nach der Erhärtung der Suspension übernimmt. Dies kann eine Funktion als Unterfangungskörper, als Dichtsole, als Dichtwand oder als Fundationselement sein. Das System zeichnet sich durch eine flexible Wahl der eingesetzten Gerätschaften aus. Niederdruckinjektionen können mit einer Vielzahl von Geräten ausgeführt werden. Bei Niederdruckinjektionen liegt der maximale Druck meistens unter 100 bar. Es ist jedoch wichtig, dass der genaue maximale Druck von der spezifischen Anwendung und dem verwendeten Material abhängt. Injektionsverfahren mit Drücken unter zehn bar werden oft als Niederdruckinjektionen bezeichnet, um eine schonende Verteilung des Injektionsmaterials zu gewährleisten. Diese Einpressmethode wird häufig bei nachträglichen Horizontalsperren gegen aufsteigende Bodenfeuchtigkeit eingesetzt, insbesondere bei porösem Mauerwerk.

Niederdruckinjektionen sind besonders gut für Sand- und Kiesböden geeignet.

Bei **Hochdruckinjektionen** (HDI), auch Düsenstrahlverfahren genannt, wird der anstehende Boden durch eine unter hohem Druck austretende Zementsuspension aufgeschnitten und mit der Suspension vermischt. Ein Ventil befindet sich an einem Gestänge, das zunächst bis auf die gewünschte Endtiefe eingebracht wird und dann in eine Rotation versetzt und langsam während des Einbringens der Suspension gezogen wird. Nach der Erhärtung der Zementsuspension entsteht eine verfestigte Bodensäule. Durch ein Aneinanderreihen von Zementsäulen können Wände oder Flächen hergestellt werden. Die Aufschneidwirkung der verpressten Zementsuspension wird beim sogenannten Zweiphasenverfahren durch Druckluft und beim Dreiphasenverfahren zusätzlich noch durch unter Druck stehendes Wasser erhöht. Hochdruckinjektionen können auch zur Unterfangung von Bauwerken, für Sohlabdichtungen bei anstehendem Grundwasser, zur Firstinjektion bei Tunnelbauten oder als Baugrubenverbau eingesetzt werden.

Bei Hochdruckinjektionen liegen die Drücke im Bereich von bis zu 550 bar. Hochdruckinjektionen und werden eingesetzt, um den anstehenden Boden zu erodieren, mit Zementsuspension zu vermischen und einen zylindrischen Verfestigungskörper zu erzeugen. Der genaue Druck, zusammen mit der Ziehgeschwindigkeit und Drehzahl des Gestänges, wird an die Bodenbeschaffenheit angepasst. Ein anderer Name für das Düsenstrahlverfahren ist Soilcrete-Verfahren.

Ein bekanntes Beispiel für Baugrundinjektionen ist die Verbesserung der Standsicherheit des Bodens unter dem Dresdener Zwinger. Dort wurde ein unterirdischer Tunnel erweitert, wobei Injektionen eingesetzt wurden, um den Baugrund zu stabilisieren und um eine sichere Erweiterung des Tunnels zu ermöglichen. Ein weiteres Beispiel für Baugrundinjektionen ist die Baugrundverbesserung im Bereich des ehemaligen Tramdepots in München, wo der Einbau von Injektionsmaterial half, den Baugrund für den Neubau des Bildungszentrums der Münchner Volkshochschule vorzubereiten.

Es gibt jedoch auch Fälle, in denen Baugrundinjektionen nicht geeignet sind, wie zum Beispiel bei bestimmten Bodenarten oder wenn die Injektionsstoffe nicht mit den im Boden vorhandenen Wassern verträglich sind.

Injektionen im Baugrund sind nicht geeignet bei:

- Spezifischen Bodenarten: Injektionen sind nicht für alle Bodenarten geeignet. Zum Beispiel können bei sehr dichten oder bei sehr lockeren Böden andere Methoden der Baugrundverbesserung effektiver sein.
- Unverträglichkeit von Injektionsstoffen: Injektionsstoffe müssen auf ihre Verträglichkeit mit dem vorhandenen Wasser im Baugrund geprüft werden. Bei Unverträglichkeit können unerwünschte Reaktionen oder Schäden am Bauwerk auftreten.
- Mangelnde Erfahrung und Expertise: Die Auswahl der richtigen Injektionsmethode und die Durchführung erfordern ein großes Fachwissen und Erfahrung. Bei unsachgemäßer Anwendung können Fehler auftreten, die die Baugrundverbesserung beeinträchtigen können.
- Kosten und Zeitaufwand: Baugrundinjektionen können je nach Umfang und Verfahren relativ teuer und zeitaufwendig sein.
- Umweltauswirkungen: Einige Injektionsverfahren können negative Umweltauswirkungen haben, insbesondere, wenn chemische Stoffe als Injektionsmittel verwendet werden.

Fragen

- Was ist die Ursache für die Schiefstellung des Schiefen Turms von Pisa?
- Was ist die Ursache für die Schiefstellung der Kirche von Suurhusen?
- Wozu werden Niederdruckinjektionen hauptsächlich verwendet?
- Mit welchen Drücken können Niederdruckinjektionen durchgeführt werden?
- In welchem Bereich liegen die Drücke bei Hochdruckinjektionen?
- Welche Umweltauswirkungen können Baugrundinjektionen haben?

15 Unterfangungen

Wenn direkt neben einem bestehenden Gebäude eine Baugrube ausgehoben werden soll, die tiefer als die Fundamente des bestehenden Gebäudes ist, müssen die Fundamente des bestehenden Gebäudes unterfangen werden. Dadurch können auch Rissbildungen durch Setzungen oder das Abrutschen des Bestandsgebäudes in die Baugrube verhindert werden.

Wenn keine Spezialtiefbauverfahren eingesetzt werden, müssen Unterfangungsarbeiten bei Streifenfundamenten abschnittweise nach den Vorgaben der DIN 4123, Ausschachtungen, Gründungen und Unterfangungen im Bereich bestehender Gebäude, vom April 2013, ausgeführt werden. Für Unterfangungen ist ein gesonderter Standsicherheitsnachweis für den Endzustand der durchgeführten Unterfangungsmaßnahme erforderlich.

Für die Unterfangungskörper kann Beton, Stahlbeton oder Mauerwerk aus Vollziegeln oder aus Vollsteinen verwendet werden. Es können aber auch Baugrundinjektionen (Düsenstrahlverfahren) für Unterfangungen eingesetzt werden. Bild 15.1 und Bild 15.2 zeigen die Unterfangung eines bestehenden Gebäudes mit Beton.

Eine Ausschachtung darf zunächst nur bis zur Bodenaushubgrenze gemäß der DIN 4123 ausgeführt werden, das bedeutet, mindestens bis 50 cm oberhalb des vorhandenen Fundaments. Danach werden Gräben abschnittsweise mit einer Breite von nicht mehr als 1,25 m in die erforderliche Tiefe gegraben. Anschließend wird eine Unterfangungswand hergestellt. Dann wird der nächste Abschnitt freigelegt. Zwischen zeitgleich ausgeführten Abschnitten muss immer die dreifache Abschnittsbreite als Abstand eingehalten werden. Wenn die Unterfangung fertiggestellt ist, kann die Baugrube auf die gewünschte Tiefe ausgeschachtet werden. Die Unterfangung muss mindestens 50 cm tiefer als der geplante neue Aushub geführt werden.

Bild 15.1
Unterfangung einer bestehenden Mauerwerkswand mit Beton (Bild: KS-Bau Kai Schmidt Bauausführungen, Tornesch)

Bild 15.2
Unterfangung einer bestehenden Mauerwerkswand mit Beton (Bild: KS-Bau Kai Schmidt Bauausführungen, Tornesch)

Für Unterfangungen können sogenannte **ERKA-Pfähle** verwendet werden. Unterfangungen mit ERKA-Pfählen sind ein in der Baupraxis bewährtes System für Nachgründungen (zum Beispiel nach einer Nutzungsänderung oder nach einer Gebäudeaufstockung). Das System ist auch zur Sanierung nicht tragfähiger Gründungen geeignet. Das Presspfahl-System kann auch zur Unterfangung benachbarter Gebäude als Baugrubensicherung eingesetzt werden. Das hydraulische Einpressverfahren ist gerade bei schwer zugänglichen Verhältnissen oft die einzige Möglichkeit, Pfähle erschütterungsarm in den Baugrund einzubringen. Auch Schiefstellungen an Bauwerken können mit dem System korrigiert werden. Aufgrund der nahezu setzungsfreien Tiefgründung mit dem ERKA-Pfahlsystem sind Bauschäden am zu unterfangenden Gebäude oder an der Nachbarbebauung sehr selten.

Bild 15.3 zeigt eine schmale Grube unter dem Fundament eines bestehenden Gebäudes und einen ERKA-Pfahl in der Grube. Mit dem ERKA-Pfahl wird eine kraftschlüssige Verbindung mit einem neuen Fundament und dem alten Fundament des bestehenden Gebäudes erreicht. Mit Mauersteinen oder mit Beton- oder Stahlbeton kann die Lücke verschlossen werden und Setzungen des Bestandsgebäudes werden somit nahezu ausgeschlossen.

Bild 15.3
Grube unter dem Fundament eines bestehenden Gebäudes mit einem ERKA-Pfahl in der Grube (Bild: ERKA Pfahl GmbH, Baesweiler)

Während der Durchführung von Unterfangungsmaßnahmen sollten baubegleitende Setzungsmessungen und gegebenenfalls Verschiebungsmessungen durchgeführt und dokumentiert werden. Beim Auftreten von Rissen an Nachbargebäuden sollten Gipsmarken oder Rissmonitore beziehungsweise elektronische Risssensoren angebracht werden.

Wenn minimale Setzungen des bestehenden Gebäudes nicht vertretbar sind, muss die Unterfangung mittels Spezialtiefbauverfahren durchgeführt werden. Hierzu können zum Beispiel Nachgründungen mit Pfählen oder eine Bodensicherung mittels Baugrundinjektionen (Düsenstrahlverfahren, Zement- oder Hochdruckinjektion) zum Einsatz kommen. Beim Düsenstrahlverfahren wird unter dem Bestandsgebäude unter hohem Druck ein Zement-Wasser-Gemisch eingepresst, nach dessen Abbinden kann dann der Bodenaushub erfolgen. Unterhalb der Unterfangungskörper müssen mindestens mitteldicht gelagerte nichtbindige oder mindestens steife bindige Böden anstehen.

Wenn Grundwasser vorhanden ist, darf das Grundwasser nicht höher als 0,5 m unterhalb der Unterfangungskörper anstehen. Bei einem höheren Grundwasserstand ist das Grundwasser durch eine geeignete Wasserhaltung abzusenken. Eine ausreichende Absenkung ist vor Beginn des Bodenaushubs an Grundwassermessstellen zu kontrollieren. Eine Grundwasserabsenkung ist jedoch nur zulässig, wenn hierdurch keine Schäden an der vorhandenen Nachbarbebauung zu erwarten sind.

Für die Überprüfung der Baugrundverhältnisse ist eine normgerechte Baugrunderkundung sowie eine entsprechende Bewertung durch einen Sachverständigen für Geotechnik erforderlich. Vor, während und nach der Durchführung der Unterfangungsmaßnahme sind von dem Bausachverständigen Fotos aufzunehmen. Dadurch kann der Sachverständige feststellen, ob an den Nachbarbauwerken Schäden, zum Beispiel Risse oder Abplatzungen, entstanden sind. Gegebenenfalls können an den Nachbarbauwerken Gipsmarken oder Rissmonitore beziehungsweise elektronische Risssensoren über vorhandenen Rissen angebracht werden, um Veränderungen der Risse während der Durchführung der Unterfangungsmaßnahme feststellen zu können.

Fragen

- Welche Baustoffe können für Unterfangungskörper verwendet werden?
- Wie tief muss eine Unterfangung geführt werden?
- Welche Verfahren können eingesetzt werden, wenn minimale Setzungen des bestehenden Gebäudes nicht vertretbar sind?
- Was hat ein Sachverständiger für Geotechnik bei Unterfangungsmaßnahmen zu tun und wie kann eine Überprüfung der Baugrundverhältnisse erfolgen?

16 Verankerungen

Bei Hangsicherungen, zum Halten größerer Verbauplatten und zum Halten von Baugrubensicherungen können **Verankerungen** eingesetzt werden. Als Ankerarten gibt es sogenannte Stab-Verpressanker, schlaffe Stahlanker und sogenannte Erdnägel. Die Begriffe Bodenanker, Erdanker und Erdnägel werden häufig synonym verwendet. Erdanker sind komplette Verankerungsvorrichtungen. Ein kompletter Erdanker ist ein Set, bestehend aus Stahlplatten mit Seil-Ösen und Bohrlöchern für die Erdnägel, die den Anker fixieren. Dazu gehören auch Erdnägel. Erdnägel, Bodenanker und Ankerplatten bestehen aus hochwertigem Stahl.

Verpressanker (Bild 16.1) bestehen aus einem Stahlzugglied, das in ein Bohrloch eingebracht und mit Zementmörtel verpresst wird, um eine kraftschlüssige Verbindung zum Boden herzustellen.

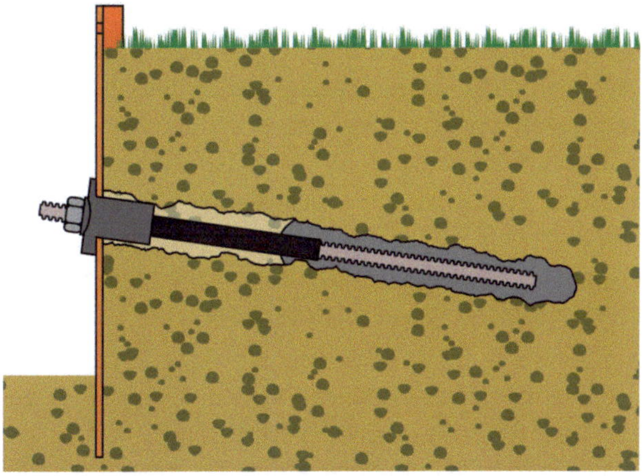

Bild 16.1
Prinzipskizze eines Stab-Verpressankers in einer Stahlspundwand (Bild: Wikimedia, User:Sunspeanzler, CC BY-SA 3.0 Unported)

Die maximale Zugkraft von Verpressankern hängt von verschiedenen Faktoren ab, wie der Art des Ankers, dem verwendeten Material, der Verankerungstiefe und den geotechnischen Eigenschaften des Bodens oder des Festgesteins. Es gibt keine pauschale Angabe, weil jede Verankerungssituation spezifisch ist.

Für Ankerarbeiten gilt die DIN EN 1537, Ausführung von Arbeiten im Spezialtiefbau – Verpressanker, Deutsche Fassung EN 1537,2013, vom Juli 2014.

Einem Erdanker mit dessen zwei oder drei Boden-Stahlplatten ähnelt die **Ankerplatte**. Im Unterschied zum Erdanker besteht eine Ankerplatte jedoch aus einer einzelnen, rechteckigen, dreieckigen oder runden Stahlplatte. Sie wird allgemein für die Abspannung der größten mobilen Bauwerke verwendet. Beispiele sind Zirkuszelte oder Freilicht-Bühnentürme.

Verpressanker werden als Verankerungselemente, in der Regel als vorgespannte Anker, eingesetzt, wenn Geländesprünge für Verkehrswege gesichert werden müssen oder Baugrubensicherungen gehalten werden müssen. Die zulässigen Ankerkräfte und die Länge der Tragglieder von Verpressankern richten sich nach den geologischen und den baustellenspezifischen Randbedingungen. Sie müssen für jedes Bauvorhaben individuell ermittelt werden. Verpressanker dienen auch zur Rückverankerung von Baugrubenwänden wie Schlitzwänden, Stahlspundwänden, Trägerbohlwänden oder Bohrpfahlwänden. Auch Unterfangungskörper können mithilfe einer Rückverankerung durch Verpressanker gesichert werden. Ist eine Rückverankerung aus bestimmten Gründen nicht möglich, sind alternativ Aussteifungsmethoden, zum Beispiel mittels Stahlträgeraussteifungen, anzuwenden.

Für die Herstellung der Ankerbohrungen und für das Setzen der Tragglieder gibt es verschiedene Bohrverfahren, die jeweils bei verschiedenen Baugrundverhältnissen eingesetzt werden können. Verpressanker werden häufig eingesetzt für Baugrubensicherungen, Böschungs- und Hangsicherungen, Auftriebssicherungen, Talsperren-Sanierungen und als Seilabspannungen.

Es gibt Einstabanker und Litzenanker. **Einstabanker** können als Daueranker zur Sicherung von Bauten im Erdreich sowie als Kurzzeitanker für Baugrubensicherungen oder als temporäre Rückverankerungen eingesetzt werden. Bekannte Einstabanker sind zum Beispiel GEWI-Anker. GEWI-Anker, auch als GEWI-Einstabanker bekannt, sind Verbundanker im Spezialtiefbau, die aus einem durchgehenden Stahltragglied mit einem aufgewalzten Gewinde und einer Verpresshülle aus Zementleim bestehen. Diese Anker werden zur Sicherung von Baugruben, Böschungen und anderen Bauwerken im Erdreich verwendet, sowohl temporär als auch dauerhaft.

Litzenanker sind gebräuchliche Elemente im Spezialtiefbau, die zur Verankerung von Bauwerken und zur Sicherung von Baugrubenwänden dienen. Sie bestehen aus mehreren Litzen aus hochfestem Spannstahl, die in einem Verpresskörper enden und eine Haftstrecke im Baugrund sowie eine freie Dehnlänge aufweisen. Die Haftstrecke im Baugrund wird mit einer Zementsuspension verpresst.

Grundsätzlich sind eingebaute Anker auf ihre ausreichende Tragfähigkeit zu überprüfen. Mit Zugversuchen ist der einwandfreie kraftschlüssige Verbund zwischen dem Anker und dem Baugrund nachzuweisen sowie eine eventuelle Schädigung (Streckgrenze oder Dehngrenze) zu überprüfen. Zugversuche an Ankern werden nach dem zurückgezogenen Normentwurf DIN EN ISO 22477-5, 2016-10 – Entwurf, Geotechnische Erkundung und Untersuchung – Prüfung von geotechnischen Bauwerken und Bauwerksteilen – Teil 5, Prüfung von Verpressankern (ISO/DIN 22477-5, 2016), Deutsche und Englische Fassung EN ISO 22477-5, vom Oktober 2016, durchgeführt. Die Zugversuche werden an ausgewählten Ankern durchgeführt. Die beim Zugversuch aufzubringende Prüfkraft entspricht mindestens dem Bemessungswert des Tragwiderstands des Ankers. Nach dem Zugversuch wird der Anker auf die Ausgangskraft entlastet und seine bleibende Dehnung gemessen. Ankerprüfungen dürfen nur von Sachverständigen für Geotechnik durchgeführt beziehungsweise überwacht und ausgewertet werden.

Bei Baumaßnahmen mit Daueranker sind hierfür nach der DIN EN 1537/DIN SPEC 185 371 auf der jeweiligen Baustelle Eignungsprüfungen durchzuführen, die den Nachweis der Tragfähigkeit bei der Prüflast, das Kriechverhalten und die rechnerische freie Stahllänge bestätigen. Bei Kurzzeitankern darf auf eine Eignungsprüfung verzichtet werden, wenn Ergebnisse von Eignungsprüfungen mit dem gleichen Ankersystem in vergleichbarem Baugrund und mit demselben Herstellverfahren vorliegen. Bei Daueranker ist die Durchführung und Auswertung einer Eignungsprüfung von einer für die Überwachung des Einbaus von Verpressankern anerkannten Prüf-, Überwachungs- und Zertifizierungsstelle (PÜZ-Stelle) zu überwachen. Eine Auflistung der entsprechenden Überwachungsstellen ist im PÜZ-Verzeichnis des Deutschen Instituts für Bautechnik (DIBt) enthalten.

Fragen

- Wozu werden Verpressanker eingesetzt?
- Welche Ankerarten gibt es?
- Wie werden Verpressanker auf ausreichende Tragfähigkeit überprüft?
- Was ist der Unterschied zwischen Kurzzeitankern und Daueranker?
- Was wird mit Eignungsprüfungen bei Verpressankern nachgewiesen?

17 Gründung von Windenergieanlagen

Der Ausbau erneuerbarer Energien ist ein zentraler Bestandteil der deutschen Energiewende, mit dem Ziel, bis zum Jahr 2050 einen Anteil von mindestens 80 % der Bruttostromerzeugung aus erneuerbaren Energiequellen zu erreichen.

Sowohl an Land (Onshore) als auch auf See (Offshore) ist Windenergie ein wichtiger Energieträger. Weitere wichtige Energieerzeuger sind:

- **Photovoltaik.** Die Nutzung von Sonnenenergie durch Solaranlagen ist ebenfalls ein bedeutender Faktor. Allein auf deutschen Hausdächern waren im April 2024 bereits 3,4 Millionen Photovoltaik-Anlagen installiert, was einem Anstieg von fast 30 % gegenüber dem Jahr 2023 entspricht. Die installierte Leistung wuchs im gleichen Zeitraum um 20,5 % auf 81 500 Megawatt (MW).
- **Biomasse.** Biogene Festbrennstoffe und andere Formen der Biomasse tragen zur Stromerzeugung bei. Biogene Festbrennstoffe sind feste Brennstoffe, die aus Biomasse gewonnen werden und zur Wärme- oder Stromerzeugung in Feuerungsanlagen eingesetzt werden. Sie umfassen verschiedene Materialien wie Holz (Scheitholz, Hackschnitzel, Pellets), Stroh, Getreide und andere Halmgüter.
- **Wasserkraft.** Auch die Wasserkraft spielt bei der Energieerzeugung eine Rolle, wenn auch mit einem geringeren Anteil. Etwa 4 % des gesamten deutschen Strombedarfs werden durch Wasserkraft gedeckt, wobei der Anteil erneuerbarer Energien aus Wasserkraft bei rund 14 % liegt. Deutschland verfügt über rund 7300 Wasserkraftanlagen, die eine installierte Leistung von etwa 5600 MW aufweisen.

Der Anteil erneuerbarer Energien am Stromverbrauch ist in den letzten Jahren deutlich gestiegen. Im Juli 2025 lag der Anteil erneuerbarer Energien an der Stromerzeugung in Deutschland bei rund 65,5 %.

Der Ausbau erneuerbarer Energien soll nicht nur zur Reduzierung von Treibhausemissionen und Treibhausgasemissionen beitragen, sondern auch die Energiesicherheit und die Unabhängigkeit von fossilen Brennstoffimporten (Erdöl, Erdgas) erhöhen, laut Informationen des Bundeswirtschaftsministeriums.

2025 gibt es in der deutschen Nordsee zirka 40 Windparks mit mehr als 4500 **Windenergieanlagen**, die zusammen eine Kapazität von über 10 Gigawatt (GW) haben. Die einzelnen Windräder in den Windparks haben unterschiedliche Turmhöhen und unterschiedliche Rotordurchmesser. Bei den Bundesländern ist Niedersachsen Spitzenreiter mit den meisten Anlagen. Hier stehen über 18 % aller Windräder Deutschlands. Mit 10 GW können grob 30 Millionen Haushalte versorgt werden, wenn man von einem durchschnittlichen Jahresverbrauch von 3500 Kilowattstunden pro Haushalt ausgeht.

Allein im vergangenen Jahr (2024) wurden in Norddeutschland insgesamt 745 Windenergieanlagen mit mehr als 3560 MW Leistung errichtet. Der Großteil der Anlagen entstand im Norden und im Nordwesten. Mit 131 neuen Windenergieanlagen konnte Niedersachsen seinen Spitzenplatz als deutscher Windkraft-Meister behaupten. Im Jahr 2023 wurden in Niedersachsen 50,8 Terrawattstunden Strom durch Windkraft, Solaranlagen oder mit Biogas erzeugt. Somit deckte Niedersachsen im Jahr 2023 100,6 Prozent des eigenen Strombedarfs klimaneutral durch erneuerbare Energien ab. Niedersachsen verfügte Ende des Jahres 2023 über rund 12,5 GW installierte Windenergieleistung an Land. Niedersachsen produzierte im Jahr 2023 so viel Energie aus Wind wie kein anderes Bundesland. Niedersachsen trägt derzeit (2025) 20,6 % zu der bundesweit installierten Stromleistung bei.

Windenergieanlagen, die in der Nordsee stehen, bezeichnet man als sogenannte **Offshore-Anlagen**. Weil die Meeresböden wenig tragfähig sind, sind für die Gründung von Offshore-Anlagen Pfahlgründungen erforderlich. Für die Pfahlgründungen im Seewasser werden entweder Bohrpfähle mit relativ glattem Schaft oder meistens Rammpfähle aus Stahl verwendet.

Windenergieanlagen, die in Norddeutschland küstennah oder im norddeutschen Marschenland stehen, stehen in der Regel in sehr wenig tragfähigen Klei- und Moorböden (Bild 17.1). Auch hier ist häufig eine Gründung der Windenergieanlagen auf Pfählen notwendig, auf denen dann Stahlbetonfundamente abgesetzt werden. Für die Gründung werden Bohrpfähle mit einem relativ glatten Schaft, Rammpfähle oder Schraubbohrpfähle verwendet.

Windenergieanlagen können eine Gesamthöhe von bis zu 200 m erreichen. Dies entspricht zirka 70 Stockwerken eines Hochhauses. Die Nabenhöhe (Höhe des Turms) beträgt bis zu 140 m. Der Rotordurchmesser kann bis zu 100 m betragen. Damit ein Windkraftwerk auch sicher steht, ist ein entsprechendes Stahlbeton-Fundament erforderlich. Dies hat in der Regel einen Durchmesser von 20 bis 30 m und eine Tiefe beziehungsweise eine Dicke von bis zu 4 m. Wegen vereinfachter Schalung sind die Stahlbetonfundamente von Windenergieanlagen für das Betonieren oft nicht kreisrund, sondern achteckig eingeschalt.

Für ein Fundament einer Windenergieanlage werden zirka 130 m^3 Frischbeton und zirka 180 t Stahl verbaut. Insgesamt hat das Fundament einer Anlage ein Gewicht von bis zu 3500 t. Der Frischbeton wird mit Betonmisch-Fahrzeugen zur Baustelle transportiert, deren Mischtrommel zirka 7,5 bis 8 m^3 Frischbeton enthält. Das Fahrzeug wiegt dann voll beladen zirka 32 t. Für das Betonieren des Stahlbeton-Fundaments einer Windenergieanlage sind zirka 160 Fahrten eines beziehungsweise mehrerer Betonmischer erforderlich.

Für die Bemessung der **Pfahlgründung** (Bild 17.2) einer Windenergieanlage sind Baugrunduntersuchungen mit Bohrungen und mit Drucksondierungen notwendig. Für den Vorentwurf einer Pfahlgründung werden in der Regel auf der Grundlage der DIN 4014, Herstellung, Bemessung und Tragverhalten, Bohrpfähle, vom März 1990, die Ergebnisse von Probebelastungen, die bei anderen vergleichbaren Bauvorhaben durchgeführt wurden, verwendet. Kennwerte für den Mantel- und für den Spitzenwiderstand der Pfähle werden meistens schon im Vorfeld aus den oben erwähnten Pfahlprobebelastungen abgeleitet. Weil sich für den Baugrund im norddeutschen Raum für die sehr wenig tragfähigen Klei- und Moorboden keine Zuordnung zu Lockergestein oder zu Festgestein treffen lässt, sondern es sich im Wesentlichen um unterschiedlich starke Verwitterungsgrade der Böden handelt, ist eine Zuordnung zu den Tabellenwerten der DIN 4014 mit gewissen Unsicherheiten behaftet.

Bild 17.1
Windenergieanlagen bei Schwanewede (Bild: Autor)

Der Entwurf, die Berechnung und die Ausführung von **Bohrpfählen** erfordert gründliche Kenntnisse der Bauart und große Erfahrungen Es dürfen nur solche Unternehmen und Fachingenieure mit den Arbeiten betraut werden, die diese Voraussetzungen erfüllen und eine fachgerechte Planung und Ausführung sicherstellen. Als verantwortlicher Bauleiter des ausführenden Unternehmens darf nur derjenige bestimmt werden, der die Bauart und die Ausführung der Pfähle gründlich kennt. Die Arbeiten dürfen nur durch erfahrene Bohrmeister, die Bohrpfähle bereits mit Erfolg hergestellt haben, durchgeführt und beaufsichtigt werden. Die Unfallverhütungsvorschriften (UVV) der gewerblichen Berufsgenossenschaften sind zu beachten. Bild 17.3 zeigt die Prinzipskizze eines bewehrten Bohrpfahls, der im oberen Bereich in nichttragfähigem Baugrund und im unteren Bereich in tragfähigem Baugrund steht.

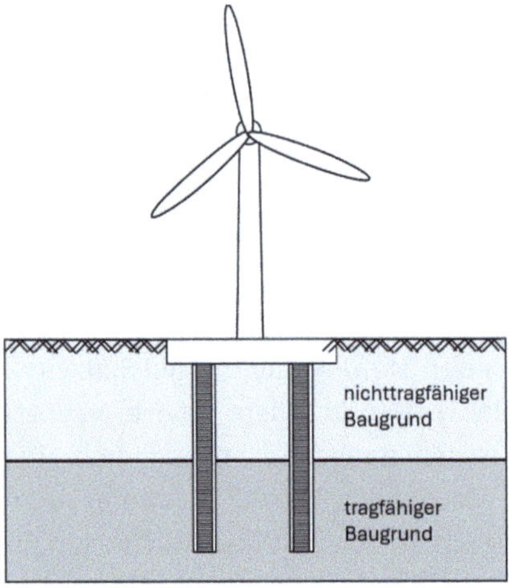

Bild 17.2
Prinzipskizze der Gründung einer Windenergieanlage auf Pfählen

Zur Absicherung der Pfahltragfähigkeiten und zur Optimierung im Hinblick auf wirtschaftliche Pfahllängen werden daher meistens die oben schon erwähnten Pfahlprobebelastungen geplant und durchgeführt. Grundsätzlich sollten die Versuche durch eine entsprechend ausgebildete Messtechnik den Verlauf der Pfahlmantelreibung in den verschiedenen Bodenschichten, sowie den Pfahlspitzendruck erfassen, sodass die aus den Pfahlprobebelastungen abgeleiteten Bemessungswerte auf der Grundlage vorliegender Ergebnisse von Drucksondierungen auf den gesamten Bereich des Fundaments einer Windenergieanlage übertragen werden können.

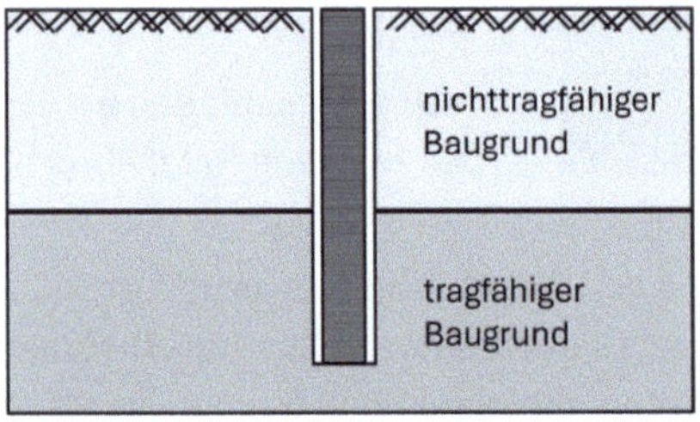

Bild 17.3
Prinzipskizze eines bewehrten Bohrpfahls

Zur Ableitung der Kräfte in den Baugrund werden bei Pfahlprobebelastungen Reaktionspfähle vorgesehen, die mit Messinstrumenten instrumentiert werden, um die gewonnene Datenbasis zu erweitern.

Bild 17.4 zeigt ein Bohrgerät der Firma PORR GmbH & Co. KgaA, München, mit dem Bohrpfähle unter anderem auch für Fundamente von Windenergieanlagen hergestellt werden.

Bild 17.4
Bohrgerät der Firma PORR GmbH & Co. KgaA, München (Bild: PORR GmbH & Co. KgaA, München)

Ein gewaltiger Kostenfaktor, gerade bei geringen Pfahl-Stückzahlen, ist die **Baustelleneinrichtung** für eine Pfahlbaustelle. Die Baustelleneinrichtung ist bei Pfählen von 40–60 cm Durchmesser mit zirka 10 000 Euro zu kalkulieren. Der laufende Meter Pfahl schlägt mit etwa 200 Euro zu Buche. Großbohrpfähle mit 80–120 cm Durchmesser erfordern deutlich größere und schwerere Bohrgeräte, die die Kosten für die Baustelleneinrichtung auf zirka 13 000–15 000 Euro erhöhen. Ein Großbohrpfahl selbst muss mit etwa 250 Euro pro laufendem Meter Pfahl kalkuliert werden. Deutlich günstiger sind unter Umständen Sonderverfahren wie zum Beispiel Rüttelstopfpfähle oder Schottersäulen.

In **Umspannstationen** wird der von den Windenergieanlagen erzeugte Gleichstrom in Wechselstrom umgewandelt. Auch hier sind in der Regel Pfahlgründungen für die Umspannstationen erforderlich. Weitere technische Herausforderungen und Kostenschwerpunkte bei der Netzanbindung eines Offshore-Windparks sind die seeseitig zu errichtenden Konverter, die entweder als Drehstrom- oder als Gleichstromvarianten ausgelegt werden. Ein auf dem Meer errichtetes, auch als Seekonverter bezeichnetes Umspannwerk ist eine zwei- bis dreistöckige Seeplattform, die in der Drehstromausführung Abmessungen von zirka 20 m × 20 m × 15 m aufweist.

Offshore-Umspannstationen sind in der Gleichstromausführung mit etwa 40 m × 18 m × 23 m fast doppelt so groß wie Drehstrom-Trafos mit Gewichten von bis zu 500 t. Trafostationen stehen häufig in wenig tragfähigen organischen Böden. Anstelle von Pfahlgründungen werden häufig Sandpolster aufgeschüttet. Nach einer gewissen Zeitdauer, in der der unter dem Sandpolster liegende organische Boden entwässert und konsolidiert ist, wird die Sandaufschüttung entfernt und die Bodenplatte der Trafostation betoniert.

Für den Bau von Umspannstationen an Land sind etliche Schwertransporte notwendig. Die Lastkraftwagen mit ihren Transportaufliegern, die die Bauteile für die Umspannstationen transportieren, wiegen voll beladen bis zu 600 t. Wegen der extrem hohen Radlasten der Schwerlastkraftwagen sind besondere Anforderungen an die Fahrbahnen, die in der Regel nur für Lastkraftwagen mit einem zulässigen Gesamtgewicht bis zu 40 t ausgelegt sind, erforderlich.

Für die Gründung von Offshore-Windenergieanlagen werden seit einigen Jahren neben sogenannten Tripods auch **Monopiles** eingesetzt, die aus einem einzelnen, zylindrischen Stahlpfahl, der in den Meeresboden gerammt wird, bestehen (Bild 17.5). Das obere Ende des Pfahls ragt über die Wasseroberfläche hinaus und dient als Verbindungselement für die Windkraftanlage. Monopiles sind besonders in flachen Gewässern, aber auch in tieferen Gewässern, eine beliebte Wahl und machen in der deutschen Nord- und Ostsee über 90 % der Fundamente für Offshore-Windparks aus. Monopiles haben typischerweise Durchmesser im Bereich von 5–8 m, die Durchmesser können aber auch größer sein. Die tatsächlichen Durchmesser hängen von verschiedenen Faktoren wie der Wassertiefe, der Windkraftanlagengröße- und -höhe und der Bodenbeschaffenheit ab.

Der größte bisher gebaute Durchmesser eines Monopiles für Offshore-Windenergieanlagen beträgt zehn Meter. Laut Berichten der Offshore-Windindustrie haben Monopiles mit 10 m Durchmesser eine Länge von bis zu 107 m und können bis zu 2000 t wiegen. Diese Dimensionen wurden unter anderem für den Windpark Moray West in Schottland verwendet.

Bild 17.5
Windräder, die auf Monopiles gegründet sind (Bild: RWE AG)

Fragen

- Welche Energieerzeuger gibt es?
- Welche Pfähle werden für die Gründung von Windenergieanlagen in der Nordsee vorwiegend verwendet?
- Welche Baugrundverhältnisse in Norddeutschland sind häufig küstennah anzutreffen?
- Wie werden Offshore-Umspannstationen häufig gegründet?
- Wie werden Offshore-Windenergieanlagen gegründet?

18 Gründung von Fernsehtürmen

Fernsehtürme werden nicht standardmäßig auf Pfahlgründungen errichtet; dies hängt von den örtlichen Bodengegebenheiten und den Lasten ab. Wenn der Baugrund nicht tragfähig genug ist, werden Pfähle in tiefere, tragfähigere Schichten eingebracht, um das Gewicht des Turms zu tragen. Eine Pfahlgründung kann je nach Boden durch Ramm- oder Bohrverfahren erfolgen, wobei der Druck durch den Fuß des Pfahls oder durch Reibung im Boden übertragen wird. Wenn die obere Bodenschicht nicht stabil genug ist, um das enorme Gewicht eines Fernsehturms zu tragen, müssen Pfähle bis zu einer festen Fels- oder einer anderen tragfähigen Schicht eingebaut werden. Fernsehtürme sind sehr schwere Bauwerke, was eine besonders stabile und dauerhafte Basis erforderlich macht. Zum Beispiel ist der Fernsehturm von Berlin insgesamt 26 000 t schwer.

Beim im Jahr 1959 gebauten und 141 m hohen alten hannoverschen Fernsehturm (Bild 18.1) ist gemäß einem Gutachten aus dem Jahr 2023 die Standsicherheit des Turms grenzwertig. Der alte Fernsehturm steht hinter dem hannoverschen Hauptbahnhof. Im Jahr 2020 brach ein backsteingroßer Betonbrocken aus dem Fenstersims einer Plattform des Turms in etwa 70 m Höhe heraus und verfehlte zwei Fußgänger nur knapp. Derzeit ist unter der Plattform des Fernsehturms ein Netz angebracht, um gelöste Betonbrocken aufzufangen.

Nach dem Bau des Telemax-Fernsehturms in Hannover-Groß-Buchholz verlor der alte Fernsehturm im Jahr 1992 seine technische Funktion. Er blieb jedoch als Bauwerk erhalten und erhielt passend zu seinem großen Bruder den Namen Telemoritz. Ein Unternehmer aus Hannover hat den alten Fernsehturm gekauft und will 120 Appartements am Turmschaft bauen lassen. Die Ummantelung des Turmschaftes mit den Wohnungen soll den sanierungsbedürftigen Turm stabilisieren. Die oberen Etagen auf ca. 70 m Höhe möchte der Unternehmer als Kultur – und Eventfläche nutzen.

Bild 18.1
Alter hannoverscher Fernsehturm (Bild: Autor)

In Stuttgart wurde am 5. Februar 1956 nach einer Bauzeit von zwanzig Monaten der Fernsehturm in Betrieb genommen. Er hat eine Höhe von 217 m und gilt als das Ur-Modell für die Fernsehtürme in aller Welt.

Der damalige Süddeutsche Rundfunk wollte ursprünglich seine Antennen für die Ausstrahlung seiner Fernseh- und UKW-Radiosendungen auf einen der damals üblichen 200 m hohen, mit Drahtseilen gesicherten Eisen-Gittermasten stellen. Vom als Brückenbauer und Statiker bekannt gewordenen Stuttgarter Ingenieur Professor Fritz Leonhardt wurde aber anstatt eines hässlichen Gittermastes der dann errichtete massive Fernsehturm vorgeschlagen.

In den 1980er-Jahren wurden bei Überprüfungen durch angeseilte Kletterer Risse in der Fassade des Fernsehturms festgestellt. Die Ursache dafür war Feuchtigkeit, die durch Risse in die Fassade des Turms eindringen konnte. Die festgestellten Risse im Beton hatten eine Breite von nur 0,2 mm, mussten aber saniert werden, damit über die Risse in den Beton eindringende Feuchtigkeit nicht zu einer Korrosion des im Beton enthaltenen Baustahls führen konnte. Bis zu seinem 70-jährigen Jubiläum im Februar 2026 soll der Stuttgarter Fernsehturm saniert worden sein.

Der Rheinturm ist der Fernsehturm in Düsseldorf. Der Fernsehturm ist 240,5 m hoch und das höchste Bauwerk der Stadt. Der von 1978 bis 1982 erbaute Fernsehturm dient sowohl als Träger von Antennen für Richtfunk, DVB-T-Fernsehen und UKW-Funkdienste als auch als Aussichtsturm. Der Turm steht direkt am Rhein und trägt als Besonderheit an seiner der Altstadt zugewandten Seite eine sogenannte Lichtskulptur, die als größte digitale Uhr der Welt gilt.

Auch am Düsseldorfer Fernsehturm sind mittlerweile Schäden aufgetreten. Es wurde bei Überprüfungen festgestellt, dass im Bereich des beschichteten Schaftunterbaus Korrosion des Bewehrungsstahls und stellenweise Betonabplatzungen entstanden waren, die sich ringförmig um den Schaftunterbau des Turms zogen. Bei einer vorhergehenden Sanierung war eine Beschichtung aufgebracht worden, die sich im vorgenannten

Bereich vom Untergrund abgelöst hatte. Die aufgetretenen Schäden mussten saniert werden. Die Standsicherheit des Fernsehturms war jedoch nicht gefährdet. Im Rahmen der Sanierung sollte die korrodierte Bewehrung ersetzt werden und ein dauerhaftes Oberflächenschutzsystems aufgetragen werden, um den Karbonatisierungsfortschritt im Beton zu bremsen und die Feuchtigkeit im Beton zu regulieren. Es wurden Rundstäbe aus Kohlefaserverbundwerkstoff, die korrosionsfrei sind, eingebaut. In den Untergrund wurden Anker aus Edelstahl-Gewindestangen eingesetzt. Abschließend wurde ein Spritzmörtel in zwei Lagen auf die Bewehrung aufgetragen. Auf diese Spritzmörtelfläche wurde ein elastisches Oberflächenschutzsystem aufgetragen.

Karbonatisierung beschreibt einen chemischen Prozess, bei dem Kohlendioxid (CO_2) aus der Luft mit Calciumhydroxid im Beton reagiert und Kalziumkarbonat (Kalkstein) bildet. Während dies die Festigkeit des Betons erhöhen kann, verliert der Beton seine hohe Alkalität, was bei Stahlbeton zum Verlust des Korrosionsschutzes der Bewehrung führen und somit Schäden verursachen kann. Der Prozess ist von außen nach innen gerichtet und kann mit einem Phenolphthalein-Test visuell überprüft werden, der nicht-karbonatisierte Bereiche violett färbt.

Große **Betonüberdeckungen** führen zu großen Rissbreiten. Größere Rissbreiten als 0,3 mm können somit durch das Eindringen von Feuchtigkeit und von Sauerstoff zur Korrosion der Stahl-Bewehrung führen. Dies hat wiederum das Abplatzen von Beton zur Folge, wodurch die Bewehrung freigelegt wird und rosten kann. Diese sich widersprechenden Effekte können beispielsweise durch die Verwendung einer nichtkorrodierenden Bewehrung mit einer geringeren Betondeckung oder durch eine nichtkorrodierende, feiner verteilte Bewehrung (Hautbewehrung) mit möglichst gutem Verbund, zum Beispiel aus feuerverzinktem Stahl oder aus Edelstahl, vermieden werden. Seit einigen Jahren kann als Bewehrung auch glasfaserverstärkte Bewehrung (GFK-Bewehrung) oder ein Textil- oder ein Faserbeton verwendet werden.

Eine ausreichende Betonüberdeckung gewährleistet den Korrosionsschutz, die Verbundtragfähigkeit und den Brandschutz von Betonbauteilen. In den in Deutschland geltenden Normen setzt sich das bei der Planung und auf der Baustelle einzuhaltende Verlegemaß der Stahl-Bewehrung aus der Mindestbetondeckung c min und dem Vorhaltemaß Δc dev zusammen. Das Vorhaltemaß Δc_{dev} beträgt zwischen 10–15 mm. Für den Fall, dass bei der Bestimmung der Mindestbetondeckung der Stabdurchmesser des einzubauenden Bewehrungsstahls maßgebend wird, ist ein Vorhaltemaß von zehn Millimetern ausreichend.

Das Maß der Betonüberdeckung, die Betonbetrachtung, wird gemäß der Norm DIN EN 1992-1-1 festgelegt und setzt sich aus dem Mindestmaß (c_{min}) und dem Vorhaltemaß (Δc_{dev}) zusammen, weil es die Korrosions- und Brandbeständigkeit der Bewehrung sichert. Die Mindestbetondeckung ist abhängig von den Expositionsklassen, den Stabdurchmessern und der geforderten Feuerwiderstandsklasse. Ein typisches Nennmaß für die Betonüberdeckung liegt zwischen 20–50 mm, kann aber je nach Anforderungen abweichen.

Die **Mindest-Betonüberdeckung** darf nicht kleiner als 15 mm sein, üblich sind 20–50 mm. Gewährleistet wird eine ausreichende Betonüberdeckung durch Abstandhalter und durch Unterstützungsböcke beziehungsweise -körbe.

Betonrisse ab ca. 10 mm Breite und 10 mm Tiefe können mit extrem belastbaren Epoxydharzmörteln oder mit speziellen Harzen repariert werden. Auch sogenannte Rissfüller, Rissharze oder Reparaturmörtel eignen sich für die Sanierung von Betonbauteilen. Wenn Risse nur kleinere Mängel darstellen, werden sie häufig nur aus optischen Gründen instandgesetzt. Risse, die die Stabilität eines Gebäudes gefährden, befinden sich normalerweise in den tragenden Bauteilen. Solche Risse müssen instandgesetzt werden, um die Tragfähigkeit der geschädigten Bauteile weiterhin zu gewährleisten. Durch die Abdichtung feuchter oder wasserführender Risse mittels der Anwendung von Injektionsverfahren kann das weitere Eindringen von Wasser in Betonbauteile gestoppt werden.

Bild 18.2
Stark beschädigte Betonoberfläche (Bild: Autor)

Fragen

- Was ist Karbonatisierung?
- Was kann bei Stahlbeton zum Verlust des Korrosionsschutzes der Bewehrung führen?
- Was gewährleistet eine ausreichende Betonüberdeckung?
- Wie groß muss die Mindest-Betonüberdeckung sein?

19 Erdbau und Straßenbau

Im **Erdbau** werden hauptsächlich Böden abgetragen, Böschungen gesichert und nicht tiefliegende Kabel und Rohrleitungen verlegt.

Mit **Tiefbau** werden Bauarbeiten, die unterhalb der Erdoberfläche ausgeführt werden, bezeichnet. Hierzu gehören zum Beispiel die Verlegung von Ver- und Entsorgungsleitungen wie Wasser- und Abwasserleitungen, die Verlegung von Gasleitungen und Strom-, Telefon- und Glasfaserkabeln sowie der Bau von Verkehrswegen wie Straßen und Tunneln.

Straßenbau bezeichnet die Planung und die Umsetzung von Straßenbaumaßnahmen, wie zum Beispiel den Bau von Autobahnen, von Landstraßen, von Stadtstraßen oder von Geh- und Radwegen. Die Straßen werden aus verschiedenen Materialien wie Asphalt, Beton oder Pflastersteinen gebaut. Straßenbauer sind für die Errichtung von Straßen und Wegen einschließlich Haupt- und Nebenstraßen, Geh- und Radwegen, Fußgängerzonen sowie Autobahnen und Flugplätzen zuständig.

Im 19. Jahrhundert fand ein Wandel im Straßenbau statt, der durch die zunehmende Motorisierung und die damit verbundenen Anforderungen an die Verkehrssicherheit ausgelöst wurde. Es wurden neue Baumaterialien und Baustoffe wie Asphalt verwendet, und die Straßeninfrastruktur wurde ausgebaut und ständig verbessert, um den neuen Verkehrsbedürfnissen gerecht zu werden. Bei Asphaltarbeiten wird ein Asphaltbelag auf Straßen, Wegen oder Plätzen aufgetragen. Asphalt ist ein Mischprodukt aus Gesteinskörnungen und Bitumen und besitzt eine hohe Stabilität und Langlebigkeit.

Bei Pflasterarbeiten werden Pflastersteine auf einer nicht frostempfindlichen Tragschicht verlegt. Als Materialien für Pflastersteine können gewählt werden:

- Betonsteine: Sie sind in vielen Farben erhältlich und sehr langlebig.
- Natursteine: Sie sind ebenfalls sehr langlebig, aber teurer und schwerer zu verarbeiten, als Betonsteine. Ein wichtiges Kriterium für die Auswahl von Natursteinen ist ihre Härte. Grundsätzlich wird zwischen Weich- und Hartgestein unterschie-

den. Zu den Weichgesteinen gehören zum Beispiel Sandsteine, Marmor oder auch Vulkanite wie Andesit oder Basalt. Zu den Hartgesteinen gehören Materialien wie Granit und Diorit, die widerstandsfähiger und damit vor allem für eine Verwendung im Garten beziehungsweise im Freien gut geeignet sind.

Fugenmörtel, der nach dem Verlegen von Pflastersteinen aufgetragen und in die Fugen eingearbeitet wird, verhindert, dass die Pflastersteine verschoben werden können. Außerdem wird durch Fugenmörtel verhindert, dass sich Unkraut in den Fugen bildet. Die Dicke der verlegten Pflastersteine bestimmt die Höhe der maximalen Belastung durch Fahrzeuge. Der sogenannte Oberbau, der in der Regel aus Schotter, Splitt oder aus Kies besteht, muss wegen ausreichender Frostsicherheit und für das Erreichen einer ausreichenden Belastbarkeit der Pflasterfläche eine Dicke von ca. 50 cm aufweisen. Es folgt dann ein Sand- oder Splittbett als eigentliche Grundlage für die Verlegung der Pflastersteine. Die Mindestfugenbreite für die Verfugung von Pflasterflächen beträgt 5 mm. Als Fugenmaterial kann Zementmörtel oder auch Fugenmörtel aus Kunstharz verwendet werden. Es gibt auch Pflastersteine, die wasserdurchlässig sind.

Eine ausreichende Verdichtung im Erd- und Straßenbau ist entscheidend für die Tragfähigkeit und die Stabilität von Fahrbahnen. Eine ausreichende Verdichtung sorgt dafür, dass der Boden unter der späteren Belastung nicht nachgibt und somit keine Risse oder Verformungen entstehen. Eine ausreichende Verdichtung kann durch verschiedene Methoden erreicht werden wie walzen, rütteln oder stampfen und muss sowohl die Tragfähigkeit des Planums als auch die spätere Verkehrsbelastung berücksichtigen.

Bild 19.1 und Bild 19.2 zeigen einen sogenannten Wackerstampfer, das ist ein Vibrationsstampfer zur Verdichtung kleiner Flächen und zur Verdichtung der Verfüllung von Kabel- und Leitungsgräben oder zur Verdichtung der Gräben von Streifenfundamenten.

Bild 19.1
Wackerstampfer zur Verdichtung kleiner Flächen (Bild: Wacker Neuson SE, München)

Bild 19.2
Verdichtung eines Grabens für ein Streifenfundament (Bild: Wacker Neuson SE, München)

Bild 19.3 zeigt eine Rüttelplatte beim Verdichten einer Kiestragschicht.

Bild 19.3
Rüttelplatte beim Verdichten einer Kiestragschicht (Bild: Wacker Neuson SE, München)

Im Straßenbau wird die Verdichtung von Böden und von Asphalt mit verschiedenen Baumaschinen durchgeführt, darunter Walzen, Rüttelplatten und Rüttelstampfer. Für die Verdichtung von Böden können verschiedene Walzentypen wie Glattmantelwalzen (Bild 19.4), Schaffußwalzen (Bild 19.5), Vibrationswalzen und andere Walzen eingesetzt werden, die sich für unterschiedliche Bodenarten und Anforderungen eignen. Schaffußwalzen sind besonders gut für die Verdichtung bindiger Böden geeignet.

Eine Schaffußwalze verdichtet bindige Böden wie Lehm und Ton durch ihre Noppen („Schaffüße"), die punktuelle Abdrücke im Boden hinterlassen und die Bodenteilchen dadurch knetend zusammendrücken. Dies reduziert das Porenvolumen im Boden und erhöht die Tragfähigkeit und Stabilität des Bodens, was eine Schaffußwalze zu einem effektiven Werkzeug für den Erdbau und zur Bodenverbesserung macht.

Bild 19.4
Glattmantelwalze beim Verdichten einer Schottertragschicht (Bild: BOMAG GmbH, Boppard)

Bild 19.5
Zwei Schaffußwalzen beim Verdichten einer Kiestragschicht (Bild: BOMAG GmbH, Boppard)

Plattendruckversuche dienen zur Beurteilung der Verformbarkeit und der Tragfähigkeit eines Bodens oder einer Tragschicht. Plattendruckversuche werden als Feldversuch mit einem Plattendruckgerät durchgeführt. Dabei wird beim **statischen Lastplattendruckversuch** eine kreisförmige, genormte Lastplatte aus Metall wiederholt von einer Druckvorrichtung auf dem Untergrund mit einem bestimmten Druck und Intervall stufenweise be- und entlastet. Als Gegengewicht wird ein schwerer Lastkraftwagen, ein Bagger oder eine ähnlich schwere Baumaschine verwendet. Beim Versuch werden resultierende Setzungen der Lastplatte gemessen, um Rückschlüsse auf die Eigenschaften des Bodens zu ziehen. Der statische Plattendruckversuch, auch Lastplattenversuch oder Lastplattendruckversuch, ist ein Versuch zur Bestimmung der Druckfestigkeit und der Tragfähigkeit von Böden und Materialien. Der Versuch dient als Nachweis zur Eignung von Böden und Untergründen (Schüttlagen) als Baugrund nach der DIN 1054, Baugrund, Sicherheitsnachweise im Erd- und Grundbau, vom April 2021, sowie für den Nachweis einer ausreichenden Verdichtung von Böden und Tragschichten, insbesondere im Erd- und Straßenbau.

Die Versuchsresultate werden in einer Drucksetzungslinie dargestellt und mit dem Verformungsmodul E_v ($\Delta\sigma_0$, Δs) ausgedrückt. Näherungsweise kann der Steifemodul E_s aus den Versuchswerten bestimmt werden:

$$E_s = \frac{\Delta\sigma_0 \times d}{\Delta s}$$

$\Delta\sigma_0$ = Sohlspannungssteigung, die beim Versuch mit einer Lastplatte auf den Boden oder die Tragschicht aufgebrachte Spannung

d = Durchmesser der Lastplatte

Δs = Setzung des Bodens oder der Tragschicht, beim Versuch bei der Lastplatte gemessen

Die Werte werden in Meganewton pro Quadratmeter für die Belastung und in Millimeter für die Setzung der Lastplatte angegeben. Die Einheit des statischen Verformungsmoduls (E_v-Wert) ist Meganewton pro Quadratmeter (MN/m^2) oder das äquivalente Megapascal (MPa). Entscheidend für die Einstufung der Eignung des untersuchten Materials ist neben dem absoluten Wert des für eine bestimmte Verformung notwendigen Drucks auch das Verhältnis der bei aufeinanderfolgenden Durchgängen bestimmten Druckwerte.

Plattendruckversuche werden vorwiegend im Straßen- und Verkehrswegebau ausgeführt, aber auch bei Baugrubensohlen, um deren ausreichende Verdichtung und deren ausreichende Tragfähigkeit, zum Beispiel nach dem Einbau von frostsicherem Material, zu überprüfen. Aufgezeichnet werden nicht nur der aufgebrachte Druck und die Einsinktiefe der Lastplatte, sondern auch die nach der Druckbelastung des Versuchs einsetzende Entspannung des Materials. Die Durchführung von Plattendruckversuchen ist in der DIN 18134, Baugrund, Versuche und Versuchsgeräte – Plattendruckversuch, vom April 2012, geregelt.

Für die Kontrolle von Verdichtungen, zum Beispiel bei Straßenbauten, wird meistens eine Lastplatte von 300 mm Durchmesser und 25 mm Dicke verwendet (es werden nach der DIN 18134 auch Lastplatten mit 600 mm und 762 mm und einer Dicke von 20 mm verwendet) und die Last in Stufen bis zu einem Maximalwert (häufig 0,5 MN pro Quadratmeter bei einer Lastplatte mit 300 mm Durchmesser) gesteigert und dann wieder entlastet, wobei jeweils die Setzung der Lastplatte gemessen wird. Das Verfahren darf nach der DIN 18134 bei grob- und gemischtkörnigen Böden und bei feinkörnigen Böden, deren Konsistenz steif bis fest ist, angewendet werden. Gestörte Oberflächenschichten (etwa Aufweichungen) müssen entfernt werden, die Lastplatte muss vollständig auf der Prüffläche aufliegen, wozu eventuell eine wenige Millimeter dünne Sandschicht oder Gips aufgebracht wird. Körner beziehungsweise Steine, die einen Durchmesser von mehr als einem Viertel des Lastplattendurchmessers haben, müssen entfernt werden. Bei 300 mm Plattendurchmesser wird eine Vorbelastung von 0,01 MN pro Quadratmeter aufgebracht. Die Laststeigerung erfolgt nach der Norm in mindestens sechs etwa gleich großen Stufen bis zum Maximalwert und die

Entlastung in drei Stufen (auf die Hälfte, dann auf ein Viertel und letztendlich auf 2 % der Maximalspannung). Die DIN 18134 macht auch Vorgaben für den zeitlichen Ablauf der Be- und Entlastung. Bevor der Messwert einer Laststufe erfasst wird, muss diese Laststufe für sechzig Sekunden gehalten werden. Nach der Erstbelastung wird ein zweiter Belastungszyklus ausgeführt (aber nur bis zur vorletzten Stufe des ersten Durchgangs.) Die errechneten Verformungsmoduln Ev werden mit den Indizes „1" und „2" versehen, je nachdem, ob sie im ersten oder im zweiten Zyklus berechnet wurden. Es ergeben sich dann die Verformungsmoduln „Ev1" und „Ev2".

Die reine Versuchsdauer eines **statischen Lastplattendruckversuchs** (Bild 19.6) beträgt 30 Minuten (im Verkehrswegebau nur 15 Minuten), hinzu kommen etwa zehn Minuten für den Aufbau des Versuchs.

Bild 19.6
Statischer Lastplattendruckversuch mit einer Walze als Gegengewicht und einer Lastplatte mit 300 mm Durchmesser (Bild: Autor)

Ein **dynamischer Lastplattenversuch** kann während der Einbauphase im Erdbau, Straßenbau und im Leitungsbau durchgeführt werden, um die Verdichtungsqualität von eingebauten Schichten zu beurteilen. Ein dynamischer Plattendruckversuch bietet die Möglichkeit, die Tragfähigkeit von verdichteten Böden schnell zu bestimmen und ist besonders wirtschaftlich. Für dynamische Plattendruckversuche wird ein leichtes Fallgewichtsgerät zur schnellen Ermittlung der Tragfähigkeit und der Verdichtungsqualität von verdichteten Böden, von ungebundenen Tragschichten und von Bodenverbesserungen gemäß den TP BF-StB Teil B 8.3 verwendet. Die TP BF-StB Teil B 8.3 sind die Technischen Prüfvorschriften für Boden und Fels im Straßenbau, Teil B 8.3. Der **dynamische Plattendruckversuch** mit dem leichten Fallgewichtsgerät ist ein Prüfverfahren, bei dem der Boden oder eine Tragschicht über eine kreisförmige Lastplatte durch ein Fallgewicht stoßartig mit der maximalen Kraft F_{max} belastet wird. Bei dem Versuch fällt eine Masse von zehn Kilogramm, geführt von einer Stange aus ca. 70 cm Höhe auf ein Federpaket, das die Kraft auf eine Lastplatte mit dem

Durchmesser 300 mm überträgt. Die exakte Fallhöhe wird durch eine Kalibrierung des Gerätes so eingestellt, dass die gleichmäßige Normalspannung unter der Lastplatte σ_{max} gleich 0,1 MN pro Quadratmeter beträgt. Die unter dieser definierten Stoßbelastung auftretende Setzung der Lastplatte s_{max} in Millimeter wird mithilfe eines Sensors ermittelt, der mittig auf der Lastplatte befestigt ist. Unter Anwendung der Elastizitätstheorie, die auch die Querdehnzahl μ berücksichtigt, wird damit der dynamische Verformungsmodul E_{vd} berechnet. Das Prüfverfahren eignet sich insbesondere für grobkörnige und für gemischtkörnige Böden mit einem Größtkorn bis 63 mm.

Ein dynamischer Plattendruckversuch kann innerhalb von nur zwei Minuten mit einem leichten Fallgewichtsgerät durchgeführt werden. Mit dem dynamischen Versuch wird der dynamische Verformungsmodul E_{vd} in Meganewton pro Quadratmeter bestimmt.

Die grundlegende Formel zur Berechnung des dynamischen Verformungsmoduls E_{vd} lautet:

$$E_{vd} = 1{,}5 \times r \times \frac{\Delta\sigma}{s}$$

r = Radius der Lastplatte

Δσ = maximale Stoßkraft (oder der Druck)

s = arithmetischer Mittelwert der Setzungsamplituden. Dieser Wert wird direkt vom Gerät ausgegeben, um die Verdichtung von Böden auf der Baustelle schnell zu überprüfen und die Tragfähigkeit einzuschätzen.

Bei **Plattendruckversuchen** wird zwischen dem statischen und dem dynamischen Plattendruckversuch unterschieden. Mit dem **statischen Plattendruckversuch** wird, wie weiter oben beschrieben, der Ev2-Wert ermittelt, mit dem auf den Verdichtungsgrad des Bodens oder eines Tragschichtmaterials geschlossen werden kann. Der Versuch ist im Straßenbau allgemein üblich und zugelassen. Mit einem **dynamischen Plattendruckversuch** (Bild 19.7) wird der E_{vd}-Wert, der dynamische Verformungsmodul ermittelt, um die Tragfähigkeit und Verdichtungsqualität von Böden und Tragschichten zu prüfen. Der dynamische Verformungsmodul wird in Meganewton pro Quadratmeter angegeben und kann über einen Umrechnungsfaktor grob mit dem statischen E_{v2}-Wert verglichen werden, wobei der genaue Faktor von der Bodenart, dem Wassergehalt und dem Verdichtungsgrad abhängt. Eine direkte, universelle Umrechnung vom dynamischen Verformungsmodul E_{vd} zum statischen Verformungsmodul E_{v2} ist nicht möglich, weil der Umrechnungsfaktor stark von der Bodenart, dem Wassergehalt und dem Verdichtungsgrad abhängt. Ein grober Anhaltswert ist die Formel $E_{v2} = E_{vd} \times 1{,}8$, doch für genaue Ergebnisse sind Kalibrierungsversuche vor Ort erforderlich.

Weil es sich bei dem leichten Fallgewichtsgerät um ein handliches Prüfgerät handelt, das kein tonnenschweres Gegengewicht erfordert und der dynamische Plattendruckversuch in wenigen Minuten von einer Person durchgeführt werden kann, ist der dynamische Plattendruckversuch auch in Leitungsgräben, Aufgrabungen, Hinterfüllungen oder bei beengten Baugruben gut durchführbar. Der dynamische Verformungsmodul E_{vd} weicht jedoch vom statischen Verformungsmodul E_v ab. Häufig wird für die Umrechnung auf den statischen Verformungsmodul eine Überprüfung der Ergebnisse durch einen statischen Plattendruckversuch empfohlen.

Bild 19.7
Dynamischer Plattendruckversuch mit einem leichten Fallgewichtsgerät auf einer Tragschicht (Bild: ZORN INSTRUMENTS GmbH & Co. KG, Stendal)

Bei Betonfahrbahnen wird durch das Abziehen der Frischbetonoberfläche mit einem speziellen Besen die Oberfläche rauer, was sich positiv auf die Rutschfestigkeit auswirkt. Durch die vom Besen erzeugten Wellenlinien auf der Betonoberfläche kann Wasser abgeführt werden. Durch einen Besenstrich wird eine relativ rutschfeste Oberfläche erzeugt. Je nach der Intensität des Besenstrichs kann die Betonoberflächenstruktur an die gewünschte Rauigkeit angepasst werden. Dränbeton-Fahrbahnen sind Fahrbahnen, die aus **Dränbeton** (auch Dränagebeton genannt) hergestellt werden. Dieser spezielle Beton zeichnet sich durch seine hohe Wasserdurchlässigkeit aus, was ihn ideal für den Straßenbau macht. Dränbeton ermöglicht eine effiziente Entwässerung von Fahrbahnen und trägt zur Lärmminderung bei, indem er die Bildung von Aquaplaning und Sprühnebel weitgehend verhindert und Rollgeräusche reduziert. Flüsterasphalt, auch offenporiger Asphalt (OPA) genannt, ist ein spezieller Straßenbelag, der durch seine poröse Struktur Fahrgeräusche reduziert, indem er Luft und Schall absorbieren und Wasser ableiten kann. Dadurch wird nicht nur der Verkehrslärm für Anwohner verringert, sondern auch die Sicherheit durch eine bessere Haftung und vermiedenes Aquaplaning erhöht. Allerdings ist Flüsterasphalt teurer, weniger langlebig und anfälliger für Verstopfungen als herkömmlicher Asphalt, was zu höheren Instandhaltungskosten führt.

Um erdverlegte Kabel- und Leitungen vor Beschädigungen bei Aushub- und Schachtarbeiten zu schützen, werden über den Leitungen in der Regel **Leitungswarnbänder** verlegt. Als Trassenband oder Trassenwarnband wird ein Polyethylenfolienband bezeichnet, das zum Schutz von erdverlegten Kabeln Rohrleitungen dient. Zu diesem Zweck wird das Trassenwarnband oberhalb der zu schützenden Leitungen oder Rohre im Erdboden vergraben. Trassenwarnbänder gibt es, je nach Anwendungsbedarf, in verschiedenen Breiten, Längen und Grundfarben (gelb, blau, rot, grün) und Aufdrucktexten, die Aufschluss darüber geben, um welche Leitungsarten es sich handelt (zum Beispiel Achtung Starkstromkabel, Achtung Wasserleitung und so weiter). Bereits anhand der Farbe des Trassenwarnbandes lässt sich erkennen, welche Art der Leitung darunter liegt: Erdkabel und Gasleitungen werden mit rotem oder gelbem, Trinkwasserleitungen mit blauem und Abwasser- und Regenwasserleitungen mit grünem Band markiert. In Deutschland ist es vorgeschrieben, erdverlegte Leitungen genau zu katalogisieren. Um den Schutz vor Beschädigungen zusätzlich zu erhöhen, ist der Gebrauch von Trassenwarnbändern vorgeschrieben (Bild 19.8, Bild 19.9).

Bild 19.8 Rotes Trassenwarnband über einer erdverlegten Leitung, daneben eine Ausführung in Kunststoffplatten (Bild: Autor)

Bild 19.9 Gelbes Trassenwarnband für erdverlegte Stromkabel (Bild: Autor)

Bei Erdarbeiten stoßen der Baggerfahrer oder Tiefbauarbeiter dann zunächst auf das Warnband und sind gewarnt, dass sich darunter eine Leitung oder ein Kabel befindet. In Deutschland entstehen jährlich Kosten in Millionenhöhe, wenn bei Bauarbeiten Leitungen beschädigt werden und dadurch Wohn- oder Industriegebiete plötzlich ohne Wasser- oder Stromversorgung sind. Die Beschaffenheit und das Aussehen der Trassenwarnbänder sind in EU-Richtlinien vorgeschrieben. Es gibt auch detektierbare Trassenbänder (Ortungsbänder), die mithilfe elektronischer Anzeigegeräte vor Beginn einer Baumaßnahme geortet werden können und es ermöglichen, den Verlauf einer Leitung ohne Erdarbeiten zu ermitteln.

Fragen

- Welches ist ein wichtiges Kriterium für die Auswahl von Natursteinen?
- Welche Weichgesteine werden im Straßenbau häufig verwendet?
- Wozu dienen Plattendruckversuche?
- Wofür eignet sich das Prüfverfahren dynamischer Plattendruckversuch besonders?
- Was wird durch einen Besenstrich bei Betonfahrbahnen erreicht?

20 Verlegung von unterirdischen Leitungen

Rohrvortriebe sind geschlossene, also unterirdische, Bauweisen zur Verlegung von Rohrleitungen, Stollen oder Tunneln mit einem kleinen Durchmesser. In den letzten Jahren hat diese Bauweise in Deutschland hinsichtlich der Abbau- und Fördersysteme ein hohes technologisches Niveau erreicht.

Bei der unterirdischen Verlegung von Leitungen wird zwischen begehbaren und nichtbegehbaren Rohrvortrieben unterschieden. Die Verlegung von Rohrleitungen, Kabeln und von elektrischen Leitungen gehört zu den Bauaufgaben, deren Bedeutung in der Baupraxis ständig zunimmt. Vortriebsverfahren werden vor allem von kleineren und von mittleren Unternehmen eingesetzt.

Bei der Verlegung von Versorgungsleitungen in geschlossener Bauweise, also unterirdisch, wird entsprechend der jeweiligen Arbeitsweise grundsätzlich zwischen den folgenden Verfahren unterschieden:

- Bodenverdrängungsverfahren,
- Bodenentnahmeverfahren.

Das **Bodenverdrängungsverfahren** kann mit nichtsteuerbaren Verfahren oder mit steuerbaren Vortriebsverfahren ausgeführt werden. Beim nichtsteuerbaren Verfahren werden sogenannte Boden- beziehungsweise Erdverdrängungshämmer (Bild 20.1) verwendet. Dies sind dynamisch betriebene Vortriebsgeräte. Innerhalb ihres länglichen, zylindrischen Gehäuses befindet sich ein beweglicher Schlagkolben, der das Gerät vortreibt. Als Antriebsmedium dient Druckluft aus einem Kompressor. Während des Einsatzes wird das Gerät über einen Nebelöler, der zwischen dem Gerät und dem Kompressor liegt, geschmiert. Dabei wird ein umweltverträgliches Öl verwendet, das in der Natur schnell abgebaut werden kann. Bei kalter Witterung (unter rund 5 °C Außentemperatur) können Boden- oder Erdverdrängungshämmer mit Druckluftwärmern betrieben werden, um ein störungsfreies Arbeiten zu ermöglichen.

Bild 20.1
Boden- beziehungsweise Erdverdrängungshammer (Bild: Wikipedia)

Bodenverdrängungshämmer schaffen den Hohlraum für eine Leitung durch eine seitliche Bodenverdrängung. Der Boden vor dem Vortriebsgerät wird zunächst verdichtet und dann zur Seite gedrängt. Dabei entsteht um den durch den Bodenverdrängungshammer hergestellten Hohlraum eine verdichtete Bodenzone. Erdverdrängungshämmer, auch bekannt als Erdraketen, haben einen Durchmesser, der bei relativ kleinen Modellen ab 45 mm liegen kann. Größere Geräte können Durchmesser von bis zu 711 mm erreichen.

Beim **Horizontal-Bohrverfahren** wird zwischen steuerbaren und nicht steuerbaren Verfahren unterschieden. Wegen steigender Anforderungen wie einer hohen Lage- und Zielgenauigkeit, der Anpassungsfähigkeit an wechselnde Baugrundverhältnisse und für große Vortriebslängen ist eine Vielzahl von steuerbaren und von nicht steuerbaren Verfahren und Maschinen entwickelt worden. Durch die Steuerbarkeit kann auch bei großen Vortriebslängen ($L > 100$ m) eine relativ hohe Zielgenauigkeit und eine Anpassung an schwierige Baugrundverhältnisse (teilweise auch im Grundwasser) erreicht werden.

Bild 20.2 zeigt ein **Horizontal-Spülbohrgerät** mit der beim Vortrieb rotierenden Bohrstange. Bei Spülbohrgeräten befindet sich vorne am hohlen Gestänge ein steuerbarer Bohrkopf. Der steuerbare Bohrkopf wird durch asymmetrische Schneidelemente und durch Hochdruckdüsen gesteuert, die das Erdreich aufweichen und Bohrklein abtransportieren. Der Bohrkopf bohrt ein Pilotloch. Das abgetragene Bohrgut wird über eine Spülflüssigkeit aus der Bohrung herausgefördert. Als Bohrspülung wird in der Regel ein Bentonit-Wasser-Gemisch verwendet.

Beim **Pilotbohrverfahren** erfolgt der Vortrieb grundsätzlich in zwei- oder drei aufeinanderfolgenden Phasen. Das Verfahren kann in den ersten zwei Phasen sowohl nach dem Bodenverdrängungs- als auch nach dem Bodenentnahmeprinzip arbeiten.

Beim zweiphasigen Vortrieb besteht die erste Phase aus einer Pilotbohrung. Bei dieser Phase wird zunächst von einer Startbaugrube aus eine gesteuerte Pilotbohrung hergestellt. Der Durchmesser dieser Bohrung beträgt, je nach Verfahren, 216 mm oder 232 mm. Je nach dem anstehenden Baugrund kann ein verdrängender oder ein abbauender Pilotkopf mit hydraulischer Bodenförderung eingesetzt werden. Bei der zweiten Phase wird nach der Herstellung der Pilotbohrung das Bohrloch mittels eines Aufweitungskopfs erweitert und das eigentliche Produktrohr eingebracht, wobei das Pilotrohr zur Führung des Aufweitungskopfs oder zur Aufnahme der Einrichtungen für die Förderung des abgebauten Bodens dient. Der Vortrieb der Produktrohre kann nach dem Bodenverdrängungs- oder auch nach dem Bodenentnahmeprinzip vorgenommen werden.

Bild 20.2 Horizontal-Spülbohrgerät mit der beim Vortrieb rotierenden Bohrstange (Bild: Herrenknecht AG, Schwanau-Allmannsweier)

Beim dreiphasigen Vortrieb erfolgt in der ersten Phase die Pilotbohrung, die als Führung für die zweite Phase dient, in der die Schutzrohre durch den Aufweitungskopf vorgepresst werden. Dabei wird das Pilotgestänge schrittweise in der Zielbaugrube wiedergewonnen. Anschließend werden in der dritten Phase die endgültigen Produktrohre nachgeschoben, wobei gleichzeitig die Schutzrohre in der Zielbaugrube geborgen werden.

Das **Iron-Mole-Verfahren** kommt für den Vortrieb von Rohrleitungen mit einem Durchmesser von 216–730 mm zur Anwendung. Zur Maschinenausrüstung dieses Verfahrens gehören eine Hauptpressstation mit einem Widerlager, Steuereinrichtungen, Pilotköpfe- und Rohre, Aufweitungsköpfe- und Rohre sowie Fördereinrichtungen für den abgebauten Boden. Dieses Verfahren arbeitet in zwei Phasen, wobei in der ersten Phase ein grabender oder ein verdrängender Pilotkopf eingesetzt wird. In der zweiten Phase erfolgt dann die Förderung des abgebauten Bodens entweder durch eine Förderschnecke oder nass durch eine hydraulische Förderung.

Beim **Pressbohrverfahren** erfolgt der Vortrieb von Schutz- oder Produktrohren bei einem gleichzeitigen Bodenabbau an der Ortsbrust mittels eines Bohrkopfs und kontinuierlicher Bodenabförderung durch eine Förderschnecke. Die Vortriebsmaschine besteht aus zwei miteinander gelenkig verbundenen Teilen – dem Steuerkopf und dem Nachläufer, die über zwischengelagerte Steuerzylinder gesteuert werden können. Die Förderschnecke läuft in einem speziellen Führungsrohr, wodurch das Produktrohr nicht belastet und der direkte Vortrieb von Produktrohren ermöglicht wird. Bei diesem Verfahren wird der abgebaute Boden über eine Förderschnecke zur Startbaugrube transportiert. Die Förderschnecke und der Bohrkopf sind miteinander verbunden und werden gemeinsam in der Startbaugrube angetrieben.

Rohrvortriebe mit begehbaren Querschnitten, also mit einem Durchmesser größer gleich 80 cm, werden in der Regel mit Schildsystemen durchgeführt. Je nach den Baugrund- und Grundwasserverhältnissen kommen Handschilde, Thix- oder Hydrojetschilde, Druckluftschilde, Flüssigkeits- beziehungsweise Bentonitschilde oder Erddruckschilde zum Einsatz.

Durch die Entwicklung von Fernsteuerungen und des mechanischen Bodenabbaus für Rohrvortriebe wurde das Auffahren nicht begehbarer Querschnitte (bis DN 800) möglich. Die neue Technologie des sogenannten Microtunnelings (unbemannter Vortrieb) war so erfolgreich, dass sie heute sogar bis zu einem Rohr-Außendurchmesser von 1850 mm beziehungsweise bis zu 2500 mm weiterentwickelt wurde und Vortriebsstrecken mit Durchmessern größer gleich 1600 mm auf einer Länge über 1000 m erfolgreich aufgefahren werden können.

Druckluftschilde werden bei hohen Grundwasserständen oder bei der Unterfahrung von Wasserkanälen oder Wasserläufen, wo eine Grundwasserabsenkung nicht vorgenommen werden kann oder unwirtschaftlich ist, zur Durchführung eines Rohrvortriebs eingesetzt. Bei diesen Schilden wird in die Vortriebsrohre vor Ort Druckluft eingepresst, um das Einsickern von Wasser an der Ortsbrust zu verhindern und damit den Arbeitsraum von eindringendem Wasser freizuhalten. Der Luftdruck hält dabei dem hydrostatischen Druck des anstehenden Wassers das Gleichgewicht. Die gesamte Arbeitsmannschaft sowie das abgebaute Bodenmaterial müssen über eine Druckluftschleuse ein- und ausgeschleust werden. Daher ist eine Druckluftschleuse oft eine Kombination von Personen- und Materialschleuse. Weiterhin gibt es auch Schilde mit einer Flüssigkeitsstützung, wobei Bentonit oder Wasser zur Stützung des an der Ortsbrust anstehenden Bodens verwendet werden.

Kabel, Rohre und Leitungen werden im Tiefbau meistens in Gräben verlegt. Diese Gräben werden in der Regel mit Minibaggern ausgehoben. Bei tieferen Gräben ist eine seitliche Abstützung des anstehenden Bodens notwendig. Für die Abstützung können Kanaldielen oder sogenannte „Verbauelemente“ verwendet werden (Bild 20.3).

Damit die im Boden verlegten Kabel und Leitungen bei künftigen Tiefbauarbeiten nicht beschädigt werden, werden oberhalb der Kabel und Leitungen **Trassenwarnbänder** verlegt (Bild 20.4).

Trassenwarnbänder werden in einem ausreichenden Abstand von etwa 30–40 cm oberhalb der Leitung verlegt. Bei Erdarbeiten wird somit zuerst das Trassenwarnband von der Baggerschaufel erreicht. Weil das Band eine extrem hohe Dehnbarkeit hat, reißt es erst über der Erdoberfläche oder in der Baggerschaufel. Trassenwarnbänder werden nach der FTZ-Norm 548 464 TV1 und DIN EN 12613 hergestellt. Die FTZ-Norm 548 464 TV1 ist eine frühere technische Spezifikation des Fernmeldetechnischen Zentralamts (FTZ), die heute noch als Richtlinie für die Herstellung von Trassenwarnbändern verwendet wird. Die DIN EN 12613 legt den Werkstoff sowie mechanische und funktionale Anforderungen (Zweckdienlichkeit) an Warneinrichtungen mit visuellen Eigenschaften fest, die aus Kunststoffen hergestellt sind und das Vorhandensein erdverlegter Kabel und Rohrleitungen beim Ausheben von Gräben oder allgemein bei Aushebearbeiten anzeigen.

Bild 20.3
Leitungsgraben, seitlich mit Verbauhölzern gesichert (Bild: Autor)

Bild 20.4
Trassenwarnband in einem Leitungsgraben (Bild: Autor)

Ortungsbänder sind detektierbare Trassenbänder mit eingearbeiteten Edelstahldrähten, die mit einem Ortungsgerät gefunden werden können. Sie bestehen aus Polyethylen (PVC-frei); eine Vielzahl von Standardbeschriftungen, Farben und Breiten der Ortungsbänder sind möglich.

Nach der Verlegung von Kabeln und Leitungen ist der Graben wieder zu verfüllen und ausreichend zu verdichten. Anschließend ist, sofern der Leitungsgraben nicht in einer Grünfläche liegt, die Oberflächenbefestigung oder der Fahrbahnbelag wieder einzubauen.

Fragen

- Wie schaffen Bodenverdrängungshämmer den Hohlraum für eine Leitung?
- Wie erfolgt beim Pilotbohrverfahren der Vortrieb?
- Wie erfolgt beim Pressbohrverfahren der Vortrieb?
- Welche Vortriebslängen können beim sogenannten Microtunneling erreicht werden?
- Wo werden Druckluftschilde eingesetzt?
- Was ist bei tieferen Gräben erforderlich?

21 Stützbauwerke, Böschungssicherungen und Geländesprünge

In der Natur gibt es **natürliche Böschungen** und **Geländesprünge** aufgrund ihrer geologischen Entstehung. Hohe Geländeabschnitte können im Verkehrswegebau mit einer Straße nur durchfahren werden, wenn eine künstliche Böschung hergestellt wird. Sofern der Baugrund infolge der wirkenden Belastungen (Einwirkungen) keine bleibenden Scherverformungen in größerem Ausmaß erleidet und ein Versagen (Bruch) in der Form, dass die Einwirkungen nicht mehr im Gleichgewicht mit den Widerständen stehen, ausgeschlossen werden kann, sind Böschungen und Geländesprünge standsicher.

Zur Sicherung von Geländesprüngen und von Hängen können verschiedene Verfahren wie Bohrpfahlwände, Stahlbetonwände, vernagelte Stützwände, Gabionenwände, Raumgitterwände, Stützmauern oder bewehrte Erde verwendet werden. Bewehrte Erde sind mit Spritzbeton überzogene Bodenschichten.

Die Berechnung von Stützbauwerken ist ein komplexer geotechnischer Prozess, der **Standsicherheitsnachweise** gemäß dem Eurocode 7 (DIN 1997) und den einschlägigen Normen erfordert, wobei Lasten aus Boden, Grundwasser und aus zusätzlichen Belastungen ermittelt und deren Wirkung auf das Bauwerk analysiert werden. Wichtige Nachweise umfassen Gleiten, Kippen und Grundbruch sowie die Standsicherheit der Konstruktion selbst durch Grenzzustandsberechnungen. Die genaue Methode hängt von der Art des Stützbauwerks (zum Beispiel Winkelstützwand, Schwergewichtswand) und dem Baugrund ab, und es kommen spezialisierte Software und geotechnische Berechnungen zum Einsatz.

Im Folgenden werden die Schritte zur Berechnung von Stützbauwerken erläutert.

Ermittlung der Einwirkungen:

- **Boden- und Eigengewicht.** Es werden der anstehende Baugrund, Hinterfüllmaterialien und das Eigengewicht des Stützbauwerks berücksichtigt.
- **Erddruck.** Der Erddruck, der auf das Bauwerk wirkt, wird basierend auf den Baugrundverhältnissen und der Standsicherheit berechnet.

- **Grundwasser.** Eventuelle Grundwasserstände und der daraus resultierende Wasserdruck müssen in die Berechnung einbezogen werden.
- **Äußere Lasten.** Zusätzlich wird die Einwirkung externer Lasten wie Verkehr oder Gebäude in der Nähe des Stützbauwerks berücksichtigt.
- **Geotechnische Einordnung und Normen.** Geotechnische Kategorien (GK): Stützbauwerke werden in Geotechnische Kategorien (zum Beispiel GK 2 oder GK 3 bei hohen Stützhöhen) eingestuft, was Auswirkungen auf den Detailierungsgrad der Nachweise hat.
- **Normative Grundlagen.** Die Berechnungen erfolgen auf der Basis von Eurocode 7 (DIN 1997) und ergänzenden nationalen Regelwerken, die für die Standsicherheitsnachweise relevant sind.

Standsicherheitsnachweise:

- **Gleiten.** Mit einem Nachweis gegen Gleiten wird rechnerisch nachgewiesen, dass das Stützbauwerk nicht seitlich weggleitet.
- **Kippen.** Mit einem Kippnachweis wird rechnerisch überprüft, ob das Stützbauwerk kippt. Entscheidend ist der Nachweis der zulässigen Ausmitte der resultierenden Einwirkung in der Sohlfläche.
- **Grundbruch.** Ein Grundbruchnachweis ist der Nachweis, dass der Baugrund unter einer Stützwand nicht nachgibt und der Grundbruch nicht eintritt.
- **Bruchmechanik.** Die Standsicherheit der Konstruktion wird unter Berücksichtigung des Baugrunds und der Lasten durch Grenzzustandsberechnungen geprüft.

Materialauswahl und Dauerhaftigkeit

- **Ressourcenverbrauch.** Die Materialwahl sollte unter Berücksichtigung von Dauerhaftigkeit, Wiederverwendbarkeit und Ressourcenverbrauch erfolgen.
- **Ästhetik.** Wenn das Stützbauwerk dauerhaft sichtbar ist, müssen auch ästhetische Ansprüche erfüllt werden.

Gabionen (von italienisch: gabbione, großer Käfig), auch Steinkorb, Schüttkorb, Mauersteinkorb oder Drahtschotterkasten genannt, sind mit Steinen gefüllte Drahtkörbe. Gabionen werden in der Landschaftsarchitektur, im Wasserbau sowie im Straßen- und Wegebau zum Aufbau von Wällen, zur Errichtung von Sicht- oder Lärmschutzanlagen, zur Böschungsbefestigung (Bild 21.1) und als Stützmauern (etwa als Alternative zu konventionellen Trockenmauern in Weinbergen) eingesetzt. Als Abfangelemente an Hängen dienen Gabionen zur Aufnahme des horizontalen Erddrucks. Sie können als Alternative zu Betonfertigteilen oder Beton- und Steinmauern verwendet werden. Im militärischen Bereich werden Gabionen auch als Schanzkörbe bezeichnet und waren im Mittelalter aus Weiden geflochten.

Bild 21.1
Hang in Irland mit Bruchstein-gefüllten Gabionen, darüber wurde mit Spritzbeton gesichert (Bild: Autor)

Vor der Planung und der Bemessung von Stützkonstruktionen sind verschiedene Untersuchungen und Berechnungen hinsichtlich der Standsicherheit der Konstruktionen durchzuführen. Dies sind:

- Erddruckberechnungen,
- Nachweis der Kippsicherheit,
- Nachweis der Geländebruchsicherheit,
- Nachweis der Grundbruchsicherheit,
- Nachweis der Gleitsicherheit,
- Verformungsberechnungen.

Für rechnerische Nachweise der Gesamtstandsicherheit von Stützbauwerken und der erforderlichen Maßnahmen gibt die DIN 4084, Baugrund – Geländebruchberechnungen, vom November 2021, Leitlinien vor. Außerdem enthält die DIN 1054, Baugrund, Sicherheitsnachweise im Erd- und Grundbau, vom April 2021, ergänzende Regelungen zu der DIN EN 1997-1, Eurocode 7, Entwurf, Berechnung und Bemessung in der Geotechnik – Teil 2, Erkundung und Untersuchung des Baugrunds, Deutsche Fassung EN, vom Oktober 2010.

Für den Grenzzustand GEO-3 enthalten die Normen für konstruktive Bauteile an Geländesprüngen, unabhängig von ihrer Konstruktion und Gründungsart, sowie für Böschungen und für Hänge, unabhängig von ihrer Gestalt, weitere Vorgaben. Im Grenzzustand GEO-3 werden das Versagen von Stützkonstruktionen oder sehr große Verformungen des Baugrunds im Zusammenhang mit dem Nachweis der Gesamtstandsicherheit rechnerisch untersucht.

Die in den Normen enthaltenen Regelungen für Böschungen gelten auch für Hänge, sofern in den Normen nichts anderes angegeben ist. Für die Ermittlung des Grenzzustands der Tragfähigkeit im ebenen Fall beim Abrutschen auf angenommenen Gleitflächen enthält die DIN 1054 Angaben zu Berechnungsgrundlagen und zu Berechnungsverfahren. Wenn sich ein Erdkörper ohne die Bildung einer Gleitfläche allein durch Scherzonen verformen kann, ist die vorgenannte DIN-Norm ebenfalls anwendbar. Die Norm gilt für den Nachweis der Sicherheit gegen den Grenzzustand der Gebrauchstauglichkeit (SLS) nur näherungsweise, weil mit den angegebenen Verfahren Verformungen nicht genau berechnet werden können.

Bei Stützkonstruktionen sind wirksame Entwässerungsmaßnahmen vorzusehen. Wenn Gebäude im Bereich von Geländesprüngen stehen, können Bewegungen im Boden oder Verformungen oder Verschiebungen der Stützkonstruktion zu Schäden an den Gebäuden führen.

Hangsicherungen sind spezielle Maßnahmen, die ergriffen werden, um das Abrutschen oder das Abgleiten von Erdmassen an Hängen zu verhindern. Das Sichern eines Hangs kann sowohl natürliche als auch bauliche Maßnahmen umfassen, um die Stabilität eines Hanges zu gewährleisten und um Schäden an Gebäuden, an der Infrastruktur oder an der Vegetation zu vermeiden.

Dabei ist auch Erosion einzuplanen. Erosion ist die Abtragung von Boden oder von Gestein durch äußere Einflüsse wie Wind, Wasser oder Eis. Dabei wird Bodenmaterial von einer Stelle zur anderen transportiert, was zu einer Veränderung der Gelände- oder der Erdoberfläche führen kann. Erosion kann sowohl natürliche Ursachen haben als auch durch menschliche Aktivitäten verstärkt werden.

Natürliche Hangsicherungen

- **Bepflanzung.** Für eine Hangsicherung sollten Pflanzen mit tiefreichenden Wurzeln verwendet werden, um den Boden zu befestigen und Erosion zu verhindern.
- **Böschungsmatten.** Böschungsmatten sind Matten aus natürlichen Fasern, die als Erosionsschutz dienen und die Begrünung von Hängen erleichtern.
- **Faschinen.** Bei Faschinen handelt es sich in der Regel um doppelte Holzpflockreihen, die mit dazwischengeschnürtem Strauchschnitt gefüllt werden. Faschinen werden zur Sicherung von Uferböschungen in Seen und im Meer eingesetzt und zur Sicherung von Hängen. Je nach der Tiefe und der Strömung und dem Untergrund werden Faschinen manchmal auch durch Gabionen ergänzt.

Bauliche Hangsicherungen

- **Stützmauern.** Stützmauern sind massive Konstruktionen aus Beton, Steinen oder Gabionen, die das Erdreich zurückhalten und den Hang stabilisieren.
- **Gabionen.** Gabionen, auch Steinkörbe genannt, sind, wie weiter oben bereits beschrieben, Drahtkörbe aus verzinktem Stahl, die mit Steinen, Kies, Bruchsteinen oder anderen wetterbeständigen Materialien gefüllt sind und vielseitig einsetzbar sind, bei-

spielsweise als Sichtschutz, zur Grundstückseinfriedung, als Lärmschutzwand oder zur Hangsicherung.

- **Pflanzsteine.** Pflanzsteine können mit Erde befüllt und bepflanzt werden, um einen Hang zu befestigen und zu begrünen (Bild 21.2).
- **Trockenmauern.** Trockenmauern sind Mauern aus Natursteinen, die ohne Mörtel errichtet werden und eine natürliche Optik bieten (Bild 21.3).
- **Geogitter.** Geogitter bestehen aus witterungsbeständigem und zugfestem Kunststoff. Dieser Kunststoff ist hauptsächlich ein Polymerwerkstoff wie Polyester (PET) oder Polypropylen (PP). Diese Kunststoffe sind in einer gitterartigen Struktur angeordnet. Geogitter können eingesetzt werden, um Hänge zu sichern und die Bodenstabilität zu erhöhen sowie Erosion zu verhindern (Bild 21.4).
- **Erdanker oder Erdnägel.** Mit Erdankern oder mit Erdnägeln können ebenfalls Hänge gesichert werden. Die Erdanker oder die Erdnägel werden in den Hang eingebracht, um ihn somit zu stabilisieren und zu sichern (Bild 21.5).

  Erddanker oder Erdnägel bestehen meistens aus verzinktem Stahl oder aus Kunststoffen in Bauqualität und werden oft an Stellen in den Boden oder in einen Hang getrieben, die gesichert werden müssen. Beim Einbringen der Anker oder der Nägel entsteht eine mechanische Verbindung zwischen der Oberfläche und dem eingebetteten Anker oder Nagel, wodurch die gesamte Böschung mehr Widerstand gegen Bewegungen und Abrutschen erhält.
- **Bodenvernagelung.** Bodenvernagelungen dienen zur Verankerung des Bodens mit Stahlankern, um ein Abrutschen von Bodenmaterial zu verhindern.
- **Raumgitterwände.** Raumgitterwände (Bild 21.6) bestehen in der Regel aus großformatigen, meist aus Stahlbeton gefertigten Elementen, die aufeinander gestapelt und mit Erde oder anderen Materialien befüllt werden. Sie können als eigenständige Stützbauwerke, als Verblendungen oder als freistehende Wälle eingesetzt werden. Raumgitterwände besitzen viele Pflanzgefache, in denen Pflanzen wie zum Beispiel Gräser, Wildblumen oder Kräuter eingepflanzt werden können.

Bild 21.2
Pflanzsteine aus Porenbeton
(Bild: Autor)

Bild 21.3
Trockenmauer mit Bewuchs (Bild: Autor)

Bild 21.4
Mit Geogittern gesicherter und mit Efeu und Cotoneaster bepflanzter Hang (Bild: Autor)

Bild 21.5
Mit Ankern gesicherter Sandsteinhang in England (Bild: Autor)

Bild 21.6
Raumgitterwand neben einem Eisenbahntunnel (Bild: ICS Ingenieurconsult Schmidt, Weimar-Legefeld)

Zusätzliche Maßnahmen:

- **Dränage.** Dränagen sind Entwässerungssysteme, um Staunässe im Boden zu vermeiden und um die Stabilität eines Hanges zu verbessern.
- **Fundamente.** Fundamente können erforderlich werden, um die Stabilität einer Stützmauer oder anderer baulicher Elemente zu gewährleisten.

Wenn Hänge nicht standsicher sind, können sie auch mit Spritzbeton (Bild 21.7) gesichert werden.

Bild 21.7
Mit Spritzbeton gesicherter Hang (Bild: Autor)

Die Wahl einer richtigen Hangsicherung hängt von verschiedenen Faktoren ab, wie zum Beispiel der Hangneigung, der Bodenbeschaffenheit, der Höhe des Hanges und den örtlichen Gegebenheiten. Eine professionelle Beratung durch einen Sachverständigen für Erd- und Grundbau wird in jedem Fall empfohlen, um eine optimale und standsichere Lösung für den jeweiligen Fall zu finden.

Fragen

- Mit welchen Verfahren können Geländesprünge und Hänge gesichert werden?
- Welche Nachweise sind bei der Berechnung von Stützbauwerken zu führen?
- Woraus bestehen Raumgitterwände?
- Wovon hängt die Wahl einer richtigen Hangsicherung ab?

22 Geokunststoffe und Geogitter

Im Straßen- und Tiefbau ist das Bewehren und Stabilisieren von Böden beziehungsweise des Baugrunds ein wichtiges Anwendungsgebiet für **Geogitter**. Geogitter sind eine Unterkategorie von Geokunststoffen und übernehmen die Funktion des Bewehrens von Böden. Außerdem können mit Geogittern die Stabilität, die Festigkeit und die Lastaufnahmefähigkeit des Bodens vergrößert werden. Geogitter haben die Aufgabe, dem Verbundkörper aus Boden und Geogitter Zugkräfte zu verleihen, sodass die Standsicherheit der darüberliegenden Konstruktion oder des darüberliegenden Aufbaus langfristig gewährleistet ist. Durch die bewehrende Wirkung der Geogitter entsteht mittels einer Kraftübertragung eine Reibung, eine Verzahnung und/oder eine Adhäsion zwischen dem Boden und dem zugfesten Geogitter, wodurch eine Verbundwirkung entsteht.

Geogitter sind synthetische Bewehrungsprodukte in Gitterstruktur und bestehen vollständig oder zu einem großen Teil aus polymeren Werkstoffen. Dies sind meistens Polypropylen (PP) oder Polyester (PET). Weil Geogitter industriell gefertigt werden, sind deren technische Eigenschaften definiert und nachprüfbar, um eine projektspezifische Produktauswahl und Bemessung zu gewährleisten. Polypropylen (PP) mit UV-Schutz ist witterungsbeständig und daher auch bei einer Nutzung im Freien dauerhaft wirksam. Polyester (PET) ist besonders strapazierfähig, langlebig und leicht. Zudem hat das Kunststoffmaterial wasserabweisende Eigenschaften und ist sehr witterungsbeständig. Polyester ist eine synthetische Faser, die aus kohlenstoffintensiven, nicht erneuerbaren und nicht biologisch abbaubaren Ressourcen gewonnen wird. Nach zirka 20 bis 200 Jahren können sich Polypropylen und Polyester zersetzen.

Geokunststoffe werden in der Geotechnik dazu verwendet, bestimmte Bodenparameter, wie die Wasserdurchlässigkeit eines Bodens bei Kontakt mit dem Boden oder Wasser, zu verbessern. Geokunststoffe können dabei unterschieden werden in Geogitter, Geogewebe, Vliesstoffe oder auch in Verbundstoffe und Dichtungsbahnen wie zum Beispiel geotextile Bentonitmatten. Geokunststoffe werden im Straßenbau zur Verbesserung der Lebensdauer von Fahrbahnen und im Eisenbahnbau zur Erhöhung der Stabilität von Gleisbettungen und zur Reduzierung von Wartungskosten eingesetzt. Bei Böschungssicherungen verhindern Geokunststoffe Bodenerosion und Erdrutsche und bei Stützmauern werden durch eine Bewehrung mit Geogittern Einstürze verhindert.

Bentonitmatten, das sind geosynthetische Tondichtungsbahnen (GTD), sind geotextile Verbundstoffe, die seit vielen Jahren als natürliche Abdichtung gegen Flüssigkeiten und Gase in verschiedensten Anwendungsgebieten eingesetzt werden. Das Spektrum reicht vom Deponiebau über den Straßen- und Wasserbau bis hin zum Bau von Speicher- und Regenrückhaltebecken. Gegenüber der Bauweise mit mineralischen Dichtstoffen, zum Beispiel Ton, bieten Bentonitmatten eine gleichbleibend gute Produktqualität und deutliche wirtschaftliche Vorteile.

Geokunststoffe in Form von Vliesen und Geweben werden auch als **Geotextilien** (Bild 22.1) bezeichnet. Die Hauptanwendungsgebiete von Geokunstoffen und Geotextilien sind der Erd- und Grundbau, der Straßen- und Verkehrswegebau, der Wasserbau und der Deponiebau sowie die Umwelttechnik. Teilweise werden Geokunststoffe zudem auch für Anwendungen im Bergbau genutzt.

Bild 22.1
Geotextil zur Sicherung einer Böschung gegen Erosion (Bild: Wikipedia)

Je nach der Art des Geokunststoffs können sie zum Trennen, zum Dränieren, zum Filtern, zum Schützen oder auch zum Bewehren eingesetzt werden. Mit Geogittern können Hänge, Uferböschungen und Geländesprünge gesichert werden. Bei Hangsicherungen mit Geogittern können Böschungswinkel von bis zu siebzig Grad erreicht werden. Die Dicke, der Abstand und die Länge der Geogitter richten sich nach dem Böschungswinkel, den Eigenschaften des Auffüllmaterials und den abzutragenden Lasten.

Geogitter können Zugkräfte von 20–80 kN pro Meter aufnehmen und eine Festigkeit von bis zu 2500 kN pro Meter (einaxial) erreichen. Es gibt Geogitter in einer Breite bis zu 5 m und in Rollenlängen bis 100 m.

Mit Geogittern kann sogenannte bewehrte Erde hergestellt werden. Als bewehrte Erde wird ein Verbundkörper aus Boden und Bewehrung bezeichnet. Als Bewehrung werden Geogitter oder gebogene Baustahlmatten verwendet. Dadurch entsteht eine Erdstützkonstruktion, die eine kostengünstige und zuverlässige Alternative zu Betonstützwänden und zu Steinmauern darstellt. Bei der Bewehrung kann es sich um dünne Injektionspfähle, um Stahl- oder Kunststoffstäbe (Anker, Nägel), um Reibungsbänder, um Matten, Gitter oder um Geotextilien handeln, die in verschiedener Art und Richtung eingebracht werden.

Bild 22.2
Mit einem Geogitter gesicherter Hang (Bild: Wikipedia)

Bild 22.3
Mit einem Geogitternetz und Einstabankern gesicherter Hang (Bild: Wikipedia)

In der Regel werden mit Geogittern gesicherte Hänge und Böschungen bepflanzt. Als Pflanzen gut geeignet sind polsterbildende Stauden und Bodendecker, zum Beispiel Cotoneaster oder Ajuga, mit einem flachen, breiten Wurzelsystem. Durch die breiten Wurzeln können sich die Pflanzen gut am Hang festhalten. Besonders gut geeignet sind auch Kräuter wie Thymian, Currykraut, Berg-Bohnenkraut und andere mediterrane

Pflanzen sowie spezielle Grasmischungen. Weiterhin werden häufig Weiden-, Espen- und Erlenarten zur Hang- und Uferbepflanzung verwendet. Geogitter werden auch im Gartenbau und im Landschaftsbau eingesetzt.

Fragen

- Was ist der Unterschied zwischen Geogittern und Geokunststoffen?
- Welche Aufgabe haben Geogitter?
- Woraus bestehen Geogitter?
- Wozu werden Geokunststoffe eingesetzt?
- Was sind Bentonitmatten?
- Wozu werden Bentonitmatten eingesetzt?
- Was sind Geotextilien?
- Wie können Hänge gesichert werden?

23 Tunnelbau

Beim Bau von Tunneln wird grundsätzlich zwischen zwei Bauweisen unterschieden. Wenn der Tunnel nur eine geringe Überdeckung bis zur Geländeoberkante hat, kann der Tunnel in offener Bauweise hergestellt werden. Bei einer größeren Überdeckung kann die Ausführung im Untertagebau in geschlossener Bauweise erfolgen. Diese Bauweise ist eine dem Bergbau ähnliche Bauweise.

Tiefliegende Tunnel werden heutzutage häufig in der sogenannten **Spritzbeton-Bauweise** (Bild 23.1), das ist die Neue Österreichische Tunnelbauweise (NÖT), hergestellt. Es ist aber auch der Einsatz von offenen **Schildvortriebs-Tunnelbohrmaschinen** (Bild 23.2) möglich. Es können auch bergmännisch Stollen vorgetrieben werden, die dann mit Stempeln und einem Verbau gesichert werden.

Bild 23.1
Tunnelausbau mit Spritzbeton (Bild: PORR GmbH & Co. KGaA, Münster)

Bild 23.2 Schildvortriebs-Tunnelbohrmaschine (Bild: Herrenknecht AG, Schwanau-Allmannsweier)

Tunnelbau ist eine relativ schwierige Bauaufgabe. Das umgebende Gebirge kann für die Tragwirkung mit genutzt werden. Die Gebirgsformationen sind aufgrund ihrer geologischen Entstehung unterschiedlich geschichtet. Sie sind zudem gefaltet und in verschiedener Weise der Verwitterung und einem Wasserzutritt ausgesetzt. Der Baugrund und das Gestein weisen mit ihren Materialeigenschaften und deren Kennwerten relativ große Streubreiten auf. Die einzelnen Bauverfahren sind jeweils auf die unterschiedlichen Gesteins- und Baugrundverhältnisse abzustimmen.

Für ein Tunnelbauvorhaben sind genaue Kenntnisse der geologischen Beschaffenheit und der Festigkeit des Gebirges, der Gesteinsschichtung und -zusammensetzung und ihres Verlaufs sowie der Wasserführung der Gesteinsschichten, der Größe der auftretenden Drücke und eine bodenmechanische Analyse besonders wichtig. Außerdem ist ein ausreichender Brandschutz wichtig. Fluchtwege, Notausstiege, Notrufsäulen und Brandmelde- und Sprinkleranlagen müssen in die Planung eines Tunnelbauvorhabens mit einbezogen werden.

Folgende Bezeichnungen gehören zum Tunnelbau:

- Kalotte – das ist das obere Drittel des Tunnelquerschnitts,
- Strosse – das sind die unteren zwei Drittel des Tunnelquerschnitts,
- Firste – das ist die Decke des Tunnels,
- Ulmen – das sind die Seitenwände des Tunnels,
- Sohle – das ist der Boden des Tunnels.

Beim Ausbruch des Tunnelhohlraums, also dem Rohbau des Tunnels, sind gebräuchlich:

- Ortsbrust – das ist der Ausbruchquerschnitt im Gebirge,
- Abschlagstiefe – das ist die mögliche Ausbruchtiefe (in Tunnellängsrichtung) ohne Sicherung.

Untertagebauten werden eingeteilt in:

- Tunnel – das sind langgestreckte, horizontal oder nur wenig geneigt verlaufende unterirdische Hohlräume mit mehr als 25 qm Querschnitt, vorwiegend als Straßen- oder Eisenbahntunnel genutzt.
- Stollen – das sind langgestreckte, horizontal oder bis 20 % geneigt verlaufende unterirdische Hohlräume mit weniger als 25 qm Querschnitt, vorwiegend zur Aufnahme von Leitungen oder als Zugang für andere Untertagebauwerke genutzt.
- Schächte – das sind langgestreckte, schräg oder mehr oder weniger vertikal verlaufende oder senkrechte Hohlräume zur Überwindung von Höhenunterschieden, Aufgaben ähnlich wie Stollen. Schächte können, je nach ihrer Lage zur Tagesoberfläche, seiger, das bedeutet senkrecht, tonnlägig, also schräg mit 45–90 % Neigung gegen die Horizontale, oder flach (schräg mit 15–45 % Neigung) ausgeführt werden.
- Kavernen – das sind Felshohlräume mit großen Querschnitten bei relativ kurzer Länge, vorwiegend als Lager, Speicher oder zur Aufnahme von Maschinen, zum Beispiel für Wasserkraftwerke, genutzt.

Folgende **Tunnelbaugeräte** beziehungsweise Maschinen können eingesetzt werden:

- Bohrwagen mit zwei Lafetten für einen Sprengvortrieb,
- Geräte zum Lösen des Gesteins (Bagger, Bohrhämmer, Drehschlagbohrmaschinen, Schrämmaschinen, Tunnelbohrmaschinen, Schildvortriebsmaschinen), Sprengmittel,
- Geräte zum Laden des Gesteins (Schotterbänder, Stollen- oder Schaufellader, Radlader),
- Geräte zum Transport des Gesteins (Loren, Feldbahnen, Tiefmuldentransporter, Transportbänder),
- Geräte zum Betonieren (Betonpumpen, Betonspritzmaschinen, pneumatische Betonfördermittel, Schalwagen).

Der Eurotunnel (auch Kanaltunnel, französisch Tunnel sous la Manche, englisch Channel Tunnel) ist ein 50,45 km langer Eisenbahntunnel zwischen Folkestone in Kent (Vereinigtes Königreich von England) und Coquelles nahe Calais (Frankreich). Mit einem Streckenanteil von 38 km unter der Straße von Dover ist der Eurotunnel der längste Unterwassertunnel der Welt.

Die technische Infrastruktur (Tunnelbetrieb, Tunnelüberwachung und -instandhaltung) sowie der Betrieb von Pendelzügen für Kraftfahrzeuge werden von der Gesellschaft Getlink betrieben. Eurostar International betreibt die Hochgeschwindigkeitszüge mit Direktverbindungen zwischen Großstädten beiderseits des Kanals. Die Firma Eurotunnel Le Shuttle betreibt den Transport von Fahrzeugen durch den Tunnel.

Das lange geplante und sehr kostspielige Tunnelbauprojekt, dem einige fehlgeschlagene historische Baupläne vorangingen, wurde im Jahr 1994 vollendet. Der Tunnel besteht aus zwei eingleisigen Fahrtunneln und einem dazwischenliegenden, zweistreifigen Servicetunnel für schmale Straßenfahrzeuge und bietet somit seit dem Jahr 1994 eine direkte Eisenbahnverbindung zwischen Frankreich und dem Vereinigten Königreich. Die Baukosten für den Eurotunnel beliefen sich auf etwa 15 Milliarden Euro. Damit waren die tatsächlichen Baukosten etwa doppelt so hoch wie ursprünglich geplant.

Bauweisen und Vortrieb

Es wird grundsätzlich zwischen der offenen Bauweise, auch „Cut and Cover-Verfahren" genannt, bei der der Tunnel von oben her gebaut wird, und geschlossener oder auch bergmännischer Bauweise, bei der der Tunnel von einem oder von beiden Endpunkten her vorangetrieben wird, unterschieden. Bei längeren Tunneln gibt es oft auch Zwischenangriffe, wobei zwischen den beiden Enden des Tunnels ein Schacht bis auf die Höhe der Tunnelsohle gebracht wird und von dort aus der Tunnel in eine oder in beide Richtungen gegraben wird.

Zudem wird zwischen zyklischen (NÖT, Neue Österreichische Tunnelbaumethode, beziehungsweise Spritzbetonmethode) und kontinuierlichen Vortrieben mit Tunnelbohrmaschinen (gegebenenfalls im Schildvortrieb) unterschieden.

Im maschinellen Tunnelbau werden in der Regel **Tübbinge** eingesetzt, die in einem Werk gefertigt und an den Einbauort transportiert werden. Hinter der Schildmaschine werden diese als Sicherung eingebaut und ergeben einen geschlossenen Kreisring, der bei einschaliger Auskleidung des Tunnels auch nicht weiter ergänzt wird. Belastungszustände infolge Ausschalen, Lagerung und Transport lassen sich mit dem Werkstoff Stahlfaserbeton in der Regel ohne weitere Zusatzbewehrung bemessen. Die Biegespannungen sind in der Regel gering. Der Vorteil, der sich bereits hier bei der Verwendung von Stahlfaserbeton ergibt, ist ersichtlich. Es entstehen keine Kosten infolge Vorhalten und Lagerung der Bewehrungskörbe, Bewehrungsarbeiten entfallen und der Ausführungsprozess wird beschleunigt.

In der gebräuchlichsten Form bilden sieben Segmente aus Tübbingen einen vollständigen Ring (Bild 23.3). Der Tunnel setzt sich dann aus einer Vielzahl von Ringen zusammen (Bild 23.4). An einen Tübbing werden sehr hohe Anforderungen bezüglich der Passgenauigkeit gestellt. Die Fehlertoleranz liegt im Normalfall im Bereich von einem bis zu wenigen Millimetern. Die Herstellung mit Frischbeton erfolgt deshalb zumeist in Metallschalungen. Tübbinge werden je nach den geologischen Erfordernissen mit oder ohne Dichtungsbänder gefertigt.

Tübbinge werden beim Einbau der Tunnelinnenschale durch Verschrauben, den Einschub von Schlusssteinen und das Einsetzen von Dichtungen miteinander verbunden und zu Ringen zusammengefügt. Die Tübbinge werden im modernen Tunnelbau von einer Vortriebsmaschine verlegt, die sich auch in axialer Richtung zum Erreichen des Vortriebs an den Rändern der bereits verlegten Tübbinge abstützt.

Bild 23.3
Tübbinge, die mit einem Portalkran auf Eisenbahnwaggons verladen werden (Bild: Firmengruppe Max Bögl, Sengenthal)

Bild 23.4
Mit Tübbingen ausgebauter Tunnel (Bild: Herrenknecht AG, Schwanau-Allmannsweier)

Im Tunnelbau kann auch **Stahlfaserbeton** eingesetzt werden. Bei der Verwendung von Stahlfaserspritzbeton werden die Stahlfasern der Ausgangsmischung des Spritzbetons beigemischt. Im Spritzbetonverfahren entfällt der Arbeitsschritt „Einbau der Bewehrung". Nicht nur die Bauzeit wird verkürzt, sondern auch die frühzeitige Aktivierung der Erstsicherung des Gebirges, besonders wichtig unter geologisch schwierigen Bedingungen, wird sichergestellt. Durch das schnelle Auffahren der Erstsicherung und der hohen Standfestigkeit des Stahlfaserspritzbetons werden Gebirgsauflockerungen vermindert, damit einhergehend wird der Gebirgsdruck reduziert, und ein bedeutend günstigerer Spannungszustand im Gebirge wird erzielt.

Tübbinge aus Stahlfaserbeton sind vorgefertigte Segmente der Innenschale von Tunneln, die anstelle von herkömmlicher Stahlbewehrung Stahlfasern im Beton verwenden. Dieses Verfahren beschleunigt den Bau, reduziert Probleme mit Kantenabplatzungen und kann die Dicke der Segmente verringern. **Stahlfaserbetontübbinge** werden in internationalen Projekten wie dem Grand Paris Express eingesetzt und bieten Vorteile wie eine verbesserte Nachhaltigkeit und ein Potenzial für einen verstärkten Einsatz der Vorfertigung. Der Grand Paris Express ist ein mit Zeithorizont 2030 geplantes, seit 2016 in Bau befindliches und aus sechs fahrerlosen U-Bahn-Linien bestehendes Verkehrsnetz im Großraum Paris, das das bestehende U-Bahnnetz ergänzen soll.

Tunnelbau in festem Gestein

Bei festem Gestein erfolgt der Ausbruch beim zyklischen Vortrieb durch Schießen (Sprengvortrieb), durch Baggern (Baggervortrieb) oder als Hybridvortrieb (Mischverfahren aus Bagger- und Sprengvortrieb), das gelöste Gestein wird anschließend mit Lademaschinen auf Fördermittel geladen und abtransportiert. Die allgemeinen Ausbrucharbeiten umfassen Bohr- und Sprengarbeiten, das Gesteinaufladen, den Abtransport des Abraums, die Durchführung von Sicherungsmaßnahmen (Stollen- oder Tunnelzimmerung) und die Auskleidung des Hohlraums. Vortrieb ist dabei die Bezeichnung für die Bauweise, aber auch die gewonnene Strecke, die in Meter pro Tag angegeben wird.

Bei der traditionellen Bauweise wird ein Richtstollen als First- oder als Sohlstollen ins Gebirge vorgetrieben. Anschließend erfolgt dann der Gesteinsausbruch abschnittsweise bis zur Erstreckung des Gesamtquerschnitts. Danach schließen sich die Sicherung gegen Nachbrechen von Gestein und der Vollausbau als weitere Arbeitsschritte an. Die traditionelle Bauweise erfordert zur Sicherung einen großen Aufwand an Verbauholz.

Beim modernen Vollausbau werden freigelegte Flächen durch Spritzbeton, durch Felsanker, durch Stahlbögen oder durch andere Bauelemente gesichert. Durch den Einsatz von vollautomatischen Großmaschinen kann eine Auszimmerung des Tunnelquerschnitts entfallen.

Tunnelbau in nicht standfestem Gestein

Wenn das Gestein nicht standfest ist, wird der Ausbruch teilweise noch nach einer traditionellen, aber modifizierten Bauweise vorgenommen. Die Ursachen für nicht standfestes Gestein sind fast ausnahmslos sogenannte Störzonen im Gebirge.

Beim Bau eines Tunnels kann es vorkommen, dass bei dessen Auffahrung Bergwasser angetroffen wird. Um den Arbeitsbereich frei von eindringendem Wasser zu halten, gibt es die Möglichkeit, Druckluft in den Arbeitsbereich zu drücken, um so das Wasser wieder zurückzudrängen. Der Überdruck der Druckluft muss dabei so hoch sein, wie der hydrostatische Druck des anstehenden Bergwassers. Weil der Luftdruck der Druckluft nicht unbegrenzt hoch gewählt werden kann, ist dieses Verfahren nicht für sämtliche Vortriebsarbeiten geeignet. Begrenzt wird die Höhe des verwendbaren Luftdrucks durch die Belastbarkeit des menschlichen Organismus. Der derzeit ohne Sondergenehmigung zugelassene Druck, in dem Menschen noch beschäftigt werden dürfen, liegt gemäß der Druckluftverordnung bei 3,6 bar. Mit Sondergenehmigungen wurden bereits Vortriebe mit einem Überdruck von bis 4,5 bar durchgeführt. Angewendet wird das Verfahren hauptsächlich beim Tunnelbau in Lockergesteinen wie beispielsweise in Sand-Schluff-Bereichen.

Beim Bau eines Tunnels unter Druckluft ist das Ein- und Ausschleusen von Personen und von Baumaterial über Druckschleusen besonders wichtig, um einen Druckanstieg beziehungsweise einen Druckabfall zu kontrollieren und um gesundheitliche Risiken zu minimieren. Dabei ist ein langsamer Druckausgleich besonders wichtig, um Gewebeschädigungen, die durch eine Druckänderung im Körper verursacht werden, insbesondere beim Tauchen oder in Situationen mit Druckluft, zu vermeiden. Derartige Gewebeschädigungen können verschiedene Bereiche des Körpers betreffen, wie das Ohr, die Nasennebenhöhlen, die Lunge oder den Verdauungstrakt. Durch das Ein- und Ausschleusen von Personen wird Dekompressionskrankheiten vorgebeugt. Die Bläschenkrankheit im Zusammenhang mit Druckluft ist die Dekompressionskrankheit, auch Taucherkrankheit oder Caissonkrankheit genannt, die entsteht, wenn Gasblasen im Körper durch eine zu schnelle Druckentlastung gebildet werden, was zu Symptomen wie Schmerzen und Müdigkeit führen kann.

Der längste Straßentunnel Deutschlands ist der Rennsteigtunnel mit einer Länge von 7916 m. Der Rennsteigtunnel liegt bei Oberhof in Thüringen. Der längste Eisenbahntunnel in Deutschland ist der Fildertunnel mit 9468 m Länge, der zum Bahnprojekt Stuttgart 21 gehört und den neuen Stuttgarter Hauptbahnhof mit der Filderebene (Flugplatz Stuttgart) und Richtung Ulm/München verbindet. Der Fildertunnel verläuft größtenteils parallel in zwei Röhren und überwindet einen Höhenunterschied von rund 153 m. Der Neue Elbtunnel ist ein Autobahntunnel in Hamburg, der die Elbe im Hafengebiet in Nord-Süd-Richtung unterquert. Der Tunnel führt die Bundesautobahn 7 auf bis zu acht Fahrspuren in vier Tunnelröhren und nimmt eine Schlüsselfunktion im internationalen Reise- und Güterverkehr ein. Der Tunnel ist mit einer Länge von 3325 m einer der längsten vierröhrigen Unterwasserstraßentunnel weltweit und der fünftlängste Straßentunnel in Deutschland. Der Fehmarnbelttunnel ist derzeit (2025) im Bau und wird der längste Tunnel Deutschlands sein, wenn er fertiggestellt ist. Der Fehmarnbelttunnel soll Fehmarn mit der dänischen Insel Lolland verbinden. Der Tunnel soll etwa achtzehn Kilometer unter der Ostsee herführen – als vierspurige Autobahn und zweigleisige Eisenbahnstrecke.

Fragen

- Welche genauen Kenntnisse sind für ein Tunnelbauvorhaben besonders wichtig?
- Welche Maschinen werden im Tunnelbau verwendet und eingesetzt?
- Welche Bauweisen gibt es im Tunnelbau?
- Wie erfolgt bei festem Gestein der Ausbruch eines Tunnels beim zyklischen Vortrieb?
- Wie werden beim modernen Vollausbau freigelegte Flächen gesichert?
- Was kann mit Tübbingen aus Stahlfaserbeton erreicht werden?
- Was ist beim Bau eines Tunnels unter Druckluft besonders wichtig?

24 Baustoffrecycling

Baustoffrecycling ist eine Wiederverwendung von Baustoffen. Heutzutage werden vor allem mineralische Baustoffe recycelt, die beim Abbruch nicht mehr benötigter oder maroder Bauwerke anfallen. Auch andere Abfallprodukte können zu Baustoffen verarbeitet werden. Insbesondere mineralische Abfälle wie Bauschutt, Straßenaufbruch, Bodenaushub, aber auch Bauholz und bestimmte Bauabfälle auf Gipsbasis können recycelt und wiederverwendet werden. Recyclingbaustoffe werden heutzutage in Deutschland vor allem im Straßen- und im Erdbau verwendet.

Bereits seit der Frühzeit der Menschen wurden Baustoffe aller Art erneut benutzt, diese frühen Formen des Baustoffrecyclings lassen sich an vielen historischen Beispielen belegen. So verwendeten die Dorer auf Kreta um 600 vor Christus Baustoffe aus den Ruinen alter minoischer Bauten, die Straßen der Inkas wurden zum Teil mit Bruchsteinen der Wari-Kultur gepflastert. Für den Bau der Zitadelle von Kairo wurden im Jahr 1176 auch Steine alter Pyramiden verwendet.

Die Ruinen antiker römischer Bauten wurden manchmal als eine Art Steinbruch benutzt, wenn die Gebäude nicht vollständig umgenutzt wurden. In der Zeit zwischen der Spätantike und der frühen Neuzeit wurden viele Bauten zerstört und die Baustoffe für neue Gebäude verwendet. Materialien wie Travertin oder Tuff ließen sich einfach beschaffen, aber auch der repräsentative Charakter kunstvoller Spolien spielte wohl eine Rolle. Spolien sind Bauteile oder Überreste aus älteren Gebäuden oder Strukturen, die in neuen Bauwerken wiederverwendet werden, oft mit einer besonderen gestalterischen oder symbolischen Absicht. Der Begriff Spolien leitet sich vom lateinischen Wort spolium ab, was Beute oder Raub bedeutet. Spolien können beispielsweise Säulen, Reliefs, Inschriften oder andere dekorative Elemente sein, die in einem neuen Kontext eine zusätzliche Bedeutungsebene hinzufügen.

In Mitteleuropa wurde das moderne Baustoffrecycling nach den umfassenden Kriegszerstörungen im Zweiten Weltkrieg wieder wichtig. Im Nachkriegsdeutschland wurde unter den Begriffen Trümmerverwertung, Enttrümmerung oder Trümmerräumung teils industrielles Baustoffrecycling betrieben. In vielen Städten wurden dazu eigene Unternehmen oder Ämter gegründet, die die Aufbereitung der Baustoffe im großen Maßstab organisierten, wie zum Beispiel die Trümmerverwertungsgesellschaft in Frankfurt am Main. Dort arbeiteten sowohl Zivilisten, unter anderem die sogenannten Trümmerfrauen, wie auch Internierte. Für den Transport der Trümmer von und zu den oft zentral aufgestellten Trümmer-Verwertungsanlagen wurden Trümmerbahnen aufgebaut. Später wurden für den Trümmertransport auch Lastkraftwagen eingesetzt.

Der Trümmerschutt enthielt viele verschiedene Bestandteile. Ganze Teile, wie Mauerziegel oder Natursteine wurden von Hand aussortiert und von Mörtelresten befreit, auch Metalle und Holz wurden ausgelesen und wiederverwertet. Die Aufbereitungsanlagen hatten oft Siebmaschinen und Prall- oder Backenbrecher, sodass die Trümmer nach den Korngrößen getrennt und verarbeitet werden konnten. Die Anlagen wurden oft, wie beispielsweise in Köln, in den frühen 1950er-Jahren in ein Industriegebiet versetzt, wo sie dann bis in die 1960er-Jahre in Betrieb waren. Etwa vierzig Prozent der Trümmermasse konnten als Feinschutt nur begrenzt wiederverwendet werden. Diese Reste wurden dann zu Trümmerbergen aufgeschüttet.

Seit den 1970er- und 1980er-Jahren erlangte das Thema erneute Aufmerksamkeit, diesmal unter dem Aspekt der Ressourcenschonung und des Umweltschutzes.

Heutzutage können in Deutschland auf nahezu jeder Wertstoffdeponie oder auf jedem Wertstoffhof, Baustellenabfälle und Bauschutt abgegeben werden. Für Privatleute ist die Abgabe von Baustellenabfällen und Bauschutt, außer bei Asbestabfällen, in der Regel kostenlos.

Mineralische Bauabfälle stellen den größten Abfallstrom in Deutschland dar. Die Monitoring-Berichte der Kreislaufwirtschaft Bau dokumentieren seit dem Jahr 1995 im Abstand von jeweils zwei Jahren den Anfall und den Verbleib von Bauabfällen und zeigen damit die Baustoffrecyclingquote in Deutschland auf. Als Datenbasis dienen die jährlichen Erhebungen zum Aufkommen, zur Verwertung und zur Beseitigung von Abfällen des Statistischen Bundesamts. Der Monitoringbericht konzentriert sich auf mineralische Bauabfälle, heute unterteilt in:

- Bauschutt,
- Straßenaufbruch,
- Boden und Steine (Bodenaushub, Baggergut und Gleisschotter),
- Bauabfälle auf Gipsbasis,
- Baustellenabfälle.

Auch Gipskarton (auch Rigips genannt) kann recycelt oder auf andere Weise verwertet werden, anstatt auf Deponien zu landen. Kleine Mengen können im Restmüll entsorgt werden, größere Mengen sollten jedoch getrennt gesammelt und entweder recycelt oder über einen Entsorgungsbetrieb entsorgt werden.

Ytong, auch bekannt als Porenbeton kann ebenfalls recycelt werden und ist kein Sondermüll. Kleinere Mengen können auf Wertstoffhöfen entsorgt werden, größere Mengen sollten in einem speziellen Container für Porenbeton gesammelt werden, weil Ytong nicht als normaler Bauschutt gilt. Es ist wichtig, Ytong getrennt von anderen Baumaterialien wie Holz, Metall und Kunststoff zu entsorgen und auf Sauberkeit zu achten, weil Verunreinigungen das Recycling von Ytong erschweren können. Sortenreiner Porenbeton kann als Rohstoff für die Produktion neuer Ytong-Steine wiederverwendet werden.

Die Verwertung von Asbest ist in Deutschland aufgrund des umfassenden Herstellungs- und Verwendungsverbots von Asbest und asbesthaltigen Produkten seit dem Jahr 1993 nicht mehr zulässig. Asbesthaltige Abfälle, die als gefährlicher Abfall eingestuft sind, dürfen nicht wiederverwendet werden, sondern müssen sicher auf speziellen Deponien entsorgt werden.

Recycling-Baustoffe, insbesondere mineralische Recycling-Baustoffe, finden im Straßenbau eine vielfältige Anwendung, beispielsweise als Tragschicht oder in Lärmschutzwällen. Recycling-Baustoffe sind eine nachhaltige Alternative zu natürlichen Rohstoffen, weil sie aus aufbereiteten Bau- und Abbruchabfällen gewonnen werden.

Folgende Einsatzgebiete für Recycling-Baustoffe gibt es im Straßenbau:

- Tragschichten: Recycling-Baustoffe können als Frostschutzschicht oder als Schottertragschicht in Straßen und Wegen verwendet werden, wobei sie den Anforderungen der Richtlinien für den Straßenoberbau (RStO) entsprechen müssen.
- Asphaltrecycling: Ausgebauter Asphalt kann in Asphaltmischanlagen oder direkt auf der Baustelle recycelt und wiederverwendet werden, was eine wichtige Rolle im nachhaltigen Straßenbau spielt.
- Lärmschutzwälle: Recycling-Baustoffe können auch zur Herstellung von Lärmschutzwällen verwendet werden, um Lärmbelastungen zu reduzieren.
- Bauwerkshinterfüllungen: Recycling-Baustoffe eignen sich auch für die Hinterfüllung von Bauwerken wie beispielsweise Stützmauern oder Brückenwiderlagern.

Vorteile der Verwendung von Recycling-Baustoffen:

- Ressourcenschonung: Durch eine Wiederverwendung von Baustoffen wird der Abbau natürlicher Rohstoffe reduziert und eine Schonung natürlicher Ressourcen erreicht.
- Umweltschutz: Recycling-Baustoffe tragen zur Reduzierung von Deponievolumen bei.
- Wirtschaftlichkeit: In vielen Fällen sind Recycling-Baustoffe eine kostengünstige Alternative zu Primärrohstoffen.
- Qualität: Geprüfte und gütegesicherte Recycling-Baustoffe können gleichwertige Eigenschaften wie Naturbaustoffe aufweisen und sind für viele Anwendungen geeignet.

Herausforderungen und Anforderungen:

- Qualitätsstandards: Recycling-Baustoffe müssen die technischen Anforderungen der jeweiligen Anwendung erfüllen und eine Gütesicherung durchlaufen.
- Umweltverträglichkeit: Die Schadstofffreiheit und die Einhaltung von Umweltauflagen sind wichtige Aspekte bei der Verwendung von Recycling-Baustoffen.
- Regelwerke: Es gibt länderspezifische Regelungen und technische Regelwerke (zum Beispiel die RAP Stra) für den Einsatz von Recycling-Baustoffen im Straßenbau.

Die Richtlinie für die Anerkennung von Prüfstellen für Baustoffe und Baustoffgemische im Straßenbau (RAP Stra) regelt seit vielen Jahren das Anerkennungsverfahren von Prüfstellen auf nationaler Ebene. Die Anerkennung von Prüfstellen für Baustoffe und Baustoffgemische im Straßenbau erfolgt durch die oberste Straßenbaubehörde des zuständigen Bundeslandes. Die Anerkennung wird nach den Richtlinien für die Anerkennung von Prüfstellen für Baustoffe und Baustoffgemische im Straßenbau (RAP Stra) durchgeführt. Das Fernstraßen-Bundesamt (FBA) hat den Vorsitz der Kommission. RAP-Stra-Prüfstellen führen bauvertragliche Prüfungen im Straßenbau durch. Eine nach den RAP Stra anerkannte Prüfstelle muss sich durch fachliche Kompetenz, Unabhängigkeit, Zuverlässigkeit, Sorgfalt und Neutralität auszeichnen. Sie muss kurzfristig verfügbar sein und regionale Besonderheiten berücksichtigen können.

Die Verwendung von Recycling-Baustoffen im Straßenbau ist ein wichtiger Schritt hin zu einer nachhaltigen Kreislaufwirtschaft in der Bauindustrie und trägt zur Schonung natürlicher Ressourcen und zum Umweltschutz bei.

Fragen

- Welche aufwendig gewonnenen Baumaterialien wurden schon in der Vergangenheit häufig wiederverwendet?
- Welche Materialien konnten aus Trümmerschutt aussortiert werden?
- Warum muss Ytong getrennt von anderen Baumaterialien entsorgt werden?
- Wofür werden mineralische Recycling-Baustoffe im Straßenbau verwendet?
- Welche Einsatzgebiete für Recycling-Baustoffe gibt es im Straßenbau?

25 Deponien und Umweltmanagement

Konventionelle Abfalldeponien dienen der dauerhaften Ablagerung von nicht mehr verwertbaren Abfällen, insbesondere von solchen Abfällen, die nicht recycelt, verbrannt oder auf andere Weise entsorgt werden können. Abfalldeponien sind das letzte Glied in der Abfallhierarchie und sollen die Umwelt durch technische und bauliche Maßnahmen vor Schadstoffen schützen. Moderne Deponien sind auch dazu konzipiert worden, aus der Zersetzung organischer Abfälle entstehendes Deponiegas zur Energiegewinnung zu nutzen.

In Deutschland gab es im Jahr 2021 insgesamt 999 Deponien. Die Anzahl der Deponien hat sich in den letzten Jahren stetig verringert, während das Abfallaufkommen gleichzeitig gestiegen ist.

Mit dem Inkrafttreten der Verordnung über Deponien und Langzeitlager (Deponieverordnung – DepV) im Juli 2009 haben sich die früheren Vorgaben gegenüber den Technischen Anleitungen TA Abfall und TA Siedlungsabfall deutlich verändert. Seitdem wird insbesondere auf die Vorgabe eines Regelaufbaus des Deponiekörpers verzichtet. Sämtliche Abdichtungssysteme werden nunmehr gleichbehandelt.

Durch einen ausreichenden Abstand zu einer Deponie werden Anwohner nicht belästigt. Es sollte ein Abstand von Wohngebäuden zu einer Mülldeponie von mindestens 300 m eingehalten werden. Deponien dürfen weiterhin nicht in besonders geschützten oder schützenswerten Flächen wie Trinkwasser- und Heilquellenschutzgebieten, in Wasservorranggebieten, in Landschaftsschutzgebieten und in Naturschutzgebieten sowie in Biotopflächen gebaut werden. Das Ziel eines Wasserschutzgebietes ist, einen über den allgemeinen flächendeckenden Grundwasserschutz hinausgehenden Schutz der Wasservorkommen in Trinkwassergewinnungsgebieten zu gewährleisten.

Neue Deponiestandorte sollten nach den folgenden Kriterien ausgewählt werden:

- Die geologischen und die hydrogeologischen Bedingungen des Gebietes müssen gewährleisten, dass der Abstand der Oberkante der geologischen Barriere vom höchsten zu erwartenden freien Grundwasserspiegel dauerhaft mindestens 1 m beträgt.
- Es darf keine Gefahr von Erdbeben, Überschwemmungen, Bodensenkungen, Erdfällen, Hangrutschungen oder Lawinen auf dem Gelände ausgehen.
- Gesammeltes Sickerwasser muss im freien Gefälle ableitbar sein.

Der Untergrund einer Deponie muss die folgenden Anforderungen erfüllen:

- Der Untergrund muss sämtliche bodenmechanischen Belastungen aus der Deponie aufnehmen können. Auftretende Setzungen des Deponiekörpers dürfen keine Schäden am Basisabdichtungs- und am Sickerwassersammelsystem verursachen.
- Der Untergrund der Deponie und der Untergrund im weiteren Umfeld soll wegen seiner geringen Durchlässigkeit, seiner Mächtigkeit und Homogenität sowie wegen seines Schadstoffrückhaltevermögens eine Schadstoffausbreitung aus der Deponie maßgeblich behindern können. Der Untergrund muss als geologische Barriere wirken, sodass eine schädliche Verunreinigung des Grundwassers oder sonstige nachteilige Veränderungen dessen Beschaffenheit nicht eintreten können.
- Der Untergrund muss alle bodenmechanischen Belastungen, die aus der Deponie wirken, aufnehmen können, sodass keine schädlichen Setzungen am Basisabdichtungssystem und am Entwässerungssystem eintreten können. Der Untergrund soll darüber hinaus eine mögliche Schadstoffausbreitung aus der Deponie maßgeblich behindern können (geologische Barriere). Karstgebiete und Gebiete mit einem stark klüftigen Untergrund weisen natürlicherweise nur unzureichende Eigenschaften einer Schadstoffrückhaltung auf und sind daher für den Bau einer neuen Deponie nicht geeignet.

Bild 25.1
Hausmülldeponie und rechts im Bild eine Oberflächenabdichtung aus einer schwarzen Kunststoffdichtungsbahn (Bild: Naue GmbH & Co. KG, Espelkamp)

Tonmineralien wirken sich günstig auf das Schadstoffrückhaltevermögen einer geologischen Barriere aus und sollten daher in einem bestimmten Mindestmaß im Boden des Untergrunds enthalten sein. Wenn der Untergrund unterhalb der Deponie sowie der Untergrund im weiteren Umfeld der Deponie wegen seiner geringen Durchlässigkeit, seiner Mächtigkeit und seiner Homogenität sowie wegen seines Schadstoffrückhaltevermögens in der Lage ist, die Ausbreitung von gegebenenfalls aus der Deponie austretenden Schadstoffen maßgeblich zu behindern, liegt eine natürliche geologische Barriere vor.

Um Setzungen beziehungsweise die Zusammendrückung eines Deponiekörpers in verschiedenen Tiefenlagen messen zu können, werden sogenannte Extensometer verwendet. Extensometer (Bild 25.2) sind Messgeräte, mit denen Abstandsänderungen von Messpunkten im Deponiekörper gemessen werden können. Die Verbindung zwischen den Messpunkten wird entweder mittels stationär installierter Stangen (Stangenextensometer), mit Drähten (Drahtextensometer) oder mithilfe von Längenmesssonden (Sondenextensometer) hergestellt. Die Messergebnisse dienen vor allem der Überwachung des Verformungszustands und der Standsicherheit von Deponiekörpern.

Bild 25.2
Extensometer beim Einbau in ein verrohrtes Bohrloch (Bild: GLÖTZL Gesellschaft für Baumesstechnik mbH, Rheinstetten)

Mit **Umweltmanagement** wird die Organisation der Abläufe im Hinblick auf ein umweltverträgliches Handeln festgelegt. Außerdem sollen mit einem Umweltmanagement umweltbezogene Risiken und Chancen rechtzeitig erkannt werden. Dabei sind insbesondere auch mehrere rechtliche Aspekte zu berücksichtigen.

In einem **Umweltmanagementsystem** gemäß ISO 14001 legt eine Organisation die Zuständigkeiten und die Abläufe des betrieblichen Umweltschutzes fest. Dazu gehören Regelungen zur Planung, zur Ausführung und zur Kontrolle ebenso wie die Festlegung von Verantwortlichkeiten und Verhaltens- und Verfahrensweisen. Die ISO 14001 ist seit dem Jahr 1996 eine international anerkannte Norm für Umweltmanagementsysteme

(UMS), die Unternehmen einen Rahmen zur systematischen Steuerung und Verbesserung ihrer Umweltauswirkungen bietet. Die Norm wurde von der Internationalen Organisation für Normung (ISO) veröffentlicht und zuletzt im Jahr 2015 überarbeitet. Die ISO 14001 hilft Unternehmen, Umweltschutz, Ressourceneffizienz und die Einhaltung gesetzlicher Vorschriften zu fördern und durch das Plan-Do-Check-Act-Prinzip eine kontinuierliche Verbesserung der Umweltleistung zu erreichen. Eine Zertifizierung nach der ISO 14001 kann nicht nur die Umweltleistung verbessern, sondern auch Vorteile wie Kostenersparnis und eine positive Markenwahrnehmung mit sich bringen. Die ISO 14001 bietet zudem eine Rechtssicherheit, die Einhaltung von Umweltgesetzen und die Vermeidung von Haftungsrisiken. Außerdem stärkt sie die Wettbewerbsfähigkeit durch eine Stärkung des Unternehmensimages und der Vertrauenswürdigkeit bei Kunden und Partnern. Sie bietet eine effizientere Nutzung von Ressourcen und potenzielle Kosteneinsparungen.

Typische Beispiele für ein Umweltmanagement sind Systeme mit denen einer Umweltverschmutzung vorgebeugt werden kann. Wichtig für den Grundwasserschutz ist, dass Abwässer nicht ungeklärt in Flussläufe eingeleitet werden.

Zu einem wichtigen Bestandteil des Umweltmanagements gehört auch die fachgerechte Einlagerung von Restabfall auf Deponien. Weiterhin ist die Renaturierung von Feuchtgebieten ein wichtiger Teil, um Lebensräume für viele Tierarten und Pflanzen zu schaffen. Abschließend ist der Erhalt von Streuobstwiesen wichtig, weil dort viele Insekten ihre Nahrung finden. Streuobstwiesen sind eine traditionelle Form des Obstbaus, bei der hochstämmige Obstbäume unterschiedlicher Obstsorten und oft unterschiedlichen Alters in großem Abstand (ca. 10 × 10 m) gepflanzt werden.

In Deutschland sind Unternehmen durch die Umweltgesetzgebung immer mehr dazu gezwungen worden, Umweltmanagementsysteme zu entwickeln und einzuführen. Durch die Novellierung des Bundesimmissionsschutzgesetzes (BImSchG) im Jahr 1990 ist der Paragraf 52a des BImSchG eingeführt worden. Er besagt, dass von den Betreibern genehmigungspflichtiger Anlagen eine verantwortliche Person aus der Geschäftsleitung für die Einhaltung der gesetzlich vorgeschriebenen Betreiberpflichten der zuständigen Behörde zu benennen ist.

In der Umweltpolitik wird das Verhältnis von Ökologie und Ökonomie häufig als ein Widerspruch beschrieben. Die Umsetzung einer betrieblichen Umweltpolitik entspricht entweder der Auffassung, dass sie nur aufgrund äußerer Zwänge, zum Beispiel durch gesetzliche Vorgaben, erfolgt, oder zu einem ausschließlich moralisch begründeten Verzicht führt. Die beiden vorgenannten Sichtweisen entsprechen nicht dem Verständnis einer unternehmerischen Verantwortung.

Zum Umweltmanagement gehört auch die Planung von **Renaturierungsmaßnahmen** (Bild 25.3). Renaturierungen in Deutschland beziehen sich auf Maßnahmen zur Wiederherstellung oder zur Verbesserung von gestörten oder geschädigten Ökosystemen, insbesondere von Gewässern und deren Uferbereichen. Das Ziel von Renaturierungen ist es, diese Lebensräume wieder naturnäher zu gestalten und ihre ökologischen Funktionen zu verbessern. Renaturierungsmaßnahmen umfassen eine Vielzahl von Aktivitäten, die darauf abzielen, die natürliche Beschaffenheit von Flüssen, Bächen, Auen und Feuchtgebieten wiederherzustellen oder zu verbessern. Dazu gehören:

- Die Entsiegelung von Ufern: Entfernung von Uferverbauungen und Schaffung natürlicher Uferstrukturen.
- Die Rückgängigmachung von Flussbettbegradigungen: Schaffung von Mäandern und Kurven, um die natürliche Dynamik von Flüssen wiederherzustellen.
- Wiederherstellung von Auenlandschaften: Schaffung von Überflutungsflächen und von Retentionsräumen, um den Hochwasserschutz zu verbessern und um Lebensräume für Pflanzen und Tiere zu schaffen.
- Reaktivierung von Altgewässern: Wiederherstellung von Altgewässern und deren Verbindung zum Hauptfluss, um die Artenvielfalt zu erhöhen.
- Einbringen von Totholz: Schaffung von Lebensräumen für verschiedene Arten und Förderung der natürlichen Gewässerdynamik.
- Wiedervernässung von Feuchtgebieten: Schaffung neuer Lebensräume für gefährdete Arten und Förderung der Artenvielfalt.

Bild 25.3
Renaturierter Bachlauf
(Bild: Autor)

Renaturierungen sind aus verschiedenen Gründen wichtig:

- Ökologischer Nutzen: Renaturierungen tragen zur Verbesserung der Artenvielfalt bei, indem sie Lebensräume für Pflanzen und Tiere schaffen oder wiederherstellen.
- Hochwasserschutz: Durch die Schaffung von Retentionsräumen und die Wiederherstellung natürlicher Flussläufe können Überschwemmungen besser bewältigt werden.

- Verbesserung der Wasserqualität: Naturnahe Gewässer können Schadstoffe besser filtern und tragen so zur Verbesserung der Wasserqualität bei.
- Klimaanpassung: Naturnahe Gewässer tragen zur Verbesserung des Mikroklimas bei und können zur Kühlung von Städten beitragen.
- Lebensqualität: Renaturierte Gewässer bieten Erholungsräume für die Bevölkerung und tragen zur Steigerung der Lebensqualität bei.

Renaturierungsprojekte werden meistens von den Unterhaltungspflichtigen der Gewässer geplant und umgesetzt. Das können Wasserwirtschaftsämter, Unterhaltungsverbände oder Städte und Gemeinden sein.

Renaturierungen sind ein wichtiger Beitrag zur Nachhaltigkeit, weil sie dazu beitragen, die Umwelt zu schützen, die Lebensqualität zu verbessern und den Klimawandel abzumildern.

Das EU-Renaturierungsgesetz, auch bekannt als Nature Restoration Law, ist ein Gesetzesvorhaben der Europäischen Union, das darauf abzielt, geschädigte Ökosysteme wiederherzustellen und den Verlust der biologischen Vielfalt zu stoppen. Das EU-Renaturierungsgesetz verpflichtet die Mitgliedstaaten, Maßnahmen zur Wiederherstellung von Ökosystemen zu ergreifen, wobei bis zum Jahr 2030 mindestens zwanzig Prozent der Land- und der Meeresflächen der Europäischen Union renaturiert werden sollen. Bis zum Jahr 2050 sollen alle betroffenen Ökosysteme wiederhergestellt werden.

Fragen:

- Wo dürfen Deponien nicht gebaut werden?
- Was ist eine geologische Barriere?
- Wie können Setzungen beziehungsweise die Zusammendrückung eines Deponiekörpers in verschiedenen Tiefenlagen gemessen werden?
- Was wird in einem Umweltmanagementsystem gemäß ISO 14001 festgelegt?
- Was ist das Ziel von Renaturierungen?
- Welche Renaturierungsmaßnahmen können durchgeführt werden, um die natürliche Beschaffenheit von Flüssen, Bächen, Auen und Feuchtgebieten wiederherzustellen?

26 Geologie

Die Geologie Deutschlands ist maßgeblich geprägt durch mehrere Phasen von Gebirgsbildungen im Paläozoikum und im Känozoikum, durch Sedimentation in Flachmeeren und Tiefebenen im Zeitalter Perm und im Mesozoikum sowie durch die Vergletscherung des Quartären Eiszeitalters.

Das Perm ist eine geologische Periode des Paläozoikums, die vor etwa 298,9 Millionen Jahren begann und vor rund 252,2 Millionen Jahren endete. Das Perm folgte auf das Erdzeitalter Karbon und wird von der Trias überlagert. Das Perm ist besonders bekannt für das größte Massenaussterben der Erdgeschichte, das an der Perm-Trias-Grenze stattfand. Das Karbon ist in der Erdgeschichte das fünfte chronostragigraphische System beziehungsweise das fünfte chronostratigraphische Zeitalter des Paläozoikums. Das Karbon begann vor etwa 358,9 Millionen Jahren und endete vor etwa 298,9 Millionen Jahren. Das Karbon wird vom Perm überlagert und vom Devon unterlagert.

Chronostratigraphisch ist ein Begriff aus der Geologie, der sich auf die Gliederung von Gesteinskörpern nach ihrem Alter bezieht. Es ist ein Teilbereich der Stratigraphie, der sich mit der relativen Zeitgliederung anhand von Gesteinsformationen beschäftigt. Die Chronostratigraphie teilt die Erdgeschichte in chronostratigraphische Einheiten ein, die wiederum in einer hierarchischen Ordnung stehen. Die Grundeinheit ist die Stufe (Stage), es ist die kleinste Einheit, die global verwendet werden kann.

Einige wichtige chronostratigraphische Einheiten sind:

- **Äonothem.** Das Äonothem ist die höchste chronostratigraphische Einheit, die der Ära in der Geochronologie entspricht.
- **Erathem.** Das Erathem ist eine chronostratigraphische Einheit, die zur Untergliederung der Erdgeschichte verwendet wird, und der Ära in der Geochronologie entspricht.

- **System.** Das System ist eine chronostratigraphische Einheit, die zur Untergliederung der Erdgeschichte verwendet wird, und der Periode in der Geochronologie entspricht.
- **Serie.** Die Serie ist eine chronostratigraphische Einheit, die zur Untergliederung eines Systems verwendet wird.
- **Stufe.** Die Stufe ist die Grundeinheit der Chronostratigraphie und die kleinste Einheit, die global verwendet werden kann.

Die Chronostratigraphie ist eng mit der Geochronologie verbunden, die die absolute Datierung von Gesteinen untersucht. Während die Chronostratigraphie die relative Zeitgliederung anhand von Gesteinsformationen betrachtet, verwendet die Geochronologie absolute Datierungsmethoden. Die Geochronologie (von altgriechisch γῆge, auf Deutsch: Erde und χρόνος chronos, auf Deutsch: Zeit, Zeitdauer) ist die Wissenschaftsdisziplin, die Ereignisse der Erdgeschichte und sekundär die Entstehungszeit von Gesteinen und von Sedimenten (siehe Chronostratigraphie) absolut-zeitlich datiert. Unter anderem erstellt sie aus den ermittelten Daten die geologische Zeitskala, in der Zeitintervalle identifiziert, als geochronoligsche Einheiten benannt und zeitlich datiert dargestellt sind.

Häufig korrespondieren geochronologische Einheiten mit der Bildungszeit chronostratigraphischer Einheiten, also physisch existenter Gesteinskörper. Die Geochronologie ist ihrem Wesen nach dagegen immateriell und ist daher nicht im eigentlichen Sinn eine stratigraphische (gesteinsdatierende) Disziplin. Die Beziehungen zwischen den konkreten gochronologischen Einheiten werden immer in einer älter/jünger-Beziehung ausgedrückt.

Die Datierung von Gesteinen kann absolut oder relativ erfolgen.

Die Chronostratigraphie ist ein wichtiges Werkzeug für die Erstellung von geologischen Karten und zur Korrelation von Gesteinen unterschiedlicher Herkunft. Durch die chronostratigraphische Korrelation können Gesteine gleichen Alters, auch wenn sie unterschiedliche Lithogien aufweisen, miteinander verglichen werden. Lithologie ist ein Bereich der Geologie, der sich mit der Beschreibung und Klassifizierung von Gesteinen anhand ihrer physikalischen und chemischen Eigenschaften befasst, wie der Mineralzusammensetzung, der Textur, dem Gefüge und der Farbe.

Das Devon ist in der Erdgeschichte das vierte chronostratigraphische System beziehungsweise die vierte geochronologische Periode innerhalb des Paläozoikums. Das Erdzeitalter Devon begann vor etwa 419,2 Millionen Jahren und endete vor etwa 358,9 Millionen Jahren. Das Devon folgt auf das Silur und ging dem Erdzeitalter Karbon voraus.

Das Paläozoikum, auch Erdaltertum genannt, ist ein Erdzeitalter, das vor etwa 541 Millionen Jahren begann und vor etwa 252 Millionen Jahren endete. Es ist das erste der drei Erdzeitalter des Phanerozoikums. Das Phanerozoikum ist eine Ära in der Erdgeschichte, die vor etwa 541 Millionen Jahren begann und bis heute andauert. Es ist das jüngste und am besten erforschte Erdzeitalter, weil aus dieser Zeit mehr Gesteinsmaterial an der Erdoberfläche zugänglich ist. Das Phanerozoikum wird in drei Ären unterteilt: Paläozoikum, Mesozoikum und Kanäozoikum.

Das Mesozoikum, auch Erdmittelalter genannt, ist eine Ära der Erdgeschichte, die vor etwa 251,9 Millionen Jahren begann und vor etwa 66 Millionen Jahren endete. Das Mesozoikum ist bekannt als das Zeitalter der Dinosaurier und wird in drei Perioden unterteilt: Trias, Jura und Kreide. Die Trias ist das älteste der drei Erdzeitalter des Erdmittelalters (Mesozoikum) und folgte auf das Perm. Die Trias begann vor etwa 251,9 Millionen Jahren und endete vor 201,3 Millionen Jahren mit dem Beginn des Juras. In der Trias entstanden die Dinosaurier, und es gab ein warmes, trockenes Klima mit großen Wüsten und Savannen.

Der Jura ist das mittlere der drei Zeitalter des Erdmittelalters (Mesozoikum). Der Jura begann mit dem megavulkanisch bedingten Massenaussterben an der Trias-Jura-Grenze vor 201,3 Millionen Jahren und endete mit einem fließenden Übergang in die Kreidezeit vor etwa 145 Millionen Jahren. Die Trias-Jura-Grenze vor rund 201 Millionen Jahren war vom fünftgrößten Massenaussterben der Erdgeschichte begleitet, dem die Conodonten und viele andere Taxa zum Opfer fielen. Es bestehen mehrere Theorien zu seiner Erklärung, jedoch verdichten sich die Hinweise in Richtung enormer vulkanischer Aktivität. Die Conodonten (Conodonta: griechisch für Kegelzähne) sind eine ausgestorbene Gruppe von Tieren, die ausnahmslos im Meer lebten. Ihre charakteristischen fossilen Überreste bilden eine der wichtigsten Gruppen von Mikrofossilien. Sie wurden im Jahr 1856 von Christian Heinrich Pander erstmals wissenschaftlich beschrieben und werden heute meistens den Chordatieren (Chordata) oder sogar den Wirbeltieren (Vertebrata) zugeordnet. Taxa bezeichnet in der Systematik der Biologie eine Einheit, der entsprechend bestimmter Kriterien eine Gruppe von Lebewesen zugeordnet wird. Meist drückt sich diese Systematik durch einen eigenen Namen für diese Gruppe aus.

Die Chordatiere oder Chordaten (griechisch: chorde, Saite oder Strang) sind ein Stamm des Tierreichs. Zu den Chordatieren gehören der Unterstamm der Schädel- (Craniota) oder Wirbeltiere (Vertebrata), und damit auch die Säugetiere (Mammalia) einschließlich des Menschen, sowie zwei weniger bekannte, ausschließlich im Meer lebende Unterstämme, die Schädellosen (Cephalochordata oder Acrania) und die Manteltiere (Tunicata oder Urochordata).

Die Kreide wird in der populärwissenschaftlichen Literatur oft auch als Kreidezeit (lateinisch: Cretaceum), davon abgeleitet kretazeisch, meist verkürzt kretazisch: kreidezeitlich, bezeichnet. Die Kreidezeit, beziehungsweise entsprechend alte Gesteinsformationen betreffend, ist ein Zeitabschnitt der Erdgeschichte. Innerhalb des Mesozoikums (Erdmittelalter) ist die Kreide das jüngste und mit 80 Millionen Jahren das am längsten andauernde chronostratigraphische System (beziehungsweise Periode in der Geochronologie). Die Kreidezeit begann vor rund 140 Millionen Jahren mit dem Ende des Juras und endete vor etwa 66 Millionen Jahren mit dem Beginn des Paläogens, des ältesten chronostratigraphischen Systems des Känozoikums. Am Ende der Kreidezeit sind vor etwa 66 Millionen Jahren die Dinosaurier ausgestorben. Ein Großteil der Dinosaurierarten, aber nicht alle, verschwand während eines als Massenaussterben bekannten Ereignisses. Es gibt verschiedene Theorien darüber, was zum Aussterben der Dinosaurier führte, wobei ein Asteroideneinschlag als wahrscheinlichste Ursache gilt.

Das Paläogen (von altgriechisch: παλαιός palaiós, deutsch alt und γένος génos, Abstammung, Zeitalter) oder Alttertiär ist das unterste chronostratihraphische System und die älteste geochronologische Periode des Känozoikums und dauerte von vor etwa 66 Millionen Jahren bis zum Beginn des Neogens vor etwa 23,03 Millionen Jahren. Paläogen und Neogen wurden früher zum System des Tertiärs zusammengefasst. Die Bezeichnung Tertiär wird allerdings mittlerweile von der International Commission on Stratigraphy (ICS) nicht mehr verwendet und Paläogen und Neogen werden inzwischen im hierarchischen Rang von Systemen verwendet. Das Känozoikum, auch bekannt als Erdneuzeit, ist die jüngste Ära in der Erdgeschichte und begann vor etwa 66 Millionen Jahren. Das Känozoikum folgt auf das Mesozoikum und ist bis heute andauernd. Das Känozoikum ist geprägt von der Evolution der Säugetiere, der Ausbreitung der modernen Pflanzenwelt und der Entstehung des Menschen.

Das Paläogen ist das älteste der drei Zeitalter der Erdneuzeit (Känozoikum). Das Paläogen begann mit der Kreide-Tertiär-Krise vor 65,3 Millionen Jahren und endete vor 23,03 Millionen Jahren mit einem sanften Übergang ins Neogen. Zu Beginn des Paläogens kam es nach dem Aussterben der Nicht-Vogel-Dinosaurier zur Weiterentwicklung der Vögel und einer beträchtlichen Differenzierung, also einer Entwicklung von Zellen oder Geweben der Säugetiere, die von ehemals kleinen Formen in der vergangenen Kreidezeit zu den beherrschenden Landtieren wurden. Gegen Ende des Paläogens waren die Rüsseltiere die größten Landsäugetiere. Die einzelnen Kontinente waren anfangs isoliert. Über eine Landbrücke zwischen Afrika und Eurasien, die sich vor 27 Millionen Jahren bildete, konnten sich die Tiere jedoch wieder weit verbreiten. Nur Australien und die Antarktis nahmen eine andere Entwicklung.

Findlinge sind große, von Gletschern transportierte Felsbrocken, die während der Eiszeiten nach Deutschland gelangt sind. Sie sind oft abgerundet und können in verschiedenen Größen und Formen auftreten. Viele Findlinge wurden während der Saale-Kaltzeit (vor etwa 240 000 bis 125 000) nach Norddeutschland transportiert. Findlinge bestehen oft aus Granit oder anderen Hartgesteinen Neben den Einzelstücken an Findlingen gibt es beispielsweise in Polen große Moränen mit Findlingen und Kieseln. An diesen Stellen haben sich unterschiedlich gerundete Steine abgesetzt. Die Gewinnung dieser Steine ist mit der Gewinnung in einem Kieswerk vergleichbar. Moränen sind Ablagerungen von Geröll und Schutt, die von Gletschern während ihrer Bewegung transportiert und am Ende des Gletschers oder an dessen Seiten aufgeschoben oder liegen gelassen werden. Sie bilden im Gelände erkennbare Hügel und Formationen und bestehen aus dem vom Eis mitgeführten Material wie Sand, Steinen und Felsbrocken.

Findlinge entstanden während der Eiszeiten, als riesige Gletscher Gesteinsbrocken von Skandinavien und dem Baltikum über weite Strecken transportierten und beim Abschmelzen an ihrem heutigen Standort zurückließen. Diese einzeln liegenden, meist großen, naturrunden Gesteinsblöcke sind Überreste der eiszeitlichen Landschaftsformung und können durch ihre Gesteinsart auf ihre Herkunftsregion zurückgeführt werden. Typische Gesteinsarten für Findlinge sind Granit und Gneis, aber auch andere magmatische, metamorphe oder kristalline Gesteine wie Quarzit können vorkommen. Findlinge können über Hunderte bis Tausende von Kilometern transportiert worden sein, wobei Gletscher sie von Skandinavien bis nach Norddeutschland und aus den Alpen bis ins bayerische Alpenvorland geschoben haben. Der weiteste bekannte Transportweg erstreckte sich über etwa 1200 km von Skandinavien nach Norddeutschland.

Das Gewicht eines Findlings variiert stark je nach Größe und Gesteinsart, reicht aber von wenigen Kilogramm bis zu über 100 t. Kleine Findlinge können schon 20–80 kg wiegen und eignen sich für Gartenmauern, während große Steine mehrere Tonnen auf die Waage bringen können und schwere Maschinen zum Verladen erfordern.

Bild 26.1
Findling, der auf einer Rasenfläche als Ansichtsexemplar abgestellt wurde (Bild: Autor)

Ein Eiszeitalter ist ein längerer Zeitraum der Erdgeschichte, in dem mindestens ein Pol ganzjährig vergletschert ist. Innerhalb eines Eiszeitalters gibt es die Kaltzeit (auch Glazial genannt). Die letzte Kaltzeit war vor zirka 113 000 Jahren bis 9700 Jahre vor Christus. Während der letzten Kaltzeit, also dem Höhepunkt der letzten Eiszeit vor etwa 20 000 Jahren, war die durchschnittliche globale Temperatur etwa sechs bis acht Grad Celsius niedriger als heute. Dies bedeutete eine globale Mitteltemperatur von etwa sieben, acht bis neun Grad Celsius, verglichen mit der heutigen Durchschnittstemperatur von rund fünfzehn Grad Celsius. In einigen Regionen war die Abkühlung sogar noch stärker, mit Abweichungen von bis zu zwanzig Grad Celsius.

Ein **Erdfall** ist ein plötzlicher, oft trichterförmiger Einsturz der Erdoberfläche, der durch das Aufbrechen von Hohlräumen im Untergrund verursacht wird. Die Hohlräume entstehen hauptsächlich durch die Auslaugung wasserlöslicher Gesteine wie Salz, Gips und Kalk durch Grundwasser (Subrosion). Erdfälle treten vor allem in Regionen mit entsprechender Geologie auf, zum Beispiel in Norddeutschland, Südwestdeutschland und in Bergbaugebieten, und stellen eine Gefahr für die Infrastruktur und für Gebäude dar.

Sicherungsmaßnahmen gegen Erdfälle umfassen die umfassende Erkundung und Überwachung des Untergrunds, um potenzielle Gefahren frühzeitig zu erkennen, sowie technische Maßnahmen zur Überbrückung von Hohlräumen, etwa durch Geokunststoffe oder durch eine Verfüllung bereits entstandener Hohlräume. Darüber hinaus sind präventive Maßnahmen wie die Vermeidung von Wasseransammlungen im Untergrund und die Beseitigung von Leitungslecks wichtig. Bei einem bestehenden Erdfall sind das Absperren des Bereichs, das Informieren der zuständigen Behörden und die Dokumentation der Situation entscheidend, bevor eine fachgerechte Verfüllung des Erdfalltrichters erfolgt.

Bild 26.2
Ammoniten auf einer Schieferplatte (Bild: Autor)

Schiefer entsteht aus feinem Tonschlamm, der sich über Jahrmillionen abgelagert und zu Tonstein verdichtet hat. Durch die Kräfte der Gebirgsbildung wurde dieses Tongestein seitlich komprimiert und gefaltet, was zu einer Umwandlung der Minerale führte. Unter Druck und Wärme kristallisierten diese zu Glimmer und ordneten sich schiefer- beziehungsweise blattförmig an. Die Glimmerplättchen bilden die für Schiefer charakteristische Schieferung, die dem Gestein seine besondere Spaltbarkeit entlang der Schichtflächen verleiht.

Ammoniten sind fossilisierte, ausgestorbene Kopffüßer, die im Meer lebten. Ihre Entstehung zur Fossilie begann, als ein Ammonit starb, sein Gehäuse sich langsam mit Sediment bedeckte und unter Druck zu Mineralien und einer mineralischen Kopie des Gehäuses wurde, dem sogenannten Steinkern oder der versteinerten Schale. Ammoniten traten erstmals im Devon vor rund 400 Millionen Jahren auf und starben zusammen mit den Dinosauriern vor etwa 65 Millionen Jahren aus.

Fragen

- Was ist das Perm?
- Was ist Stratigraphie?
- Was untersucht die Geochronologie?
- Wozu wird die Chronostratigraphie verwendet?
- Was ist die Lithologie?
- Was geschah in der Trias-Jura-Grenze vor rund 201 Millionen Jahren?
- Welches ist das jüngste und am längsten andauernde chronostratigraphische System?
- Welche Sicherungsmaßnahmen gegen Erdfälle können vorgenommen werden?

27 Literatur und Quellen

Aboumatar, H.; Rausche, F.: Statische Auswertung von dynamischen Pfahlprobebelastungen mit Finiten Elementen. In: Mitteilungen des Instituts für Grundbau und Bodenmechanik, Technische Universität Braunschweig, 2022.

Achmus, M.; tom Wörden, F.; Müller, M.: Tragfähigkeit und Bemessung axial belasteter Offshorepfähle. Institut für Grundbau, Bodenmechanik und Energiewasserbau (IGBE) der Leibniz Universität Hannover, Hannover, 2021. Forschungsbericht Nr. 2021-05.

Baeßler, M.; Niederleithinger, G.; Georgi, St.: Dynamische Pfahlprüfung. Bericht zum BAM-Forschungsvorhaben 7240. Berlin: Bundesanstalt für Materialforschung und -Prüfung, 2017. ISBN 978-3-9817843-2-1.

Bauer, J.; Kempfert, H.-G.: Untersuchungen zum Seitendruck auf Pfahlgründungen in bindigen Böden. In: Bauingenieur 12 (2018), S. 473–481. Erstveröffentlichung in „HENRY – Hydraulic Engineering Repository" der Bundesanstalt für Wasserbau. DOI: 10.1007/s10064-018-0132-9.

Benz, Th.: Geotechnische Materialmodelle im Spannungsfeld zwischen Forschung und Praxis. In: Mitteilungen der Bundesanstalt für Wasserbau (BAW), Nr. 101 (2017), S. 73–86. Karlsruhe: Bundesanstalt für Wasserbau. ISSN 0933-8339.

Bergmeister, K.; Fingerloos, F.; Wörner, J.-D. (Hrsg.): Beton-Kalender 2025 (2 Teile). Schwerpunkte: Tunnelbau; Betonbauqualität (BBQ). Berlin: Ernst & Sohn, 2024. ISBN 978-3-433-03485-2.

Bieger, K. W.; Lierse, J.; Roth, J.: Stahlbeton und Spannbetontragwerke – Berechnung, Bemessung und Konstruktion. 2. Aufl. Heidelberg: Springer-Vieweg, 1993. ISBN 978-3-540-56214-3.

Bode, M.: Energetische Schädigungsanalyse von ermüdungsbeanspruchtem Beton. Dissertation, Institut für Massivbau, Gottfried Wilhelm Leibniz Universität Hannover, Hannover, 2020. URN: urn:nbn:de:gbv:0030-000870.

Böhle, B.: Untersuchungen im Großmaßstab zum Fließ- und Aussteifverhalten von Beton bei der Herstellung von Bohrpfählen. Dissertation. Wuppertal: Shaker Verlag, 2019 (Berichte des Lehr- und Forschungsgebiets Geotechnik, 37). ISBN 978-3-8440-7014-7.

Breitsprecher, G.; Hecht, Th.: Messtechnisch überwachte Großversuche beim Bau von Verkehrswegen als Grundlage für Optimierungen in Planung und Ausführung. In: Tagungsband der 34. Baugrundtagung der DGGT, Berlin: DEGES Deutsche Einheit Fernstraßenplanungs- und -bau GmbH, 2016, S. 247–253. ISBN 978-3-510-65281-5.

Buchmann, K. J.: Zum Tragverhalten ausgesteifter Bohrpfahlwände im Hannoverschen Ton. Mitteilungen des Instituts für Grundbau und Bodenmechanik der Universität Hannover, Heft 24. Hannover: Universität Hannover, 1988.

Cunze, G.: Ein Beitrag zur Abschätzung des Porenwasserüberdrucks beim Rammen von Verdrängungspfählen in bindige Böden. Mitteilungen des Instituts für Grundbau und Bodenmechanik der Universität Hannover, Heft 20. Hannover: Universität Hannover, 1985.

De Cock, F.; Legrand, F.: Design of axially loaded piles – European practice. In: International Seminar ISSMFE – ERTC3. Rotterdam: Balkema, 1997, S. 177–201.

Deutsche Gesellschaft für Geotechnik e. V. (Hrsg.): Empfehlungen des Arbeitskreises Baugruben (EAB). 6. Aufl. Berlin: Ernst & Sohn, 2021.

Deutsche Gesellschaft für Geotechnik e. V. – DGGT; Frank, J.: Empfehlungen des Arbeitskreises Pfähle – EA-Pfähle. 2. Aufl. Berlin: Ernst & Sohn, 2012.

Deutsche Gesellschaft für Geotechnik e. V. – DGGT: Empfehlungen für statische axiale und horizontale Pfahlprobebelastungen des Arbeitskreises 2.1 der Deutschen Gesellschaft für Geotechnik (DGGT). Berlin: DGGT, 1998.

Deutscher Ausschuss für Stahlbeton (DAfStb): Jahrbuch 2021/2022. Berlin: Ernst & Sohn, 2022.

Fleming, K.; Weltman, A.; Randolph, M.; Elson, K.: Piling Engineering. 3rd ed. London: Taylor & Francis, 2009.

Frank, J.: Modellversuche zum Gruppentragverhalten von vorgefertigten Vollverdrängungspfählen in Sand. In: Pfahl-Symposium 2017. Braunschweig: Technische Universität Braunschweig, 2017.

Franke, D.: Pfähle. In: Grundbau-Taschenbuch, 5. Aufl., Teil 3. Berlin: Ernst & Sohn, 1997.

Franke, D.: Die Entwicklung der Tragfähigkeitsangaben in den Deutschen Pfahlnormen. In: Bautechnik, Jg. 66 (1989), S. 365–370. Berlin: Ernst & Sohn, 1989.

Gäbler, F.: Einfluss variierender Randbedingungen auf die mobilisierten Einzelwiderstände bei der numerischen Simulation von Pfahlprobebelastungen. Diplomarbeit. Weimar: Bauhaus-Universität Weimar, 2006.

Garbers, Th.; Mitlmeier, F.; Moormann, C.; Wardinghus, P.: Zum Gruppentragverhalten von Verdrängungspfählen: Untersuchungen zu Interaktionseffekten bei Installation und axialer Beanspruchung. In: Vorträge der 37. Baugrundtagung, Wiesbaden: DGGT, 2022, S. 181–190.

Georgi, S.: Experimentelle Untersuchungen zur Verformungsakkumulation und Tragfähigkeitsreduktion von zyklisch belasteten Pfählen. Dissertation. Berlin: Technische Universität Berlin, Fakultät VI – Planen Bauen Umwelt, 2017.

Godehart, K.; Rizkallah, V.; Vogel, J.: Zur Abschätzung des Restrisikos einer Baumaßnahme. In: Informationsreihe, Heft 11. Hannover: Institut für Bauschadensforschung e. V., 1995.

Göhlmann, J.: Zur Schädigungsberechnung an Betonkonstruktionen für Windenergieanlagen unter mehrstufiger und mehraxialer Ermüdungsbeanspruchung. Dissertation. Hannover: Institut für Massivbau, Gottfried Wilhelm Leibniz Universität Hannover, 2010.

Grabe, J.; Pucker, T.: Beitrag zum Entwurf und zur Ausführung von kombinierten Pfahl-Plattengründungen. In: Bautechnik, Jg. 88, Nr. 12 (2011), S. 988–997. Hamburg: HafenCity Universität Hamburg.

Grube, N.; Koreck, H.-W.; Schwarz, P.: Beiträge zum Tragverhalten axial zyklisch belasteter Pfähle. Schriftenreihe des Lehrstuhls und Prüfamts für Grundbau, Bodenmechanik und Felsmechanik der Technischen Universität München, Heft 5. München: TU München, 1985.

Gruber, G.: Druckverhältnisse bei Betonierarbeiten mit weichen Betonen im Spezialtiefbau. Diplomarbeit. Wien: Technische Universität Wien, Institut für Interdisziplinäres Bauprozessmanagement, 2008.

Grünberg, J.; Fouad, N. A. (Hrsg.): 50 Jahre Institut für Massivbau der Leibniz Universität Hannover. Festschrift. Hannover: Leibniz Universität Hannover, 2007.

Hafentechnische Gesellschaft e. V.; Deutsche Gesellschaft für Geotechnik e. V. (Hrsg.): Empfehlungen des Arbeitsausschusses Ufereinfassungen, Häfen und Wasserstraßen (EAU). 12. Aufl. Berlin: Ernst & Sohn, 2020.

Haist, M.; Coenen, M.; Schack, T.; Vogel, C.; Strybny, B.; Meyer, M.; Heipke, C.: Beton 4.0 – Geregelte Nachhaltigkeit. Hannover: Institut für Baustoffe, Leibniz Universität Hannover, 2025.

Haist, M.; Glock, C.; Wiens, U.; Heckmann, M.; Schack, T.: Die neue DAfStb-Richtlinie „Treibhausgasreduzierte Tragwerke aus Beton, Stahlbeton oder Spannbeton – Meilenstein für den Klimaschutz". In: Beton- und Stahlbetonbau, H. 120 (1) (2025), S. 55–59. Berlin: Ernst & Sohn.

Haist, M.; Schack, T.; Oettel, V.: Nachhaltiger und klimaeffizienter Betonbau – Kleine Maßnahmen mit großer Wirkung. Hannover: Stiftung der Bauindustrie Niedersachsen-Bremen, 2025.

Hanna, T. H.: Mitteilungen des Instituts für Grundbau und Bodenmechanik. Heft 102. Braunschweig: Technische Universität Braunschweig, 1963.

Hanna, T. H.: Model Studies of Foundation Groups in Sand. In: Géotechnique, 13 (4) (1963), S. 334–351. London: ICE Publishing.

Hansen, M.: Monitoringgestützte Risikobewertung bestehender Massivbauwerke. Habilitationsschrift. Hannover: Institut für Massivbau, Gottfried Wilhelm Leibniz Universität Hannover, 2014.

Hansen, M.: Zur Auswirkung von Überwachungsmaßnahmen auf die Zuverlässigkeit von Betonbauteilen. Dissertation. Hannover: Institut für Massivbau, Gottfried Wilhelm Leibniz Universität Hannover, 2004.

Harder, H.: Numerische Modellierung des „Cone Penetration Tests" in wassergesättigten bindigen Böden. Mitteilungen des Instituts für Grundbau und Bodenmechanik der Universität Hannover, Heft 25. Hannover: Universität Hannover, 1989.

Hartung, R.; Rodatz, M.; Rausche, F.; Klingmüller, O.: Pfahltests – modern, dynamisch und/oder konservativ statisch. Braunschweig: Technische Universität Braunschweig, 1993 / 1996.

Hartwig, S.: Torsionstragmodell extern vorgespannter Kreisringsegmente mit trockenen Fugen. Dissertation. Hannover: Institut für Massivbau, Gottfried Wilhelm Leibniz Universität Hannover, 2019.

Hegger, J. et al.: Entwicklung eines Bemessungskonzeptes zum Durchstanzen von Fundamentplatten unter Berücksichtigung der Boden-Bauwerk-Interaktion. Anhang zum Abschlussbericht des AiF-Forschungsvorhabens, unveröffentlicht. Aachen: RWTH Aachen, 2005.

Heibaum, M.: Die Umstellung auf den Eurocode 7. In: BAW-Kolloquium „Neue Normen und Regelwerke in der Geotechnik", Hannover: HCC, 8. November 2012.

Herten, M.: Bewertung dynamischer Probebelastungen von Bohrpfählen. FuE-Abschlussbericht A39520270002. Karlsruhe: Bundesanstalt für Wasserbau, 2014.

Indraratna, B.; Chu, J. (Hrsg.): Ground Improvement Case Histories. Amsterdam: Elsevier B.V., 2005.

Jardine, D. L.; Charles, C. J.; Ashton, R. K.; Bennet, S. I.; Whitehead, M.; Frampton, M.; Nicholls, M. G.: Increased Cardiac Sympathetic Nerve Activity following Acute Myocardial Infarction in a Sheep Model. In: Journal of Physiology, 565 (1) (2005), S. 325–333.

Kany, H.: Berechnungen von Flächengründungen. Berlin: Springer-Verlag, 1959.

Kany, H.: Bestimmung der Scherfestigkeit – Begriffe und grundsätzliche Versuchsbedingungen. In: Statistische Auswertungsverfahren, Berlin: Springer-Verlag, 1957.

Katzenbach, R.; Arslan, U.; Moormann, C.; König, G.; Soukhov, D.; Ahner, C.: Richtlinie für den Entwurf, die Bemessung und den Bau von kombinierten Pfahl-Plattengründungen (KPP) / Design and Construction of Piled Rafts. Stuttgart: Fraunhofer IRB Verlag, 2000.

Katzenbach, R.; Moormann, C.: Design of axially loaded piles and pile groups in Germany – Actual practice and recent research results. In: Design of axially loaded piles – European practice. International Seminar ISSMFE – ERTC3, Brüssel. Rotterdam: Balkema, 1997, S. 177–201.

Kempfert, H.-G.; Moormann, C.: Pfahlgründungen. In: Grundbau-Taschenbuch, Teil 3, 8. Aufl. Berlin: Ernst & Sohn, 2018.

Kempfert, H.-G.; Rudolf, M.: Vergleichende Darstellung der Pfahlbemessung in der „DIN 1054 neu" und der „DIN EN 1997-1" (EC 7) sowie Entwicklung der nationalen Anwendung. In: Indraratna, B.; Chu, J. (Hrsg.): Ground Improvement Case Histories. Amsterdam: Elsevier B.V., 2005.

Kérisel, J.: Fondations profondes en milieux sableux. In: Proceedings of the 5th International Conference on Soil Mechanics and Foundation Engineering, Vol. 2, Paris: ICSMGE, 1961, S. 73–83.

Kérisel, J.; Frank, J.: Modellversuche zum Gruppentragverhalten von vorgefertigten Vollverdrängungspfählen in Sand. In: Pfahl-Symposium 2017. Braunschweig: Technische Universität Braunschweig, Mitteilungen des Instituts für Grundbau und Bodenmechanik, Heft 102, 2017, S. 41–50.

Klaus, M.: Längskraftabtragung bei Eisenbahnbrücken unter Temperatureinwirkung. Dissertation. Hannover: Institut für Massivbau, Gottfried Wilhelm Leibniz Universität Hannover, 2003.

Klingmüller, O.: Dynamische Pfahlprüfung als Optimierungsproblem. In: Dynamische Pfahltests – Fachseminar, 21.–22. Januar 1991, Braunschweig: Technische Universität Braunschweig, Mitteilungen des Instituts für Grundbau und Bodenmechanik, Heft 38, 1991.

Kolymbas, D.: Geotechnik. 2. Aufl. Berlin: Springer-Verlag, 2007, S. 283–330 (Kapitel 16: Pfahlgründungen).

Kosmahl, M.: Entwicklung der Beanspruchungen im jungen Beton infolge der Hydratation. Dissertation. Hannover: Institut für Massivbau, Gottfried Wilhelm Leibniz Universität Hannover, 2007.

Kulhawy, F. H.: Limiting tip and side resistance. In: ASCE Symposium on Foundation Engineering, New York: American Society of Civil Engineers, 1984, S. 80–98.

Kulhawy, F. H.; Phoon, K. K.: Discussion of "Reliability Approach for the Side Resistance". In: Canadian Geotechnical Journal, Ottawa: Canadian Science Publishing, 1993.

Lancellotta, R.: Geotechnical Engineering. Rotterdam: A. A. Balkema, 1995.

Lexikon der Geowissenschaften. Heidelberg: Spektrum der Wissenschaft Verlagsgesellschaft mbH, 2000.

Linder, W.-R.: Zum Eindring- und Tragverhalten von Pfählen in Sand. Dissertation. Berlin: Technische Universität Berlin, Fachgebiet Grundbau und Bodenmechanik, 1977.

Lüking, J.: Tragverhalten von offenen Verdrängungspfählen unter Berücksichtigung der Pfropfenbildung in nichtbindigen Böden. Dissertation. Kassel: Universität Kassel, Schriftenreihe Geotechnik, Heft 23, 2010.

Maschwitz, G.: Ein Beitrag zur Abschätzung des Tragverhaltens von unbewehrten pfahlartigen Tragelementen. Mitteilungen des Instituts für Grundbau und Bodenmechanik der Universität Hannover, Heft 19. Hannover: Universität Hannover, 1983.

Meyerhof, G. G.; Valsangkar, A. J.: Bearing Capacity of Foundations in Layered Soils. In: Proceedings of the 9th International Conference on Soil Mechanics and Foundation Engineering, Tokyo: ICSMFE, 1983.

Meyerhof, G. G.: Bearing Capacity and Settlement of Pile Foundations. In: Journal of the Geotechnical Engineering Division (ASCE), GT 3 (1976), S. 197–228. New York: ASCE.

Meyerhof, G. G.: Tragfähigkeit und Setzungen von Pfählen. Vortrag in der LGA Nürnberg. In: Veröffentlichungen des Grundbauinstituts der Landesgewerbeanstalt Bayern, Heft 32. Nürnberg: LGA, 1976.

Mosbach, K.-H.; Granobs, O.; Vogel, J.; Meihorst, H.: Kombinierte Pfahl-Plattengründung für Messe Hannover. In: Beratende Ingenieure, Hannover: Dr.-Ing. Meihorst und Partner Beratende Ingenieure für Bauwesen GmbH, 2001.

Nissen, H.; Stahlmann, J. (Hrsg.): Großmaßstäbliche Versuche zur Herstellung von Dränbetonpfählen unterhalb des Grundwasserspiegels. In: Pfahl-Symposium 2023 Braunschweig, Mitteilungen des Instituts für Geomechanik und Geotechnik, Technische Universität Braunschweig, Heft 113. Braunschweig: TU Braunschweig, 2023, S. 657–674.

Perau, E.: Geotechnik und Wasser – Planung, Berechnung und Ausführung. In: Tagungsband zum 11. RuhrGeo-Tag am 26.03.2020 in Essen, Düren: Shaker Verlag, 2020, S. 103–117.

Perau, E.; Schlenkhoff, A.; Meteling, S.; Keßler, S.: Report Geotechnik. Duisburg: Universität Duisburg-Essen, Fachgebiet Geotechnik, 2020.

Placzek, D.; Brög, R.: Erfahrungen mit kombinierten kraft- und weggesteuerten statischen axialen Pfahlprobebelastungen im Halbfestgestein. In: Bauingenieur, H. 09/14 (2014), S. 341–347. Berlin: Springer-Vieweg.

Placzek, D.; Kempfert, H.-G.; Raithel, M.; Krist, O.: Einsatz von kombinierten Pfahl-Plattengründungen im Eisenbahnwesen. In: Der Eisenbahningenieur, H. 10/12 (2012), S. 22–25. Hamburg: DVV Media Group.

Placzek, D.; Thaher, M.: Pfähle als Tragelemente, Setzungsminderer und Energiespender – bautechnisch optimal genutzt? In: Pfahl-Symposium 2007, Technische Universität Braunschweig, 22.–23. Februar 2007, S. 247–264. Braunschweig: TU Braunschweig.

Poulos, H. G.; Davis, E. H.: Pile Foundation Analysis and Design. New York: Wiley, 1980.

Prendl, L.: Thermal characterisation of a continuous temperature swing adsorption (TSA) process: Lab-scale investigations on heat transfer behaviours of finned tubes in a CFB. Dissertation. Wien: Technische Universität Wien, 2018.

Raithel, M.; Linnemann, J.; Meißner, S.: Planung und Ausführung einer Pfahlprobebelastung und der Pfahlgründung des Tunnels Offenbau der Neubaustrecke Nürnberg–Ingolstadt. In: Pfahl-Symposium 2003. Braunschweig: Technische Universität Braunschweig, 2003.

Reul, O.: In-situ-Messungen und numerische Studien zum Tragverhalten der kombinierten Pfahl-Platten-Gründung. Darmstadt: Institut für Geotechnik, Technische Universität Darmstadt, Fachbereich Bau- und Umweltingenieurwissenschaften, 2000.

Reul, O.; Berndt, J.; Franzen, A.: Zeitabhängiges Last-Verformungsverhalten von Gründungen im Frankfurter Ton. Mitteilungen des Instituts und der Versuchsanstalt für Geotechnik der Technischen Universität Darmstadt, Heft 104. Darmstadt: TU Darmstadt, 2018, S. 101–122.

Rizkallah, V.: Die erdstatische Bemessung von Wänden und Pfählen in Sandböden. Mitteilungen des Instituts für Grundbau und Bodenmechanik der Universität Hannover, Heft 1. Hannover: Universität Hannover, 1970.

Rizkallah, V.: Einführung in die praktische Bodenmechanik. 8. Aufl. Hannover: Institut für Grundbau, Bodenmechanik und Energiewasserbau (IGBE), Universität Hannover, 1995.

Rizkallah, V. (Hrsg.): Festschrift aus Anlass des 75. Geburtstags von o. Prof. em. Dr.-Ing. Dr.-Ing. E.h. Erich Lackner. Mitteilungen des Instituts für Grundbau und Bodenmechanik der Universität Hannover, Heft 22. Hannover: Universität Hannover, 1988.

Rizkallah, V.: Großbohrpfähle – Beitrag zur Abschätzung der lotrechten Tragfähigkeit und der Wirtschaftlichkeit. Mitteilungen des Instituts für Grundbau und Bodenmechanik der Universität Hannover, Heft 5. Hannover: Universität Hannover, 1973.

Rizkallah, V.; Harder, H.; Jebe, P.; Vogel, J.: Bauschäden im Spezialtiefbau (Baugruben, Rohrvortriebe, unterirdische Bauanlagen). Mitteilungen des Instituts für Grundbau und Bodenmechanik der Universität Hannover, Heft 28. Hannover: Universität Hannover, 1990.

Rizkallah, V.; Harder, H.; Jebe, P.; Vogel, J.: Bauschäden im Spezialtiefbau (Baugruben, Rohrvortriebe, unterirdische Bauanlagen). In: Informationsreihe, Heft 3. Hannover: Institut für Bauschadensforschung e. V., 1990.

Rizkallah, V.; Harder, H.; Jebe, P.; Vogel, J.: Zur Abschätzung des Restrisikos einer Baumaßnahme. In: Informationsreihe, Heft 11. Hannover: Institut für Bauschadensforschung e. V., 1995.

Rosenberg, P.; Journeaux, N. L.: Pioneering works in experimental static pile load testing in rock include. Montréal: McGill University Press, 1980.

Schmidt, B.: Kombinierte extreme Einwirkungen für Offshore-Windenergieanlagen. Dissertation. Hannover: Institut für Massivbau, Gottfried Wilhelm Leibniz Universität Hannover, 2017.

Schmidt, H.-H.: Grundlagen der Geotechnik. 6. Aufl. Heidelberg: Springer-Vieweg, 2023.

Schmidt, H.-H.; Buchmaier, R. F.; Vogt-Breyer, C.: Grundlagen der Geotechnik. Heidelberg: Springer-Verlag, 2023.

Schmidt, H.-H.; Buchmaier, R. F.; Vogt-Breyer, C.: Grundlagen der Geotechnik. 5. Aufl. Wiesbaden: Springer-Vieweg, 2017, Kap. 13 (Pfähle), S. 343–374.

Seidel, J. P.; Kalinowski, M.: Pile set-up in sands. In: Proceedings of the 6th International Conference on the Application of Stress-Wave Theory to Piles. Rotterdam: Balkema, 2000.

Seidel, M.; Coronel, M.: A new approach for assessing offshore piles subjected to cyclic axial loading. In: geotechnik, 34 (4) (2011), S. 276–284. Berlin: Ernst & Sohn.

Simons, H.; Früchtenicht, H.; Meseck, H.: Dynamische Pfahltests. In: Bauingenieur, 58 (1983). Heidelberg: Springer-Verlag.

Stahlmann, J.; Kirsch, F.; Schallert, M.; Klingmüller, O.; Elmer, K.-H.: Pfahltests – modern, dynamisch und/oder konservativ statisch. Ostfildern: Technische Akademie Esslingen (TAE), 2006.

Stein, E.; Rüter, M. O.: Finite element methods for elasticity with error-controlled discretization and model adaptivity. In: Encyclopedia of Computational Mechanics, 2nd ed. Chichester: Wiley, 2018, S .1–96.

Thomas, S.: Zum Pfahltragverhalten unter zyklisch axialer Belastung. Dissertation. Kassel: Universität Kassel, Schriftenreihe Geotechnik, Heft 25, 2011.

Tomlinson, M.; Woodward, J.: Pile Design and Construction Practice. 6th ed. London: Taylor & Francis, 2014.

Vermeer, P.; Bernecker, O.; Weirich, T.: Schraubpfähle – Herstellung, Tragfähigkeit und numerische Modellierung. In: Bautechnik, 85 (2) (2008), S. 133–139. Berlin: Ernst & Sohn.

Vesic, A. S.: Zum Gruppentragverhalten von Verdrängungspfählen. Experiments with instrumented pile groups in sand. In: Performance of Deep Foundations, Baugrundtagung Bielefeld. Bielefeld: DGGT, 1969, S. 93–101.

Vogel, J.: Bauschäden bei begehbaren Rohrvortrieben. In: 3R, Fachzeitschrift für sichere und effiziente Rohrleitungssysteme (2024), Vulkan-Verlag GmbH.

Vogel, J.: Brandschutz in Hallen, Anforderungen und Hinweise für Planung und Ausführung. In: Der Brandschutzbeauftragte (2025), Forum Verlag Herkert GmbH.

Vogel, J.: Erneuerbare Energien und Windenergieanlagen in Deutschland. In: Erneuerbare Zukunft Magazin (2025), Bielefeld: Verlag transcript.

Vogel, J. (Hrsg.): Festschrift aus Anlass des 60. Geburtstags von Univ.-Prof. Dr.-Ing. Victor Rizkallah. Mitteilungen des Instituts für Grundbau und Bodenmechanik der Universität Hannover, Heft 36. Hannover: Universität Hannover, 1993.

Vogel, J.: Kabel- und Leitungsverlegung in geschlossener Bauweise, Verfahren, Einsatzbereiche, Schadensbeispiele. In: Informationsreihe Heft 5 (1992), Hannover: Institut für Bauschadensforschung e.V.

Vogel, J.: Neuzeitliche Deiche und Küstenschutz. In: Wasser und Abfall, Umwelt - Energie - Recht, Heft 4 (2025), Springer Fachmedien Wiesbaden GmbH.

Vogel, J.: Persönlicher Arbeitsschutz und Verantwortlichkeiten auf Baustellen. In: Personal Protection & Fashion (PPF) (2025), Verlagshaus Gruber.

Vogel, J.: Photovoltaikanlagen und deren Brandverhalten - Feuer unter dem Dach. In: Der Brandschutzbeauftragte (2025), Forum Verlag Herkert GmbH.

Vogel, J.: Reparatur von Fachwerkhäusern. In: Denkmalsanierung (2025/2026), Laible Verlagsprojekte.

Vogel, J.; Rizkallah, V.; Hasan, M.: Begehbare und nichtbegehbare Rohrvortriebe, Verfahren, Bauschadensfälle und Empfehlungen zur Schadensminimierung. In: Mitteilungen des Instituts für Grundbau und Bodenmechanik der Universität Hannover, Heft 38 (1993).

Vogel, J.; Rizkallah, V.; Hasan, M.: Begehbare und nichtbegehbare Rohrvortriebe, Verfahren, Bauschadensfälle und Empfehlungen zur Schadensminimierung. In: Informationsreihe Heft 9 (1993), Hannover: Institut für Bauschadensforschung e.V.

Vogel, J.: Schäden an Holzbrücken, Einige Anmerkungen und Beispiele. In: Brückenbau, Construction & Engineering Ausgabe 3 (2025), Verlagsgruppe Wiederspahn.

Vogel, J.: Untersuchungen bauschadensrelevanter Faktoren beim Vorpressen begehbarer Rohre, Dissertation. In: Mitteilungen des Instituts für Grundbau und Bodenmechanik der Universität Hannover, Heft 35 (1993).

Vogel, T.: Zum realitätsnah ermittelten Tragverhalten von Wärmedämmverbundsystemen unter Windsogbeanspruchung. In: Dissertation am Institut für Bauphysik der Gottfried Wilhelm Leibniz Universität Hannover (2021).

Weißenbach, A.; Schuppener, B.: Kommentar zum Handbuch Eurocode 7 – Geotechnische Bemessung, Allgemeine Regeln. Berlin: Ernst & Sohn, 2012.

Witt, K. J. (Hrsg.): Grundbau-Taschenbuch: Teile 1–3. 8. Aufl. Berlin: Ernst & Sohn, 2018.

Wolff, Th.: Ein methodischer Bemessungsansatz zur Abschätzung des Tragverhaltens von Pfahlgründungen in weichem kalkigem Sedimentgestein. Dissertation. Weimar: Bauhaus-Universität Weimar, Schriftenreihe Geotechnik, Heft 22, 2009.

Weitere Quellen

„Stump-Frankireport", Spezialtiefbau, Ausgabe 01/20

Firmenprospekt der „Stump-Franki Spezialtiefbau GmbH", München, 2021

Informationen der „BAUER Aktiengesellschaft", Schrobenhausen

Informationen der „BOMAG GmbH", Boppard

Informationen der „ERKA Pfahl GmbH", Baesweiler

Informationen der „GEOSEC Deutschland GmbH", Hilden

Informationen der „Geotechnology & Automation GmbH“, Wildsruff

Informationen der „GLÖTZL Gesellschaft für Baumesstechnik mbH“, Rheinstetten

Informationen der „ICS Ingenieurconsult Schmidt“, Weimar-Legefeld

Informationen der „MAX BÖGL Stiftung & Co. KG“, Neumarkt in der Oberpfalz

Informationen der „PORR GmbH & Co“, KGaA, München

Informationen der „STITZ GmbH Meßgeräte und Apparatebau“, Gehrden

Informationen zum „Finite Elemente Programm Plaxis“, „Bentley Sytems, Incorporated, Exton“, United States

Internetauftritt „Barkow Leibinger, Architekten“, Berlin/New York

Internetauftritt „BERDING BETON GmbH“, Steinfeld

Internetauftritt „beton.org“

Internetauftritt „Bollinger + Grohmann GmbH“, Berlin, Tragwerksplanung

Internetauftritt „Burj 2“, Dubai

Internetauftritt „Estrel Tower Besitz GmbH & Co. KG“, Berlin

Internetauftritt „Jumeirah Burj Al Arab“, Dubai

Internetauftritt „Schneider-Schumacher, Architekten“, Berlin

Wikipedia

Index

A

Ankerplatte *146*
Aräometer *64*
Ausrollgrenze *71*
Ausstechzylinderverfahren *44*

B

Baugrube *85*
– geböschte *88*
– verbaute *89*
Baugrund *41*
– Spannungen *1*
– Verformungsparameter *1*
Baugrundentwässerung *17, 136*
Baugrunderkundung *41*
– Fels *45*
– Lockergestein *45*
Baugrundgutachten *81*
Baugrundinjektionen *17, 136*
Baugrundrisiko *53*
Baugrundverbesserung *133*
Baugrundverhalten *9*
Baustoffrecycling *195*
Bauwerkslasten *1*
Bentonitmatten *184*
Berme *88*
Betonfertigteilpfähle *111*
Betonüberdeckung *157*
Boden *41*
– Dichte *44*
– Eigenschaften *15*
– Stoffmodell *4*
– überkonsolidierter *44*
– unterkonsolidierter *44*
Bodenaustausch *16, 135*
Bodendensitometerverfahren *44*
Bodenextraktionsmethode *134*
Bodengutachten *81*
Bodenmechanik *2, 41*
Bodenmischverfahren *16, 135*
Bodenverdichtung *17, 136*
Bodenverdrängungsverfahren *169*
Bohrpfähle *104*
Bohrpfahlwände *117*
Böschungssicherungen *175*
Burj al Arab *121*
Burj Khalifa *120*

C

California-Bearing-Ratio-Versuch *52*
CBR-Versuch *52*
Coulombsche Erddrucktheorie *36*

D

Dalbe *129*
Deponieverordnung *199*
Dichte *74*
Dränbeton *166*
Drucker-Prager-Materialmodell *66*
Druckluftschild *172*
Drucksondierung *48*
Duktilität *106*
Duktilpfähle *106*

E

Einpressverfahren *108*
Einstabanker *146*
Elastizitätsmodul *19*
Energiepfähle *117*
Erdbau *159*
Erddruck *35*
– aktiver *35*
– nach Jenne *37*
– nach Kany *37*
Erddruckkissen *96*
Erddrucksensor *96*
Erdfall *210*
Erdruhedruck *35*
ERKA-Pfähle *142*
Erschütterungsmessungen *92*
Eurocode 7 *7*

F

Feldflügelsondierung *50*
Felseigenschaften *15*
Fertigbetonrammpfähle *109*
Fertigpfähle *100, 106*
Findlinge *208*
Finite-Elemente-Methode (FEM) *24*
Flächengründungen *13, 95*
Flachgründungen *95*
Fließgrenze *71*

G

Gabionen *176*
Geländesprünge *175*
Geogitter *183*
Geokunststoffe *183*
Geologie *205*
Geotechnischer Bericht *81*
Geotextilien *184*
Gleiten *11*
Glühverlust *74*
Golden Gate Bridge *123*
Grenztragfähigkeit *23*
– Modell *24*
Grundbruch *10*
– hydraulischer *85*
Gründung
– Fernsehtürme *155*
– Windenergieanlagen *149*
Gründungsgutachten *81*
Gründungssohle *13*
Grundwasserabsenkung *56*

H

Hangsicherungen *178*
Hochdruckinjektion *138*
Horizontal-Bohrverfahren *170*
Horizontaldränagen *57*
Horizontal-Spülbohrgerät *170*

I

Inklinometermessungen *113*
Iron-Mole-Verfahren *171*

K

Kalkgehalt *73*
Kampfmittelüberprüfung *93*
Karbonatisierung *157*
Karl-Fischer-Titration *67*
Kippen *11*
Kleinbohrverpresspfähle *112*

Kohäsion *36*
Kombinierte-Pfahl-Plattengründung *128*
Kompressionsmodul *18*
Konsolidation *43*
Korndichte *76*
Korngrößenverteilung *61*

L

Laborflügelversuch *50*
Laboruntersuchungen *61*
Lagerungsdichte *76*
Lastplattendruckversuch *51*
– dynamischer *164*
– statischer *162*
Leitungswarnbänder *166*
Leitung, unterirdische *169*
Litzenanker *146*

M

Mohr-Coulombsche Bruchbedingung *65*
Mohr-Coulombsches Bruchkriterium *21*
Monopiles *154*

N

Niederdruckinjektion *138*

O

Offshore-Umspannstationen *153*
Ortbetonpfähle *100*
Ortungsbänder *173*

P

Pfähle *99*
Pfahlfundament *100*
Pfahlgründung *100*
Pfahlintegritätsprüfung *119*
Pfahl-Platten-Koeffizient *128*
Pfahlprüfungen *114*
Pfahlschuh *99*
Pilotbohrverfahren *170*
Plattendruckversuch *162*
Pressbetonbohrpfähle *112*
Pressbohrverfahren *171*
Primärsetzung *32*
Proctordichte *77*

R

Rammbär *47*
Rammkernsondierung *46*
Rammsondierung *46*
Recycling-Baustoffe *197*
Renaturierungsmaßnahmen *202*
Rissmonitor *92*
Risssensor *92, 144*
Rohrvortriebe *169*

S

Scherfestigkeit *78*
Scherparameter *65*
Schildvortriebs-Tunnelbohrmaschine *187*
Schlämmanalyse *63*
Schneckenbohrverfahren *112*
Schraubbohrpfähle *112*
Schraubpfähle *112*
Schrumpfgrenze *73*
Sekundärsetzung *32*
Senkung *31*
Setzung *10, 31*
Setzungsverfahren *38*
Sicherheitsnachweise *27*
Siebanalyse *62*
Sieb- und Schlämmanalyse, kombiniert *64*
Sondierungen *43*
Spannungsermittlung *2*
Spritzbeton-Bauweise *187*
Spundwandkästen *91*
Stahlbetonfertigpfähle *109*
Stahlfaserbeton *191*
Stahlfaserbetontübbinge *191*
Standsicherheitsnachweise *175*

Steifemodul *18*
Steifemodulverfahren *33*
Steighöhe, kapillare *69*
Stoffmodelle *4, 25*
– hypolastische *26*
Straßenbau *159*
Stützbauwerke *175*
Stützelemente *17*

T

Tiefbau *159*
Tiefgründungen *17*
Trägerbohlwände *91*
Trassenwarnbänder *172*
Triaxialversuch *66*
Tübbinge *190*
Tunnelbau *187*
Tunnelbaugeräte *189*

U

Umspannstationen *153*
Umweltmanagement *199*
Umweltmanagementsystem *201*
Unterfangungen *141*
Untertagebauten *189*

V

Verankerungen *145*
Verdrängungspfähle *100, 107*
Verpressanker *90, 114, 145*
Verrohrung *105*
Vollverdrängungsbohrpfähle *110*

W

Wandreibungswinkel *36*
Wasseraufnahmefähigkeit *70*
Wasserdurchlässigkeit *67*
Wasserdurchlässigkeitsbeiwert *68*
Wassergehalt *67*
Wellpoint-Verfahren *57*

Z

Zusammendrückbarkeit *70*
Zustandsgrenzen *71*